上

Mathematics

數 學

2e

楊精松・莊紹容・趙　文・劉榮賴

東華書局

國家圖書館出版品預行編目資料

數學 / 楊精松等編著. -- 2 版. -- 臺北市：臺灣東華, 2020.09

272 面；19x26 公分

ISBN 978-986-5522-18-6 (上冊：平裝). --
ISBN 978-986-5522-19-3 (下冊：平裝)

1. 數學

310　　　　　　　　　　　　109013026

數學　上冊

編 著 者	楊精松, 莊紹容, 趙文, 劉榮賴
發 行 人	陳錦煌
出 版 者	臺灣東華書局股份有限公司
地　　址	臺北市重慶南路一段一四七號三樓
電　　話	(02) 2311-4027
傳　　眞	(02) 2311-6615
劃撥帳號	00064813
網　　址	www.tunghua.com.tw
讀者服務	service@tunghua.com.tw
門　　市	臺北市重慶南路一段一四七號一樓
電　　話	(02) 2371-9320

2027 26 25 24 23　BH　9 8 7 6 5 4 3 2

ISBN	978-986-5522-18-6

版權所有・翻印必究

編輯大意

一、本書係依據教育部最新頒佈之五年制專科學校數學課程標準，予以重新整合，編輯而成．

二、本書共分為上、下兩冊，可供五年制商管類學校每週三小時，一學年講授之用．

三、本書旨在提供學生基本的數學知識，使學生具有運用數學的能力，且每一章節均附有隨堂練習，以增加學生的學習成效．

四、本書編寫著重從實例出發，使學生先有具體的概念，再做理論的推演，互相印證，以便達到由淺入深，循序漸進的功效．

五、本書雖經編者精心編著，惟謬誤之處在所難免，尚祈學者先進大力斧正，以匡不逮．

六、本書得以順利完成，要感謝東華書局董事卓劉慶弟女士的鼓勵與支持，並承蒙編輯部全體同仁的鼎力相助，在此一併致謝．

目　次

第 1 章　集合與數線的基本概念　　1

- 1-1　集合表示法及其運算　　2
- 1-2　整數　　13
- 1-3　有理數、實數與數線　　30
- 1-4　一元二次方程式　　48

第 2 章　多項式　　61

- 2-1　單項式與多項式　　62
- 2-2　多項式的四則運算　　65
- 2-3　餘式定理與因式定理　　72
- 2-4　多項式方程式　　75

第 3 章　分式運算　　83

- 3-1　因式與倍式　　84
- 3-2　分式的運算　　85

第 4 章　直線方程式　　95

- 4-1　平面直角坐標系、距離公式與分點座標　　96
- 4-2　直線的斜率與直線的方程式　　104

第 5 章　函數與函數的圖形　　117

　　5-1　函數的意義　　118
　　5-2　函數的運算與合成　　126
　　5-3　函數的圖形　　131

第 6 章　不等式及其應用　　141

　　6-1　不等式的意義，絕對不等式　　142
　　6-2　一元一次不等式　　149
　　6-3　一元二次不等式　　154
　　6-4　二元一次不等式　　162
　　6-5　二元線性規劃　　168

第 7 章　指數與對數及其運算　　181

　　7-1　指數與其運算　　182
　　7-2　指數函數與其圖形　　192
　　7-3　對數與其運算　　198
　　7-4　常用對數　　206
　　7-5　對數函數與其圖形　　211

第 8 章　數列與級數　　217

　　8-1　有限數列　　218
　　8-2　有限級數　　228
　　8-3　特殊有限級數求和法　　234

附表　　240
習題答案　　245
索引　　261

集合與數線的基本概念

本章學習目標

1-1 集合表示法及其運算

1-2 整數

1-3 有理數、實數與數線

1-4 一元二次方程式

1-1 集合表示法及其運算

直覺地說，集合是一組明確的事物所組成的群體，集合中的每一個事物，稱為該集合的元素．例如，某大學的數學研究所今年暑假只招收三位研究生，"小明"、"大華"、"偉國"，此三位研究生就構成一集合，表示為

$$A=\{小明，大華，偉國\}$$

一般而言，我們用英文大寫字母，如 A、B、C、T、S 等表示集合．小明、大華、偉國為集合之元素，以英文小寫字母如 a、b、x、y 等表示．若一集合僅含有少數的幾個元素，通常是把這些元素，逐一列舉出來，並用括號"{ }"將它們寫在一起，我們就稱這種表示法為表列式 (或表列法)．

例如，由 m、n、p、q 所成的集合 A，記作

$$A=\{m, n, p, q\}.$$

如果某集合之元素具有絕對明確的性質，我們亦可用此性質去描述該集合．例如，

$$\{偶數\}=\{\pm 2, \pm 4, \pm 6, \cdots\}$$

習慣上，若一集合所含的元素，具有某種共同的性質，則利用這集合的元素所具有的性質，以符號

$$\{x \mid x \text{ 所滿足的性質}\}$$

來表示，稱之為集合構式．

【例題 1】 集合 A 由所有正奇數所成的集合，記作 $A=\{x \mid x \text{ 為正奇數}\}$，其中 x 代表集合中任一元素． ▪

【例題 2】 $B=\{x \mid x^2-3x+2=0\}=\{1, 2\}$ 意指集合 B 是由方程式 $x^2-3x+2=0$ 的根所組成． ▪

若 a 是集合 A 的一個元素，即 a 屬於 A，記作

$$a \in A,$$

讀作 "a 屬於 A" 或 "a 是 A 的一個元素".

若 a 不是 A 的一個元素, 即 a 不屬於 A, 記作

$$a \notin A,$$

讀作 "a 不屬於 A" 或 "a 不是 A 的一個元素".

例如, 由上二例, 知 $5 \in A$, $3 \notin B$.

一個集合, 若不含有任何元素, 則稱這集合為空集合, 以 ϕ 或 { } 表示. 例如, 現在世界上所有恐龍所成的集合為 ϕ. 又如, 在自然數中, 滿足方程式 $6+x=4$ 的自然數所成之集合為 ϕ.

一、集合的分類

1. 有限集合

若一集合中所含之元素個數為有限個, 則稱此集合為有限集合.

【例題 3】 令 $A=\{x \mid (x-2)(x-3)(x-5)=0\}$, 則 $A=\{2, 3, 5\}$. ◼

2. 無限集合

若一集合中所含之元素個數為無限個, 則稱此集合為無限集合.

【例題 4】 $B=\{x \mid 0 < x < 1, x \in \mathbb{R}\}$, 則 $B=\{$所有在 0 與 1 之間的實數$\}$. ◼

二、集合的關係

若二集合 A、B 所含的元素完全相同, 則稱 A 與 B 相等, 即 A 中的任意元素都是 B 的元素, 且 B 中的任意元素也是 A 的元素, 記作 $A=B$ 或 $B=A$. A 與 B 不相等時, 記作 $A \neq B$ 或 $B \neq A$.

【例題 5】 設 $A=\{-4, 2\}$, $B=\{x \mid x^2+2x-8=0\}$, 則 $A=B$. ◼

【例題 6】 在 $\dfrac{1}{3}$ 與 $\dfrac{9}{2}$ 之間所有整數所成的集合與 $\dfrac{3}{4}$ 至 $\dfrac{14}{3}$ 之間所有整數所成的集合, 皆為 $\{1, 2, 3, 4\}$, 故此二集合相等. ◼

定義 1-1

設 A、B 表二集合，若 A 中的每一元素皆為 B 中的元素，則稱 A 為 B 的**部分集合**或**子集合**，記作

$$A \subset B$$

讀作"A 包含於 B"或"A 是 B 的子集合"或記作

$$B \supset A$$

讀作"B 包含 A".

依定義 1-1，A 與 B 的關係如以圖形表示之，則如圖 1-1 所示．

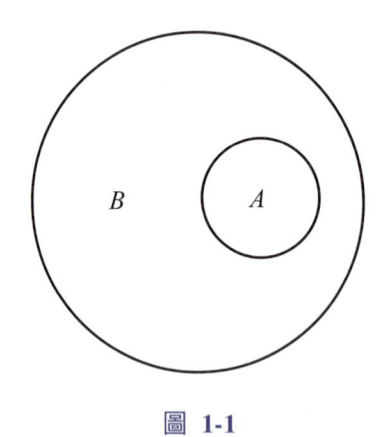

圖 1-1

【例題 7】 空集合 ϕ 是每一集合的子集合．　　■

【例題 8】 設 $A=\{1, 4, 5\}$，$B=\{1, 4, 5, 7, 9, 11\}$，則 $A \subset B$ 或 $B \supset A$．　　■

定理 1-1

$A \subset B$，$B \subset A \Rightarrow A = B$.

【例題 9】 設 $A=\{1, 4, 5\}$
$B=\{x \mid (x-1)(x-4)(x-5)=0\}$
則 $A \subset B$ 且 $B \subset A$.
即 $A=B$. ∎

定理 1-2

$A \subset B, B \subset C \Rightarrow A \subset C.$

【例題 10】 設 $A=\{x \mid x \geq 3, x 為實數\}$
$B=\{x \mid x > 2, x 為實數\}$
$C=\{x \mid x \geq -1, x 為實數\}$
因為 $A \subset B, B \subset C$.
可知 $A \subset C$. ∎

若以集合的關係而論，今設 A 是所有滿足性質 p 的元素所組成的集合，B 是所有滿足性質 q 的元素所組成的集合．因為 $p \Rightarrow q$ 成立，任何一個滿足性質 p 的元素，應該具有性質 q，所以 $A \subset B$．反過來說，若 $A \subset B$，則 A 是 B 的充分條件，且 B 是 A 的必要條件．因此，$p \Rightarrow q$ 與 $A \subset B$ 的意義是一致的．又當 $p \Leftrightarrow q$ 為真時，p 是 q 的充要條件，q 是 p 的充要條件．若以集合的關係而論，則有 $A \subset B \wedge B \subset A$，所以 $A=B$．反過來說，若 $A=B$，則 A 是 B 的充要條件，且 B 是 A 的充要條件．因此，$p \Leftrightarrow q$ 與 $A=B$ 的意義是一致的．

三、集合的運算

1. 宇集合

在集合性質及應用中，若每一集合皆為某一固定集合的子集合，則稱這固定集合為宇集合，通常以大寫的英文字母 U 代表．

【例題 11】在數系中，所有實數所組成的集合即為宇集合． ∎

2. 聯集

定義 1-2

二集合 A、B 的聯集，以 $A \cup B$ 表之，定義為
$$A \cup B = \{x \mid x \in A \text{ 或 } x \in B\}$$
$A \cup B$ 讀作"A 聯集 B"或"A 與 B 的聯集"。

A 與 B 的聯集藉著文氏圖的表示，則顯而易見．文氏圖在習慣上，以矩形區域表示宇集合，其內部的區域表示其子集合，如圖 1-2 所示．

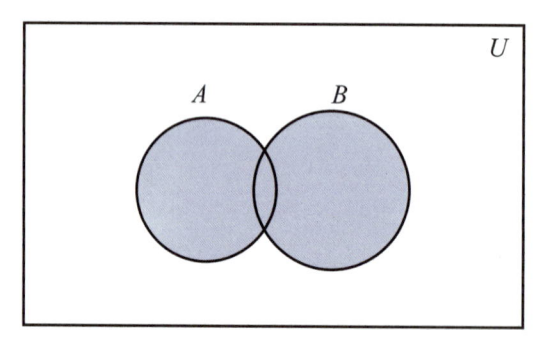

圖 1-2　顏色部分表 $A \cup B$

由定義 1-2，易知 $A \subset A \cup B$，$B \subset A \cup B$．

【例題 12】設 $A = \{1, 2, 3, 4\}$，$B = \{3, 4, 5, 6\}$．
則 $A \cup B = \{1, 2, 3, 4, 5, 6\}$．　　　　　　　　　　　　　　　■

【例題 13】設 $A = \{x \mid x(x-1) = 0\}$，$B = \{x \mid x(x-2) = 0\}$．
則 $A \cup B = \{x \mid x(x-1)(x-2) = 0\}$．　　　　　　　　　　　■

3. 交集

定義 1-3

二集合 A、B 的交集，以 $A \cap B$ 表示之，定義為
$$A \cap B = \{x \mid x \in A \text{ 且 } x \in B\}$$
$A \cap B$ 讀作"A 交集 B"或"A 與 B 的交集"。

以文氏圖表示 $A \cap B$，如圖 1-3 所示．

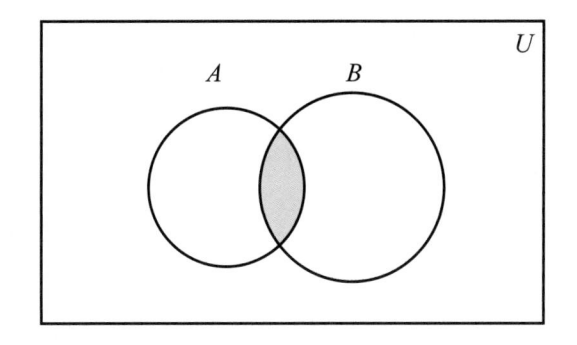

圖 1-3　顏色部分表 $A \cap B$

顯然，$A \cap B \subset A$，$A \cap B \subset B$．

【例題 14】設 $A=\{1, 2, 5\}$，$B=\{x|(x-1)(x-3)(x-4)=0\}$，則 $A \cap B=\{1\}$．　◻

若二集合 A、B 無任何公共元素，即表 A 與 B 的交集是空集合，亦即

$$A \cap B = \phi.$$

若 A 與 B 的交集為 ϕ，亦稱 A 與 B 不相交，如圖 1-4 所示．

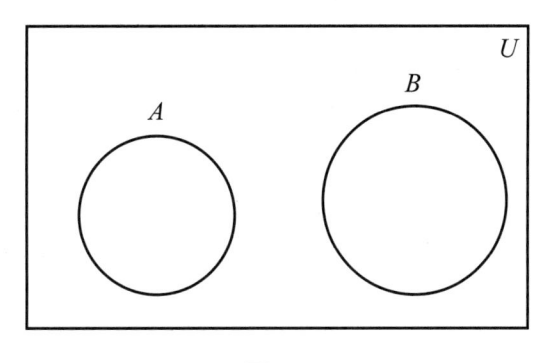

圖 1-4

若 A 與 B 的交集，不為空集合，則稱 A 與 B 相交．

【例題 15】設 $A=\{x|x$ 為實數，$0 \leq x \leq 2\}$，$B=\{x|x$ 為實數，$1 \leq x \leq 3\}$，試求：
　　　　　$A \cup B$ 與 $A \cap B$．

【解】　　$A \cup B = \{x|x$ 為實數，$0 \leq x \leq 2$ 或 $1 \leq x \leq 3\}$，
　　　　　$= \{x|x$ 為實數，$0 \leq x \leq 3\}$

$A \cap B = \{x \mid x \text{ 為實數}, 1 \leq x \leq 2\}$. ■

【例題 16】 設 $A = \{2x \mid x \text{ 為整數}\}$, $B = \{2x+1 \mid x \text{ 為整數}\}$, 求 $A \cup B$ 與 $A \cap B$.

【解】 集合 A 表示所有偶數所成的集合, 集合 B 表示所有奇數所成的集合, 故

$$A \cup B = \{p \mid p \text{ 為整數}\}$$
$$A \cap B = \phi$$

若二集合無共同的元素, 則稱此二集合互斥. ■

【例題 17】 設 $A = \{(x, y) \mid y = x\}$, $B = \{(x, y) \mid y = x+2\}$, $C = \{(x, y) \mid y = 3x\}$, 則

$A \cap B = \phi$, $A \cap C = \{(0, 0)\}$, $B \cap C = \{(1, 3)\}$. ■

【例題 18】 設 $A = \{(x, y) \mid 2x-y-1=0\}$, $B = \{(x, y) \mid 3x-y-2=0\}$, 其中 x、y 為實數, 求 $A \cap B = ?$ 並說明其幾何意義.

【解】 有序數對 (x, y) 要滿足 $2x-y-1=0$ 與 $3x-y-2=0$, 所以 x、y 是下列聯立方程式的解:

$$\begin{cases} 2x-y=1 \\ 3x-y=2 \end{cases}$$

解之, 得 $x=1$, $y=1$, 即 $A \cap B = \{(1, 1)\}$.

(此集合僅含一個元素, 即數對 $(1, 1)$.)

集合 A 與集合 B 分別表示平面上二條不平行之直線, $A \cap B$ 表該二條直線之交點 $(1, 1)$. ■

隨堂練習 1　$A = \{1, 2, 5\}$, $B = \{x \mid (x-1)(x-3)(x-4)=0\}$, 求 $A \cup B$, $A \cap B$.

答案: $A \cup B = \{1, 2, 3, 4, 5\}$, $A \cap B = \{1\}$.

4. 差集

定義 1-4

二集合 A、B 的差, 以 $A-B$ (或 $A \setminus B$) 表之, 定義為

$$A - B = \{x \mid x \in A \text{ 且 } x \notin B\}$$

(注意, 此定義並不要求 $A \supset B$.) $A-B$ 讀作 "A 減 B".

以文氏圖表示 $A-B$，如圖 1-5 所示.

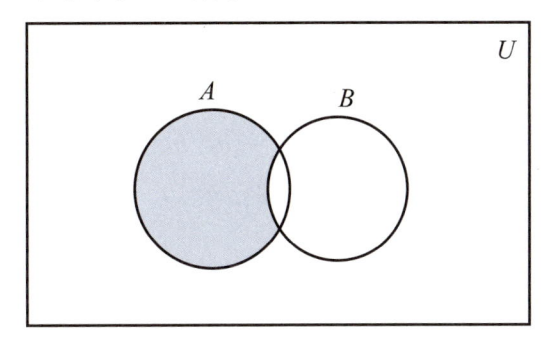

圖 1-5　顏色部分表 $A-B$

【例題 19】設 $A=\{x\,|\,x\geq 4\}$，$B=\{x\,|\,x\leq 9\}$，$C=\{x\,|\,x\leq 3\}$，
　　　　　求 (1) $A-B$.　　(2) $A-C$.　　(3) $(A-B)\cap(A-C)$.

【解】　　(1) $A-B=\{x\,|\,x>9\}$.
　　　　　(2) $A-C=A$，即 $A-C=\{x\,|\,x\geq 4\}$.
　　　　　(3) $(A-B)\cap(A-C)=\{x\,|\,x>9\}\cap\{x\,|\,x\geq 4\}=\{x\,|\,x>9\}$.　　■

5. 餘集合

定義 1-5

設集合 A 是宇集合 U 的子集合，則凡屬於 U 而不屬於 A 的元素所成的集合，稱為 A 的**餘集合**，以 A' 或 A^C 表示之，定義為

$$A'=U-A=\{x\,|\,x\in U \text{ 且 } x\notin A\}.$$

由文氏圖 1-6 易知，$A'=U-A$，$A\cap A'=\phi$，而 $A\cup A'=U$.

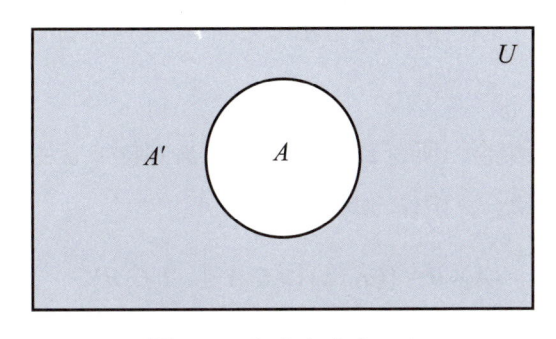

圖 1-6　顏色部分表 A'

【例題 20】設 $U=\{a, b, c, d, e\}$，$A=\{a, b, d\}$，$B=\{b, d, e\}$，求

(1) $A'\cap B$　　(2) $A\cup B'$　　(3) $A'\cap B'$.

【解】(1) $A'\cap B=\{c, e\}\cap\{b, d, e\}=\{e\}$

(2) $A\cup B'=\{a, b, d\}\cup\{a, c\}=\{a, b, c, d\}$

(3) $A'\cap B'=\{c, e\}\cap\{a, c\}=\{c\}$. ∎

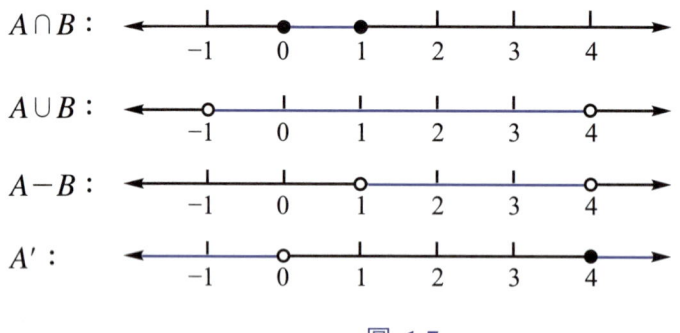

【例題 21】設 $A=\{x\,|\,x\text{ 是實數，且 }0\leq x<4\}$，$B=\{x\,|\,x\text{ 是實數，且 }-1<x\leq 1\}$，試求下列各集合並以數線表示之.

(1) $A\cap B$　　(2) $A\cup B$　　(3) $A-B$　　(4) A'.

【解】(1) $A\cap B=\{x\,|\,x\text{ 是實數，且 }0\leq x\leq 1\}$

(2) $A\cup B=\{x\,|\,x\text{ 是實數，且 }-1<x<4\}$

(3) $A-B=\{x\,|\,x\text{ 是實數，且 }1<x<4\}$

(4) $A'=\{x\,|\,x\text{ 是實數，且 }x<0\text{ 或 }x\geq 4\}$

圖 1-7 ∎

【例題 22】狄摩根定律：

$$(A\cup B)'=A'\cap B'$$

$$(A\cap B)'=A'\cup B'$$

∎

6. 積集合

設 A、B 為任意二集合，所有有序數對 (a, b)（其中 $a\in A$，$b\in B$）所組成的集合，稱為 A 與 B 的積集合，記作 $A\times B$，即

$$A\times B=\{(a, b)\,|\,a\in A\text{ 且 }b\in B\}.$$

【例題 23】令 $A=\{1, 2, 3\}$，$B=\{a, b\}$，則
$$A\times B=\{(1, a), (2, a), (3, a), (1, b), (2, b), (3, b)\}$$
$$B\times A=\{(a, 1), (a, 2), (a, 3), (b, 1), (b, 2), (b, 3)\}$$
顯然，$A\times B \neq B\times A$. ∎

習題 1-1

1. 設 $\mathbb{Z}$ 為整數集合，$\mathbb{Q}$ 為有理數集合，$\mathbb{N}$ 為自然數集合，下列各數哪些屬於 $\mathbb{Z}$？哪些屬於 $\mathbb{Q}$？哪些屬於 $\mathbb{N}$？試以符號寫出.

$$0, \frac{1}{2}, \sqrt{2}, 1, \pi$$

2. 設 $A=\{1, 2, 3, 5, 8, 9\}$，且設

$$B=\{x \mid x \text{ 為偶數}, x\in A\}$$
$$C=\{x \mid x \text{ 為奇數}, x\in A\}$$
$$D=\{x \mid x \text{ 為大於 4 的自然數}, x\in A\}$$

試以列舉法表出 B、C、D 各集合.

3. 試將下列各集合用列舉法表出.
   (1) A 為所有一位正整數所成的集合.
   (2) S 為 number 一字之字母所成的集合.
   (3) B 為方程式 $x(x-2)(x^2-1)=0$ 之所有實根所成的集合.
   (4) C 為小於 25 且可被 3 整除之所有正整數的集合.

4. 試用集合構式寫出下列各集合.
   (1) $X=\{3, 6, 9\}$
   (2) $A=\{10, 100, 1000, 10000, \cdots\}$
   (3) A 為一切偶數所構成的集合
   (4) $Y=\{-6, -5, -4, -3, -2, -1, 0, 1, 2, 3, 4, 5, 6\}$.

5. 設 $A=\{1, 3, 4\}$，$B=\{2, 4, 6\}$，$C=\{x \mid x \text{ 為偶數}\}$，$D=\{x \mid x \text{ 為奇數}\}$，則下列

1. 整數之四則運算具有下列的基本性質：

   設 a、b、c 均為任意整數，則

   (1) $a+b$，$a-b$，$a\cdot b$ 也皆為整數，但 $a\div b$ 就不一定為整數，故整數對於加法、減法、乘法均具有封閉性，而對除法則無封閉性．

   (2) $a+b=b+a$ (加法交換律)

   　　$a\cdot b=b\cdot a$ (乘法交換律)

   (3) $(a+b)+c=a+(b+c)$ (加法結合律)

   　　$(a\cdot b)\cdot c=a\cdot(b\cdot c)$ (乘法結合律)

   (4) $(a+b)\cdot c=a\cdot c+b\cdot c$ (分配律)

   　　$a\cdot(b+c)=a\cdot b+a\cdot c$

   (5) 若 $a+c=b+c$，則 $a=b$． (加法消去律)

   　　若 $a\cdot c=b\cdot c$，$c\neq 0$，則 $a=b$． (乘法消去律)

   (6) $a+0=0+a=a$，$a\cdot 0=0$，$a\cdot 1=a$． (0 為加法單位元素，1 為乘法單位元素)

   (7) $a\in\mathbb{Z}$ 的加法反元素為 " $-a$ "：$a+(-a)=0$．

   (8) $a\cdot b\neq 0 \Leftrightarrow a\neq 0$ 且 $b\neq 0$．

   　　$a\cdot b=0 \Leftrightarrow a=0$ 或 $b=0$．

   (9) 若 a、b 均為正整數，則必存在唯一的一組整數 q、r

   　　使得 $a=q\cdot b+r$，且 $0\leq r<b$． (此性質稱為除法原理)

   性質 (9) 中的 q、r 分別稱為以 b 除 a 所得的商與餘數．例如：

   $$1158=105\times 11+3.$$

   我們知道以 11 除 1158 的商為 105，餘數是 3，計算如下：

   ```
           105
       ┌──────
    11 │ 1158
           11
          ───
           58
           55
          ───
            3
   ```

任意兩整數 a、b 之間的關係，尚存有大小 (次序) 的關係．

定義 1-6

> 對任意兩整數 a 與 b，$a < b$ 表示存在一 $n \in \mathbb{N}$，使得 $a+n=b$.

2. 整數的大小關係具有下列的性質：

    設 a、b、c 均為任意整數.

    (1) 下列關係必有且僅有一種成立：

    $a > b$，$a = b$，$a < b$ （三一律）

    (2) 若 $a > b$，$b > c$，則 $a > c$. （遞移律）

    (3) $a > b \Rightarrow a+c > b+c$. （加法律）

    (4) 若 $c > 0$，則 $a > b \Rightarrow a \cdot c > b \cdot c$.

    若 $c < 0$，則 $a > b \Rightarrow a \cdot c < b \cdot c$. （乘法律）

定義 1-7

> 對任意兩整數 a 與 b，$a \geq b$ 表示 $a=b$ 或 $a > b$.

【例題 1】 設 a、$b \in \mathbb{Z}$，

(1) 試證：$(a-b)^2 = a^2 - 2ab + b^2$.

(2) 利用 (1) 求 999^2 的值.

【解】 (1) $(a-b)^2 = (a-b)(a-b) = a(a-b) - b(a-b)$
$= a^2 - ab - (ba - b^2)$
$= a^2 - ab - ba + b^2 = a^2 - ab - ab + b^2$
$= a^2 - 2ab + b^2$

(2) $999^2 = (1000-1)^2 = 1000^2 - (2 \times 1000 \times 1) + 1^2$
$= 1,000,000 - 2,000 + 1$
$= 998,001$ ∎

【例題 2】 若 n 為奇數，證明 n^2 也是奇數.

【證】 若 n 為奇數，則 n 可以寫成

$$n = 2k+1, \ k \in \mathbb{Z}$$

則 $n^2=(2k+1)^2=4k^2+4k+1=\underbrace{2(2k^2+2k)}_{\text{偶數}}+1$

也是奇數. ∎

二、因數與倍數

由於整數對除法沒有<u>封閉性</u>，例如 $13\div2$ 就不是整數，而 $10\div2=5$ 是整數，所以 10 是 2 的<u>倍數</u>，2 是 10 的<u>因數</u>。

定義 1-8

設 $a、b\in\mathbb{Z}$，$b\neq 0$，若存在 $c\in\mathbb{Z}$，使得 $a=b\cdot c$，則謂 b <u>可整除</u> a，a 稱為 b 的<u>倍數</u>，b 稱為 a 的<u>因數</u>，以 $b|a$ 表示之. 又以 $b\nmid a$ 表示 b 不能整除 a，即 b 不是 a 的因數.

【例題 3】 若 p 是 q 的因數，證明 $-p$ 也是 q 的因數.

【證】 因為 p 是 q 的因數，所以 q 可以寫成

$$q=pn，\text{其中 } n \text{ 為整數}$$

因此 $q=(-p)(-n)$ 是 $-p$ 的倍數，即 $-p$ 也是 q 的因數. ∎

如果一個數的<u>因數</u>是正的，我們簡稱為<u>正因數</u>；同理，正的倍數簡稱為<u>正倍數</u>. 在討論因數及倍數時，如果沒有特別的必要，一般我們都以正因數與正倍數為代表.

定義 1-9

設 $a、b$ 為正整數，若 $b|a$，且 $b\neq 1$，$b\neq a$，則稱 b 為 a 的一個<u>真因數</u>.

例如：12 的真因數有 2, 3, 4, 6.

定理 1-3

若 $a、b、c$ 均為整數，$b\neq 0$，$c\neq 0$，則
(1) 若 $c|b$，且 $b|a$，則 $c|a$. （遞移律）
(2) 若 $c|a$，且 $c|b$，則 $\forall m, n\in\mathbb{Z}$，使得 $c|am+bn$. （線性組合）

註：$c|am-bn$ 亦成立.

證：(1) $c|b$，且 $b|a \Rightarrow \exists$(存在) $m, n \in \mathbb{Z}$，使得 $a = b \cdot m$，$b = c \cdot n$
$\Rightarrow a = (c \cdot n) \cdot m = c \cdot (n \cdot m)$　　$n, m \in \mathbb{Z}$
$\Rightarrow c|a$

(2) $c|a$，且 $c|b \Rightarrow \exists r, s \in \mathbb{Z}$，使得 $a = cr$，$b = cs$
$\Rightarrow am + bn = (cr)m + (cs)n = c(mr + ns)$

而 $mr + ns \in \mathbb{Z}$，故 $c|am + bn$.

【例題 4】 設 p 是正整數，已知 $p|3p+12$，求 p 之值.

【解】 由於 $p|3p+12$，故存在一正整數 q 使 $3p+12 = qp$，
因此，$12 = qp - 3p = p(q-3)$，即 $p|12$，
所以，p 可為 1, 2, 3, 4, 6, 12. ■

推　論

> 若 $m_1, m_2, \cdots, m_k \in \mathbb{Z}$，$d|a_1, d|a_2, \cdots, d|a_k$，則
> $$d|(m_1a_1 + m_2a_2 + \cdots + m_ka_k).$$

【例題 5】 設 a、b、$c \in \mathbb{Z}$，若 $a|b+c$，且 $a|b-c$，試證：$a|2b$，$a|2c$.

【解】 $a|b+c$，且 $a|b-c \Rightarrow a|(b+c)+(b-c) \Rightarrow a|2b$.
$a|b+c$，且 $a|b-c \Rightarrow a|(b+c)-(b-c) \Rightarrow a|2c$. ■

【例題 6】 設 a 滿足 $a|(a+8)$，$(a-1)|(a+11)$，$(a-4)|(3a+6)$，則 a 之值為何？(a 為整數)

【解】 若 $a|(a+b)$，則 $a|b$ 是本題解題關鍵.
因為 $a|(a+8)$，且 $a|a \Rightarrow a|8 \Rightarrow a = \pm 1, \pm 2, \pm 4, \pm 8$ 代入
$\begin{cases} (a-1)|(a+11) \\ (a-4)|(3a+6) \end{cases}$ 檢驗.

得知 $a = 2$ 或 $a = -2$，同時滿足已知的三式.
所以 $a = 2$ 或 $a = -2$ 為所求. ■

隨堂練習 2

(1) 設 m、n 為正整數，$m>1$，若 $m|9n+4$，$m|6n+5$，求 m 之值.

(2) 設 a 為整數，且 $a+2|3a-2$，求 a 之值.

答案：(1) $m=7$，(2) $a=-10$，-6，-4，-3，-1，0，2，6.

【例題 7】 若 $\dfrac{5n+12}{2n-3}$ 為正整數 (n 為正整數)，求 n 之值.

【解】 因為 $\dfrac{5n+12}{2n-3}$ 為正整數，所以 $\begin{cases}(2n-3)|(5n+12)\\(2n-3)|(2n-3)\end{cases}$

故　　　　$(2n-3)|(5n+12)\times 2-5(2n-3)$

$\Rightarrow (2n-3)|39$

則 $2n-3=\pm1$，±3，±13，±39，但 n 為正整數，且 $\dfrac{5n+12}{2n-3}$ 為正整數.

所以，$2n-3=1$，3，13，$39 \Rightarrow n=2$，3，8，21. ∎

隨堂練習 3 a、$b \in \mathbb{N}$，試證 $b|a \Rightarrow a \geq b$.

定義 1-10

若 p 是大於 1 的正整數，且 p 僅有 1 與 p 兩個正因數，則 p 稱為**質數**.

例如：2，3，5，7，11，13，17，19，$\cdots$ 等均是質數.（1 不是質數，而 2 是最小的質數.）

定義 1-11

設 n 是正整數，若 n 有真因數，則 n 稱為**合成數**.

例如：4，6，8，9，10，12，14，$\cdots$ 等均是合成數.

【例題 8】 設 n 為質數，且 $\dfrac{n^3+3n^2-4n+40}{n-1}$ 亦為質數，求 n 的值.

【解】 $\dfrac{n^3+3n^2-4n+40}{n-1}=(n^2+4n)+\dfrac{40}{n-1}$

可知 $n-1$ 為 40 的因數，故 $n-1$ 可為 1，2，4，5，8，10，20，40.

因 n 為質數，故 $n=2, 3, 5, 11, 41$.

但 $n=2, 5, 11, 41$ 代入 $n^2+4n+\dfrac{40}{n-1}$ 中並非質數.

$n=3$ 代入原式得 $9+12+\dfrac{40}{2}=41$ 為質數.

故 $n=3$. ■

定義 1-12

若 $b|a$，且 b 是質數，則稱 b 是 a 的質因數.

【例題 9】 設 n 為大於 1 的正整數，試證：若 n 不是質數，則 n 必定有小於或等於 $\sqrt{n}$ 的質因數.

【解】 假設 n 不是質數，又令 $n=rs$ ($r>1$，$s>1$，且 r、s 為正整數).

若 $r>\sqrt{n}$，且 $s>\sqrt{n}$，則 $n=rs>\sqrt{n}\sqrt{n}$，即 $n>n$，此為矛盾.

因此，$r\leq\sqrt{n}$ 或 $s\leq\sqrt{n}$.

所以，n 必定有小於或等於 $\sqrt{n}$ 的質因數. ■

【例題 10】 試判斷 2311 是否為質數？

【解】 利用例題 9 的結果，因 $\sqrt{2311}\approx 48.07$，而 2，3，5，7，11，13，17，19，23，29，31，37，41，43，47 均不是 2311 的因數，故 2311 是質數. ■

由以上的討論，顯然，質數 p 只能分解成 $p=1\cdot p=p\cdot 1$. 若整數 $n>1$，且 n 不是質數，則 n 可分解成 $n=a\cdot b$，其中 a 與 b 均大於 1 而小於 n. 若 a 或 b 不

是質數，則可繼續分解，最後可將 n 分解成

$$n = p_1^{a_1} \cdot p_2^{a_2} \cdot p_3^{a_3} \cdot \cdots \cdot p_r^{a_r}$$

的形式，其中 p_1, p_2, p_3, $\cdots$, p_r 為不同的質數，且 $p_1 < p_2 < p_3 < \cdots < p_r$，$a_1$, a_2, $\cdots$, a_r 為正整數，這種分解式稱為 n 的標準分解式.

定理 1-4　算術基本定理

> 大於 1 的自然數為質數或可分解為質數的連乘積.

【例題 11】　試將 240 分解為質數的連乘積.
【解】

```
2 | 240
2 | 120
2 |  60
2 |  30
3 |  15
        5
```

240 的標準分解式為 $240 = 2^4 \cdot 3^1 \cdot 5^1$.　　　　　■

例題 11 中，將 240 分解為質數的連乘積，在國民中學的數學課程中已學過了，但如果數字太大，我們就得利用倍數的判別法去找因數. 常見之因、倍數的判斷如下，若一個整數為

1. 2 的倍數 ⇔ 末位數為偶數.

2. 3 的倍數 ⇔ 各位數字之和為 3 的倍數.

例如：10869 中各位數字之和是 $1+0+8+6+9 = 24 = 3 \cdot 8$，所以 10869 是 3 的倍數. 因為

$$10869 = 10000 \cdot 1 + 1000 \cdot 0 + 100 \cdot 8 + 10 \cdot 6 + 9$$
$$= (9999+1) \cdot 1 + (999+1) \cdot 0 + (99+1) \cdot 8 + (9+1) \cdot 6 + 9$$
$$= 9999 \cdot 1 + 999 \cdot 0 + 99 \cdot 8 + 9 \cdot 6 + 1 \cdot 1 + 1 \cdot 0 + 1 \cdot 8 + 1 \cdot 6 + 9$$
$$= 3(3333 \cdot 1 + 333 \cdot 0 + 33 \cdot 8 + 3 \cdot 6) + (1 + 0 + 8 + 6 + 9)$$

所以 10869 是 3 的倍數的充要條件為 $1+0+8+6+9$ 是 3 的倍數．

3. 4 的倍數 ⇔ 末兩位為 4 的倍數．

4. 5 的倍數 ⇔ 末位數為 0 或 5．

5. 6 的倍數 ⇔ 連續三整數之連乘積或可被 2 且 3 整除者一定可被 6 整除．

6. 7 的倍數 ⇔ 末位起向左每三位為一區間，(第奇數個區間之和)－(第偶數個區間之和)＝7 的倍數．

7. 8 的倍數 ⇔ 末三位為 8 的倍數．

8. 9 的倍數 ⇔ 各位數字之和為 9 的倍數．

9. 11 的倍數 ⇔ 末位數字起，(奇數位數字之和)－(偶數位數字之和)＝11 的倍數．

10. 15 的倍數 ⇔ 是 3 的倍數且是 5 的倍數．

註：13 的倍數與 7 的倍數判斷法相同．

隨堂練習 4 求 1260 之標準分解式．

答案：$1260 = 2^2 \cdot 3^2 \cdot 5 \cdot 7$．

【例題 12】 試將 888888 的所有質因數由小而大列出來．

【解】

```
 8 | 888888
 3 | 111111
 7 |  37037
11 |   5291
13 |    481
        37
```

888888 的標準分解式為 $888888 = 2^3 \cdot 3 \cdot 7 \cdot 11 \cdot 13 \cdot 37$.

故 888888 的所有質因數，依次為 2, 3, 7, 11, 13, 37. ∎

【例題 13】試利用因式分解將 333333 分解為標準分解式.

【解】
$$333333 = \frac{1}{3} \cdot 999999 = \frac{1}{3}(10^6 - 1) = \frac{1}{3}(10^6 - 1^6)$$
$$= \frac{1}{3}(10^3 + 1^3)(10^3 - 1^3)$$
$$= \frac{1}{3}(10 + 1)(10^2 - 10 + 1^2)(10 - 1^2)(10^2 + 10 + 1^2)$$
$$= \frac{1}{3} \cdot 11 \cdot 91 \cdot 9 \cdot 111$$
$$= \frac{1}{3} \cdot 11 \cdot 7 \cdot 13 \cdot 3 \cdot 3 \cdot 3 \cdot 37$$
$$= 3^2 \cdot 7 \cdot 11 \cdot 13 \cdot 37$$

故 333333 之標準分解式為 $3^2 \cdot 7 \cdot 11 \cdot 13 \cdot 37$. ∎

註：$a^3 - b^3 = (a-b)(a^2+ab+b^2)$，$a^3 + b^3 = (a+b)(a^2-ab+b^2)$.

三、最大公因數

定義 1-13

設 $a_1, a_2, \cdots, a_k \in \mathbb{Z}$ $(k \geq 2)$，若整數 d 同時是 $a_1, a_2, \cdots, a_k$ 的因數，則 d 稱為 $a_1, a_2, \cdots, a_k$ 的公因數，其中最大的正公因數稱為 $a_1, a_2, \cdots, a_k$ 的最大公因數，以 $(a_1, a_2, \cdots, a_k)$ 或 $\gcd(a_1, a_2, \cdots, a_k)$ 表示. 若 $a_1, a_2, \cdots, a_k$ 除 ± 1 外再沒有其他公因數，則稱 $a_1, a_2, \cdots, a_k$ 為互質，即 $(a_1, a_2, a_3, \cdots, a_k) = 1$.

例如：36, 60, 80 的公因數有 $\pm 1, \pm 2, \pm 4$，其中最大正公因數為 4，所以 $(36, 60, 80) = 4$.

若欲求 $(a_1, a_2, a_3, \cdots, a_k)$，可先將 $a_1, a_2, \cdots, a_k$ 分解成標準式，再取各數的每一個共同質因數的最低次方者相乘，就得最大公因數．

【例題 14】 求 $(540, 504, 810)$．

【解】 (1) 540，504，810 的標準分解式為

$$540 = 2^2 \cdot 3^3 \cdot 5, \quad 504 = 2^3 \cdot 3^2 \cdot 7, \quad 810 = 2 \cdot 3^4 \cdot 5,$$

由上式知 $2 \cdot 3^2 = 18$ 是 540，504，810 的公因數，且是最大的公因數．故 $(540, 504, 810) = 18$．

(2) 利用直式求 $(540, 504, 810)$．

2	540	504	810
3	270	252	405
3	90	84	135
	30	28	45

則 $2 \cdot 3^2 = 18$ 即為所求的最大公因數． ∎

隨堂練習 5　求 $(360, 300, 900)$．

答案：60．

利用標準分解式求數個整數的最大公因數，若遇數字較大時，此一方法並不簡便，現在介紹一種輾轉相除法 [即歐幾里得演算法 (Euclid algorithm)]，因此我們先討論下面的定理．

定理 1-5

設 a、b 為兩個正整數，$b \neq 0$，以 b 除 a 所得商數為 q，餘數為 r，即 $a = b \cdot q + r$ $(0 \leq r < b)$，即 a、b 的最大公因數與 r、b 的最大公因數相等，即 $(a, b) = (r, b)$，換句話說，被除數與除數的最大公因數等於餘數與除數的最大公因數．

【例題 15】 試利用輾轉相除法，求 $(380, 247)$.

【解】
$$380 = 1 \times 247 + 133 \qquad (380, 247) = (247, 133)$$
$$247 = 1 \times 133 + 114 \qquad (247, 133) = (133, 114)$$
$$133 = 1 \times 114 + 19 \qquad (133, 114) = (114, 19)$$
$$114 = 6 \times 19 + 0 \qquad (114, 19) = 19$$
$$\therefore (380, 247) = 19$$

$q_1 = 1$	380	247	$1 = q_2$
	247	133	
$q_3 = 1$	$r_1 = 133$	$r_2 = 114$	$6 = q_4$
	114	114	
	$r_3 = 19$	$r_5 = 0$	

【例題 16】 試利用輾轉相除法，求 $(2438, 1007)$.

【解】

$q_1 = 2$	2438	1007	$2 = q_2$
	2014	848	
$q_3 = 2$	$r_1 = 424$	$r_2 = 159$	$1 = q_4$
	318	106	
$q_5 = 2$	$r_3 = 106$	$r_4 = 53$	
	106		
	$r_5 = 0$		

由上面的直式計算，可得下列各式：
$$2438 = 1007 \cdot 2 + 424$$
$$1007 = 424 \cdot 2 + 159$$
$$424 = 159 \cdot 2 + 106$$
$$159 = 106 \cdot 1 + 53$$
$$106 = 53 \cdot 2$$

所以，$(2438, 1007) = (1007, 424) = (424, 159) = (159, 106)$
$= (106, 53) = 53.$

隨堂練習 6　試利用輾轉相除法求 (3431，2397).

　　答案：47.

　　讀者求最大公因數時，不必寫出上列各橫式，在直式後直接寫出所求的最大公因數即可.

　　求三個較大整數的最大公因數時，如果不容易化成標準分解式，可先用輾轉相除法，求兩個整數的最大公因數，再以所求得的最大公因數與第三個整數，求最大公因數，即得所求.

【例題 17】　依例題 16，求 (2438，1007，13356).

【解】　　由例題 16 得 (2438，1007)＝53，再求 (53，13356)

$$
\begin{array}{r|r|r}
53 & 13356 & 2 \\
& 106 & \\
\hline
& 275 & 5 \\
& 265 & \\
\hline
& 106 & 2 \\
& 106 & \\
\hline
& 0 &
\end{array}
$$

　　　　即得 (53，13356)＝53，

　　　　故得 (2438，1007，13356)＝53.　　　　　　　　■

四、最小公倍數

定義 1-14

若 $a_1, a_2, a_3, \cdots, a_k$ 為 k 個不為 0 的整數，則 $a_1, a_2, a_3, \cdots, a_k$ 的共同倍數，稱為 $a_1, a_2, a_3, \cdots, a_k$ 的**公倍數**，公倍數中最小的正公倍數稱為 $a_1, a_2, a_3, \cdots, a_k$ 的**最小公倍數**，以符號 $[a_1, a_2, a_3, \cdots, a_k]$ 或 LCM$(a_1, a_2, \cdots, a_k)$ 表示之.

欲求 $[a_1, a_2, a_3, \cdots, a_k]$，可將 $a_1, a_2, a_3, \cdots, a_k$ 分解為標準式，再取各質因數中最高次方者相乘．

例如：
$$540 = 2^2 \cdot 3^3 \cdot 5$$
$$504 = 2^3 \cdot 3^2 \cdot 7$$
$$810 = 2 \cdot 3^4 \cdot 5$$

所以，$[540, 504, 810] = 2^3 \cdot 3^4 \cdot 5 \cdot 7 = 22680$．

定理 1-6

設 a、b 均為正整數，若 $a = a_1 d$，$b = b_1 d$，其中 $d = (a, b)$，且 $(a_1, b_1) = 1$，則 $[a, b] = a_1 b_1 d$．

證：設 $L = m_1 a = m_2 b$，m_1、$m_2 \in \mathbb{N}$，則 $L = m_1 a_1 d = m_2 b_1 d$．

於是，$m_1 a_1 = m_2 b_1$．因 $(a_1, b_1) = 1$，

所以，$b_1 | m_1$，$a_1 | m_2$．

設 $m_1 = n_1 b_1$，$m_2 = n_2 a_1$，n_1、$n_2 \in \mathbb{N}$，則 $L = n_1 b_1 a_1 d = n_2 a_1 b_1 d$．

於是，$L \geq a_1 b_1 d$，所以，$[a, b] = a_1 b_1 d$．

定理 1-7

設 a、b 均為不等於 0 的整數，則

$$[a, b] = \frac{|ab|}{(a, b)}.$$

證：因 a 與 $|a|$ 有相同的因數與倍數，b 與 $|b|$ 有相同的因數與倍數，所以

$(a, b) = (|a|, |b|)$，$[a, b] = [|a|, |b|]$ ……………………………………①

設 $d = (|a|, |b|)$，$|a| = a_1 d$，$|b| = b_1 d$，a_1、$b_1 \in \mathbb{N}$

則由定理 1-6，得

$$[|a|,\ |b|]=a_1b_1d=\frac{(a_1d)(b_1d)}{d}=\frac{|a||b|}{d}=\frac{|ab|}{(|a|,\ |b|)} \quad \cdots\cdots\cdots\cdots ②$$

由 ①、② 兩式，可得

$$[a,\ b]=\frac{|ab|}{(a,\ b)}.$$

【例題 18】 求 $[850,\ -1105]$.

【解】 先求 $(850,\ -1105)$，

$$850=2\cdot 5^2\cdot 17=10\cdot 85$$
$$1105=5\cdot 13\cdot 17=13\cdot 85$$

所以， $(850,\ -1105)=(850,\ 1105)=85$

故 $[850,\ -1105]=\dfrac{|850\cdot(-1105)|}{85}=11050.$ ∎

隨堂練習 7 試利用輾轉相除法求 1596、2527 的最大公因數與最小公倍數.

答案：$(1596,\ 2527)=133$，$[1596,\ 2527]=30324$.

推　論

(1) $(a,\ b,\ c)[a,\ b,\ c]$ 不一定等於 $|abc|$，如 $a=3$，$b=9$，$c=81$.

(2) 設 a、b、c 均為整數，且 $ab\neq 0$，若 $(a,\ b)=(b,\ c)=(c,\ a)=1$，則 $(a,\ b,\ c)\cdot[a,\ b,\ c]=|abc|$.

定理 1-8

將 k 個整數 $a_1, a_2, a_3, \cdots, a_k$ 分為若干組，這些組的最小公倍數的最小公倍數，就是 $a_1, a_2, \cdots, a_k$ 的最小公倍數，即

$$[a_1,\ a_2,\ a_3,\ \cdots,\ a_k]$$
$$=[[a_1,\ a_2,\ \cdots,\ a_{k_1}],\ [a_{k_1+1},\ \cdots,\ a_{k_2}],\ \cdots,\ [a_{k_m+1},\ \cdots,\ a_k]].$$

【例題 19】 求 $[654, 84, 311465]$.

【解】 用輾轉相除法，求得 $(84, 311465) = 7$

$$[84, 311465] = \frac{84 \cdot 311465}{7} = 3737580$$

由定理 1-8 知，

$$[654, 84, 311465] = [654, [84, 311465]] = [654, 3737580]$$

用輾轉相除法，求得 $(654, 3737580) = 6$

所以，

$$[654, 3737580] = \frac{654 \cdot 3737580}{6} = 654 \cdot 622930$$

$$= 407396220. \qquad ■$$

【例題 20】 已知二個自然數的最大公因數為 42，最小公倍數為 252，試求這二個自然數.

【解】 設此二個自然數為 p 與 q 且 $p < q$，則由題意得知，$(p, q) = 42$，$[p, q] = 252$.

令 $p = 42m$，$q = 42n$，其中 m、$n \in \mathbb{N}$

因 $$[p, q] = \frac{|pq|}{(p, q)}$$

故得 $$252 = \frac{(42m) \cdot (42n)}{42} = 42mn$$

化簡得 $mn = 6$，解得

$$\begin{cases} m = 1 \\ n = 6 \end{cases} \quad 或 \quad \begin{cases} m = 2 \\ n = 3 \end{cases}$$

代入得

$$\begin{cases} p = 42 \cdot 1 = 42 \\ q = 42 \cdot 6 = 252 \end{cases} \quad 或 \quad \begin{cases} p = 42 \cdot 2 = 84 \\ q = 42 \cdot 3 = 126 \end{cases}$$

這二個自然數為 42 與 252，或 84 與 126. ■

習題 1-2

1. 設 $a、b \in \mathbb{Z}$，(1) 試證：$(a-b)^3 = a^3 - b^3 - 3ab(a-b)$；(2) 利用 (1) 求 999^3 的值.

2. 利用簡便方法求下列各值：
   (1) $765^2 - 235^2$　　　　(2) 885×915.

3. 設 $x、a、b \in \mathbb{Z}$，(1) 試證：$(x+a)(x+b) = (x+a+b)x + ab$；(2) 利用 (1) 求 229×221 的值.

4. 設 $a、b、c \in \mathbb{Z}$，試證明：
$$(a+b+c)^2 = a^2 + b^2 + c^2 + 2ab + 2bc + 2ca$$

5. 設 n 為正整數，試證：n 為奇數 $\Leftrightarrow n^2$ 為奇數.

6. 設 $x、y \in \mathbb{Z}$，則 $x^2 - 3xy - 4y^2 = -9$ 之整數解有幾組？

7. $\dfrac{x-y}{xy} + \dfrac{1}{6} = 0$ 之正整數解 (x, y) 中，$x+y$ 最大為多少？

8. 試將下列各整數寫成標準分解式.
   (1) 1500　　(2) 3600　　(3) $3^{12} - 7^6$　　(4) 333333.

9. 下列何者為質數？
   (1) 311；(2) 313；(3) 317；(4) 319；(5) 323；(6) 1951；(7) 1953.

10. 設 $a = 98765$, $b = 345$，試求滿足 $a = b \cdot q + r$ 且 $0 \leq r < b$ 之整數 $q、r$.

11. 求 (1) $(1596, 2527)$　　(2) $(3431, 2397)$　　(3) $(12240, 6936, 16524)$
    (4) $[4312, 1008]$　　(5) $[108, 84, 78]$

12. $213a_1a_2$ 是 55 的倍數，試求 a_1 與 a_2？

13. 若四位數 $24x2$ 為 4 的倍數，則 x 之解集合為何？

14. 令 $m、n \in \mathbb{N}$，若 $m|8n+7$ 且 $m|6n+4$，求 m 之值.

15. 設 a 為正整數且 $3a-1|8a+2$，試求 a 之值.

16. 設 $p \in \mathbb{N}$，且 $\dfrac{3p+25}{2p-5} \in \mathbb{N}$，試求 p 之值.

1-3 有理數、實數與數線

一、有理數

在日常生活或工作中，隨時隨地會遇到許多不可比較性的問題，也就是說某一種類的事物，它並不可以按照自然的個別單位，一個一個地去數一數的．例如：這本書有多重？將一個西瓜分給 10 人，每人得到這個西瓜的多少？……等等，當然，整數就不夠去處理這些問題，於是便產生了分數．

對於兩個整數 a、b，當 $b \neq 0$ 時，我們來討論形如

$$bx = a$$

的方程式在整數中有解的問題．

若 $b=1$, $a=2$, 則 $x=2$.
若 $b=-3$, $a=3$, 則 $x=-1$.
若 $b=2$, $a=3$, 則 $x=$？

這時發現在整數中，就不一定有解；如果要使 $bx=a$ 一定有解，則必須 $x=\dfrac{a}{b}$．

定義 1-15

一整數 a 除以非零的整數 b，記作 $\dfrac{a}{b}$，$b \neq 0$，即稱為**分數**，a 稱為**分子**，b 稱為**分母**；當 $b=1$ 時，此分數即為一**整數**．

定義 1-16

凡是能寫成形如 $\dfrac{q}{p}$ 的數，其中 q、p 是整數，且 $p \neq 0$，則該數稱為**有理數**，有關有理數之集合，常記作 $\mathbb{Q}$，即

$$\mathbb{Q} = \left\{ \dfrac{q}{p} \,\middle|\, p、q \in \mathbb{Z}, \text{ 且 } p \neq 0, (q, p) = 1 \right\}.$$

註：$\mathbb{N} \subset \mathbb{Z} \subset \mathbb{Q}$．

有理數除了用分數形式表示外，還有一種小數表示法，任一有理數均可化為有限小數或循環小數．反之，任一有限小數，或循環小數，均可化為一個有理數．

若 $c \neq 0$, $b \neq 0$, 則

$$bx = a \Leftrightarrow c \cdot (bx) = c \cdot a$$
$$\Leftrightarrow (c \cdot b)x = c \cdot a$$
$$\Leftrightarrow x = \frac{c \cdot a}{c \cdot b}$$

所以，$\dfrac{a}{b} = \dfrac{c \cdot a}{c \cdot b}$．

上式由左式化為右式，稱為擴分；由右式化為左式，稱為約分．例如：有理數 $\dfrac{15}{375}$ 約分後可化為 $\dfrac{1}{25}$；$\dfrac{1}{25}$ 擴分後可寫成 $\dfrac{15}{375}$，所以它們代表同一個數．

已知整數 a、b、c、d，且 $bd \neq 0$，若 $d \cdot a = b \cdot c$，則

$$\frac{d \cdot a}{d \cdot b} = \frac{b \cdot c}{d \cdot b}$$

即

$$\frac{a}{b} = \frac{c}{d}$$

又由約分與擴分，可以推出

$$\frac{a}{b} = \frac{(-1) \cdot a}{(-1) \cdot b} = \frac{-a}{-b}$$

$$\frac{-a}{b} = \frac{(-1) \cdot (-a)}{(-1) \cdot b} = \frac{a}{-b} = -\frac{a}{b}.$$

對於兩個有理數 $\dfrac{a}{b}$、$\dfrac{c}{d}$，其四則運算規則如下：

$$\frac{a}{b} \pm \frac{c}{d} = \frac{ad \pm bc}{bd}$$

$$\frac{a}{b} \cdot \frac{c}{d} = \frac{ac}{bd}$$

$$c \neq 0, \quad \frac{a}{b} \div \frac{c}{d} = \frac{a}{b} \cdot \frac{d}{c} = \frac{ad}{bc}$$

所以，兩個有理數的和、差、積、商，仍是有理數．

有理數與整數一樣有正與負的分別．設有理數 $\frac{q}{p}$，在 $p \cdot q > 0$ 的情況下，可稱 $\frac{q}{p}$ 為正有理數，而在 $p \cdot q < 0$ 的情況下，則稱 $\frac{q}{p}$ 為負有理數．同樣的，在有理數之間也有大小關係．若 a 與 b 是兩個有理數，且 $a-b$ 為正數，則稱 a 大於 b，以 $a > b$ 表示．若 $a-b$ 為負數，則稱 a 小於 b，以 $a < b$ 表示．依此，有理數的大小關係具有下列性質：若 a、b 與 c 為有理數，則

1. 下列三式恰有一式成立：$a > b$，$a = b$，$a < b$ (三一律)
2. 若 $a > b$ 且 $b > c$，則 $a > c$．   (遞移律)

由於上述的說明，若 a、b、$c \in \mathbb{Q}$，就有下面的運算性質：

1. $a > 0$，$b > 0 \Rightarrow ab > 0$
2. $a < 0$，$b < 0 \Rightarrow ab > 0$

於是 $ab > 0 \Leftrightarrow a > 0$ 且 $b > 0$ 或 $a < 0$ 且 $b < 0$

3. $a > 0$，$b < 0 \Rightarrow ab < 0$
4. $a < 0$，$b > 0 \Rightarrow ab < 0$

於是 $ab < 0 \Rightarrow a > 0$ 且 $b < 0$ 或 $a < 0$ 且 $b > 0$

5. 若 $\frac{a}{b}$、$\frac{c}{d} \in \mathbb{Q}$，且 $bd > 0$ 則

$$ad < bc \Leftrightarrow \frac{a}{b} < \frac{c}{d}$$

6. $a > b$ 且 $b > c \Rightarrow a > c$．
7. $a > b \Leftrightarrow a+c > b+c$．
8. 已知 $a > b$，若 $c > 0$ 則 $ac > bc$；若 $c < 0$ 則 $ac < bc$．

9. 設 $a、b \in \mathbb{Q}$，$a > b$，則存在一數 $c \in \mathbb{Q}$，滿足 $a > c > b$.

　　此 c 為無限多個，該性質可推得有理數的**稠密性**. 所謂有理數的稠密性即任二相異有理數之間至少有一個有理數存在，這個性質稱為有理數的稠密性.

　　一有理數必可化為有限小數或循環小數；反之，任一有限小數或循環小數必為有理數. 例如，$0.3 = \dfrac{3}{10}$，$0.\overline{3} = \dfrac{3}{9}$.

【例題 1】　化循環小數 $3.\overline{417}$ 為有理數.

【解】　設 $x = 3.\overline{417}$，則

$$1000x = 3417.\overline{417} = 3417 + 0.\overline{417} = 3417 + (x - 3)$$

$$999x = 3414$$

即　　$x = \dfrac{3414}{999} = \dfrac{1138}{333}$

故　$3.\overline{417} = \dfrac{1138}{333}$. ■

【例題 2】　試比較 $\dfrac{7}{19}$、$\dfrac{8}{13}$、$\dfrac{3}{4}$ 的大小.

【解】　$\dfrac{8}{13} - \dfrac{7}{19} = \dfrac{152 - 91}{247} = \dfrac{61}{247} > 0$

$\dfrac{3}{4} - \dfrac{8}{13} = \dfrac{39 - 32}{52} = \dfrac{7}{52} > 0$

故 $\dfrac{3}{4} > \dfrac{8}{13} > \dfrac{7}{19}$. ■

隨堂練習 8　試比較 $\dfrac{17}{29}$、$\dfrac{47}{59}$、$\dfrac{31}{43}$ 的大小.

　　答案：$\dfrac{47}{59} > \dfrac{31}{43} > \dfrac{17}{29}$.

註：本例題三個數均小於 1 且分子與分母均相差 12，則分母愈大者分數之值愈大．若三數均大於 1，且分子與分母差一定值，則分母愈小者分數之值愈大，如 $\frac{19}{12} > \frac{32}{25} > \frac{38}{31}$．

*【例題 3】 試證 $\sqrt{3} \notin \mathbb{Q}$．

【解】 令 $\sqrt{3} = \dfrac{q}{p}$，$p \cdot q \in \mathbb{N}$，則

$$q^2 = 3p^2 \quad \cdots\cdots\cdots ①$$

因 $(p, q) = 1$，可知 $3 \mid q^2$，又 3 是質數，故

$$3 \mid q \quad \cdots\cdots\cdots ②$$

令 $q = 3k$，$k \in \mathbb{N}$，代入 ① 可得 $p^2 = 3k^2$，故

$$3 \mid q \quad \cdots\cdots\cdots ③$$

由 ②、③ 式知 3 為 $p \cdot q$ 的公因數與 $(p, q) = 1$ 矛盾，所以 $\sqrt{3} \notin \mathbb{Q}$．
∎

二、無理數

由上面的例題，我們得知在有理數系中，對於形如 $x^2 = 3$ 這一類的方程式在有理數系中無解．欲解決此問題，必須推廣數系．因此，我們將有理數推廣到實數．

定義 1-17

凡不能化成分數的數稱為**無理數**．由有理數、無理數所組成的集合稱為**實數集合**，記作 $\mathbb{R}$．數系之間的包含關係如下：

$$實數 \begin{cases} 有理數 \begin{cases} 分數\ (有限小數，循環小數) \\ 整數 \begin{cases} 正整數\ (自然數) \\ 0 \\ 負整數 \end{cases} \end{cases} \\ 無理數\ (不循環的無限小數) \end{cases}$$

註：$\mathbb{N} \subset \mathbb{Z} \subset \mathbb{Q} \subset \mathbb{R}$.

定義 1-18

> 設 p 為任意數，n 為正整數 (自然數)，若有一數 q，使得 $q^n = p$，則我們稱 "p 為 q 的 n 次方" 或 "q 為 p 的 n 次方根"．當 n 為奇數時，p 的 n 次方根恰有一個，記為 $\sqrt[n]{p}$，即
> $$(\sqrt[n]{p})^n = p.$$

依上述之定義，若 n 為偶數，令 $n = 2k$，$k \in \mathbb{N}$，此時
$$q^n = q^{2k} = p$$
則 $$(-q)^n = (-q)^{2k} = (-1)^{2k} q^{2k} = q^{2k} = q^n = p$$

即 q 與 $-q$ 均為 p 的 n 次方根．但習慣上，我們要求 $\sqrt[n]{p} = \sqrt[2k]{p} > 0$．符號 "$\sqrt[n]{}$" 稱為<u>根號</u>，$\sqrt[n]{p}$ 稱為<u>根數</u>，n 稱為根數次數．

另外關於根數的運算，讀者應注意下列一些運算規則 (其中 m、n、r 為正整數，p、q 為有理數)：

1. $\sqrt[n]{p} = \sqrt[nr]{p^r}$
2. $\sqrt[n]{pq} = \sqrt[n]{p} \sqrt[n]{q}$

    上式 n 為奇數．如果 n 為偶數，就得要求 $p > 0$，$q > 0$．

3. $(\sqrt[n]{p})^m = \sqrt[n]{p^m}$
4. $\sqrt[nm]{p^m} = \sqrt[n]{p}$

    上式若 $p < 0$，則不一定成立，例如，$\sqrt[4]{(-3)^2} \neq \sqrt{-3}$．

5. $\sqrt[n]{\dfrac{p}{q}} = \dfrac{\sqrt[n]{p}}{\sqrt[n]{q}}$，$q \neq 0$，例如，$\sqrt[3]{\dfrac{8}{27}} = \dfrac{\sqrt[3]{8}}{\sqrt[3]{27}} = \dfrac{2}{3}$．

    上式 n 為奇數．如果 n 為偶數，就得要求 $p > 0$，$q > 0$．

6. $\sqrt[n]{\sqrt[m]{p}} = \sqrt[nm]{p}$.

　　上式若 $p < 0$, 此式不一定成立, 例如, $\sqrt{\sqrt{-1}} \neq \sqrt[4]{-1}$.

7. 自根號內提出因數

$$\sqrt[n]{p^n q} = p\sqrt[n]{q}$$

8. 化異次根數為同次根數

$$\sqrt[n]{p} = \sqrt[nm]{p^m}, \quad \sqrt[m]{q} = \sqrt[nm]{q^n}$$

9. 有理化分母

(a) $\sqrt[n]{\dfrac{p}{q}} = \sqrt[n]{\dfrac{pq^{n-1}}{qq^{n-1}}} = \sqrt[n]{\dfrac{pq^{n-1}}{q^n}} = \dfrac{\sqrt[n]{pq^{n-1}}}{q}$

(b) $\dfrac{A}{\sqrt{p}+\sqrt{q}} = \dfrac{A(\sqrt{p}-\sqrt{q})}{(\sqrt{p}+\sqrt{q})(\sqrt{p}-\sqrt{q})} = \dfrac{A(\sqrt{p}-\sqrt{q})}{p-q}$

10. 二次根數 $\sqrt{p+2\sqrt{q}}$ 的完全平方根

　　令　　　　$\sqrt{p+2\sqrt{q}} = \sqrt{x} + \sqrt{y}$

$\Rightarrow (\sqrt{p+2\sqrt{q}})^2 = (\sqrt{x}+\sqrt{y})^2$

$\Rightarrow p+2\sqrt{q} = (\sqrt{x})^2 + 2\sqrt{x}\sqrt{y} + (\sqrt{y})^2$

$\Rightarrow p+2\sqrt{q} = (x+y) + 2\sqrt{xy}$

$\Rightarrow p = x+y, \quad q = xy.$

【例題 4】　利用上述規則, 化簡下列各根數:

(1) $\sqrt[8]{16}$, 　(2) $(\sqrt[3]{4})^2$, 　(3) $\sqrt[3]{\dfrac{3 \cdot 63}{2^3 \cdot 4^3}}$, 　(4) $\sqrt{\sqrt{81}}$.

【解】　(1) $\sqrt[8]{16} = \sqrt[8]{4^2} = \sqrt[4 \times 2]{2^4} = \sqrt{2}$

(2) $(\sqrt[3]{4})^2 = \sqrt[3]{4^2} = \sqrt[3]{16}$

(3) $\sqrt[3]{\dfrac{3 \cdot 63}{2^3 \cdot 4^3}} = \dfrac{\sqrt[3]{3 \cdot 63}}{\sqrt[3]{2^3 \cdot 4^3}} = \dfrac{\sqrt[3]{3 \cdot 3^2 \cdot 7}}{\sqrt[3]{2^3} \cdot \sqrt[3]{4^3}} = \dfrac{\sqrt[3]{3^3} \cdot \sqrt[3]{7}}{\sqrt[3]{2^3} \cdot \sqrt[3]{4^3}}$

$= \dfrac{3 \cdot \sqrt[3]{7}}{2 \cdot 4} = \dfrac{3}{8}\sqrt[3]{7}$

(4) $\sqrt{\sqrt{81}} = \sqrt[2 \times 2]{81} = \sqrt[4]{3^4} = 3.$ ▣

隨堂練習 9　試化簡 $\dfrac{1}{\sqrt{3}-\sqrt{2}} + \dfrac{1}{2-\sqrt{3}}$.

答案：$2\sqrt{3}+\sqrt{2}+2$.

隨堂練習 10　試化簡 $\dfrac{1}{\sqrt{2}+\sqrt{3}+\sqrt{6}}$.

答案：$\dfrac{7\sqrt{2}+5\sqrt{3}-\sqrt{6}-12}{23}$.

【例題 5】　試將 $\dfrac{1}{\sqrt{3}+1}$ 之分母根號消除.

【解】　利用 $a-b=(\sqrt{a}+\sqrt{b})(\sqrt{a}-\sqrt{b})$ 的公式. 分子、分母同乘以 $\sqrt{3}-1$,

$\dfrac{1}{\sqrt{3}+1} = \dfrac{\sqrt{3}-1}{(\sqrt{3}+1)(\sqrt{3}-1)} = \dfrac{\sqrt{3}-1}{3-1} = \dfrac{\sqrt{3}-1}{2}.$ ▣

*【例題 6】　試比較 $\sqrt{2}$、$\sqrt[3]{3}$、$\sqrt[4]{5}$ 的大小.

【解】
$$\sqrt{2} = \sqrt[12]{2^6} = \sqrt[12]{64}$$

$$\sqrt[3]{3} = \sqrt[12]{3^4} = \sqrt[12]{81}$$

$$\sqrt[4]{5} = \sqrt[12]{5^3} = \sqrt[12]{125}$$

因為 $64 < 81 < 125$，可得 $\sqrt[12]{64} < \sqrt[12]{81} < \sqrt[12]{125}$

即 $\sqrt{2} < \sqrt[3]{3} < \sqrt[4]{5}$. ▣

隨堂練習 11 試比較 $\sqrt{3}$、$\sqrt[3]{4}$、$\sqrt[4]{5}$ 的大小.

答案：$\sqrt[4]{5} < \sqrt[3]{4} < \sqrt{3}$.

***隨堂練習 12** 設 $f(x) = \sqrt{x+1} + \sqrt{x}$，$x \geq 0$. 求：$\dfrac{1}{f(1)} + \dfrac{1}{f(2)} + \cdots + \dfrac{1}{f(99)}$ 之值.

答案：9.

【例題 7】 試求 $5 + 2\sqrt{6}$ 之平方根.

【解】 設 $5 + 2\sqrt{6}$ 的平方根為 $(\sqrt{x} + \sqrt{y})$

則 $[(\sqrt{x} + \sqrt{y})]^2 = 5 + 2\sqrt{6}$

$\Rightarrow x + y + 2\sqrt{xy} = 5 + 2\sqrt{6}$

$\therefore \begin{cases} x+y=5 \\ xy=6 \end{cases}$

$\Rightarrow \begin{cases} x=3 \\ y=2 \end{cases}$ 或 $\begin{cases} x=2 \\ y=3 \end{cases}$

故 $5 + 2\sqrt{6}$ 的平方根為 $(\sqrt{2} + \sqrt{3})$. ■

三、數線，實數系

在國民中學裡，已經講述過數線，也就是先作一條水平直線，在這直線上，任取一點 O 表示數 0，稱為原點；然後取一個固定長度的線段為一單位長，並規定向右為正，向左為負. 由 O 點開始，分別以單位長為間隔，向右順次取點，表示數 1，2，3，…；向左順次取點，表示數 -1，-2，-3，…；如下圖 1-8 所示.

圖 1-8

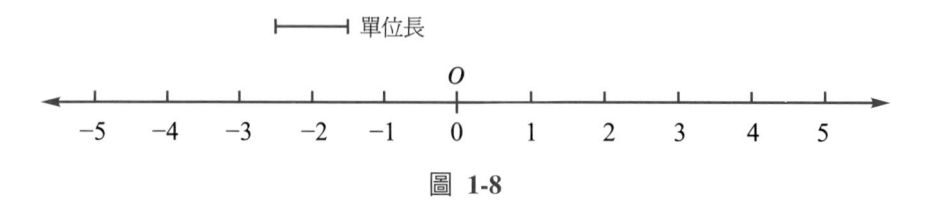

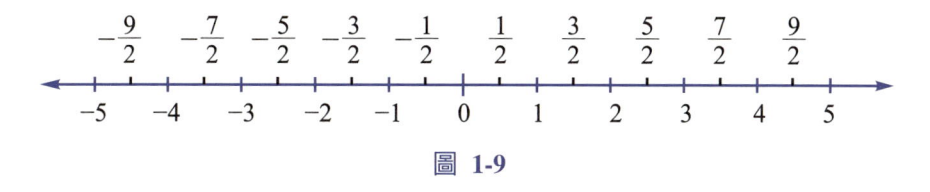

再二等分上述的每一間隔，即可得表示數 $\dfrac{1}{2}$, $\dfrac{3}{2}$, $\dfrac{5}{2}$, $\cdots$, 及數 $-\dfrac{1}{2}$, $-\dfrac{3}{2}$, $-\dfrac{5}{2}$, $\cdots$ 等的點，如圖 1-9 所示.

圖 1-9

對於其他的分數，可依 n 等分 (n 為正整數) 一線段的作法，亦可畫出表示每一分數 $\dfrac{a}{n}$ 的點 (a 為正整數)，於是，在這直線上，均可畫出一點來表示每一個有理數. 由於有理數的稠密性，所以，有理數在這直線上，是非常稠密的，但是仍不能把這直線填滿，也就是說，在這直線上還有很多的點，不能用有理數來表示它. 例如，

$$\sqrt{2},\ \sqrt{3},\ \sqrt{5},\ \cdots$$

等等，均不是有理數，而稱為無理數. 所有的有理數與無理數所成的集合稱為實數系，以 $\mathbb{R}$ 表示之. 由上所述，對於每一個實數，在直線上均有一點來表示它；而直線上的每一點，必可表示一個實數，這直線稱為數線. 實數對於加法與乘法的運算、不等關係，具有與有理數一樣的性質，讀者試著自行一一列出.

【例題 8】 試在一條數線上標出代表 $\dfrac{4}{3}$ 之點.

(1) 如圖 1-10 所示，通過原點 O 作一條異於數線之直線 L.
(2) 在 L 上任取三點 A、B、C，使得 $\overline{OA}=\overline{AB}=\overline{BC}$.
(3) 令 P 代表 4 之點，作 $\overline{PC}$.
(4) 過 A 作一直線平行於直線 CP，且交數線於 Q 點，則 Q 點即為所求.

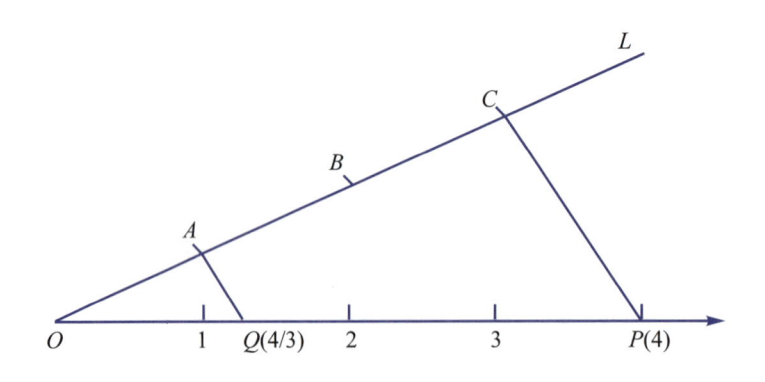

圖 1-10

證：因為 $\overline{AQ} \parallel \overline{CP}$

所以 $\dfrac{\overline{OQ}}{\overline{OP}} = \dfrac{\overline{OA}}{\overline{OC}}$

即 $\dfrac{\overline{OQ}}{4} = \dfrac{1}{3}$

因此 $\overline{OQ} = \dfrac{4}{3}$

故 Q 點合於所求.　　■

對於實數也有大小關係，設 a、b 均屬於實數 $\mathbb{R}$，以 $a, b \in \mathbb{R}$ 表之，若 $b - a > 0$，則稱 b 大於 a，以 $b > a$ 或 $a < b$ 表之. 當它們表示在數線上時，有下列的規定：

1. 若 $a < b$，則 b 在 a 的右邊.
2. 若 $0 < a < b$，則 a、b 均在 0 的右邊.
3. 若 $a < 0 < b$，則 a 在 0 的左邊，b 在 0 的右邊.
4. 若 $a < b < 0$，則 a 在 b 的左邊，b 在 0 的左邊.

定義 1-19

設 a、$b \in \mathbb{R}$，且 $a < b$，則稱下列四集合為**區間**，且稱 a、b 為區間的端點.

$$S_1 = \{x \mid a < x < b\}$$
$$S_2 = \{x \mid a \leq x \leq b\}$$
$$S_3 = \{x \mid a < x \leq b\}$$
$$S_4 = \{x \mid a \leq x < b\}$$

S_1 不含任一端點，稱為**開區間**，記作 (a, b)，即

$$(a, b) = \{x \mid a < x < b\}$$

S_2 含有二端點，稱為**閉區間**，記作 $[a, b]$，即

$$[a, b] = \{x \mid a \leq x \leq b\}$$

S_3 與 S_4 分別以 $(a, b]$ 與 $[a, b)$ 表之，稱為**半開區間**或**半閉區間**，即

$$(a, b] = \{x \mid a < x \leq b\}$$
$$[a, b) = \{x \mid a \leq x < b\}$$

仿此，以 (a, ∞) 表所有大於 a 的數所成的集合，即

$$(a, \infty) = \{x \mid x > a\}$$

且稱 (a, ∞) 為**無限區間**.

其他無限區間，分別定義如下：

$$(-\infty, a) = \{x \mid x < a\}$$
$$(-\infty, a] = \{x \mid x \leq a\}$$
$$[a, \infty) = \{x \mid x \geq a\}$$
$$(-\infty, \infty) = \{x \mid x \in \mathbb{R}\}.$$

式中 ∞ 表正無窮大，$-\infty$ 表負無窮大，兩者均非實數. 上述開區間、閉區間、半開或半閉區間及其他各無限區間，分別以圖形表之，如圖 1-11 至 1-19 所示.

圖 1-11 (a, b)

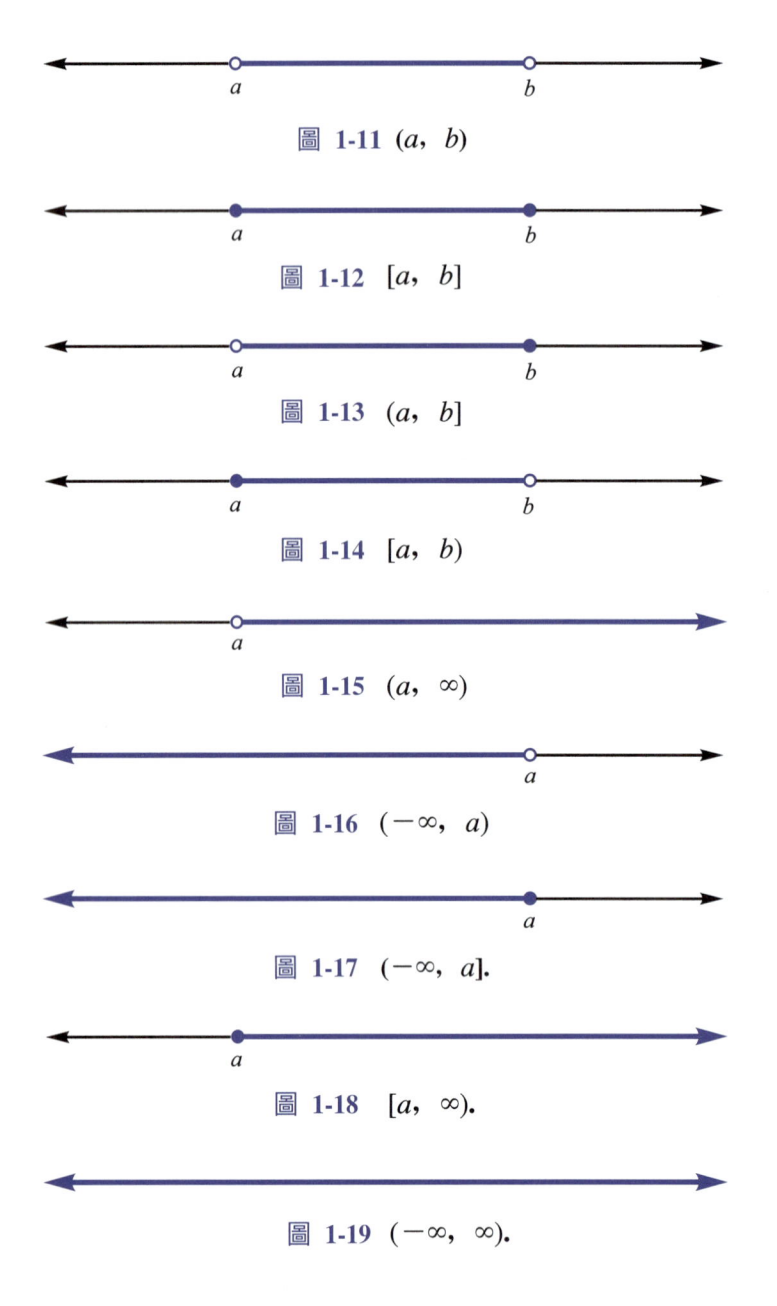

圖 1-12 $[a, b]$

圖 1-13 $(a, b]$

圖 1-14 $[a, b)$

圖 1-15 (a, ∞)

圖 1-16 $(-\infty, a)$

圖 1-17 $(-\infty, a]$.

圖 1-18 $[a, \infty)$.

圖 1-19 $(-\infty, \infty)$.

【例題 9】 求 $[-2, 6) \cap (-3, 3)$.

【解】 由圖所示,

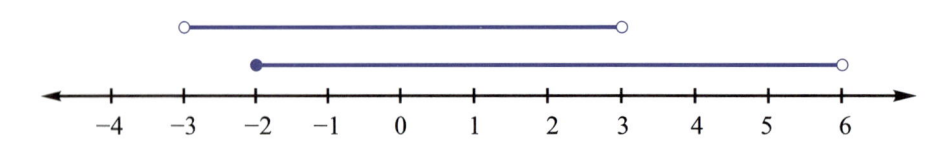

取重疊部分得 $[-2, 6) \cap (-3, 3) = [-2, 3)$.　　　　　■

隨堂練習 13　求 $(-2, 2] \cup [0, 4]$.

　　答案：$(-2, 4]$.

四、實數的絕對值

設 $a \in \mathbb{R}$，則 $a < 0$ 或 $a \geq 0$ 兩者中必有一者成立. 若 $a < 0$，則 $-a > 0$，故對任意實數 a 而言，必有一個非負的實數存在，而這非負的實數，或為 a，或為 $-a$. 依此，定義 a 的絕對值如下：

定義 1-20

一實數 a 的絕對值以 $|a|$ 表之，其值不為負.
$$|a| = \begin{cases} a, & \text{若 } a \geq 0 \\ -a, & \text{若 } a < 0 \end{cases}$$

如圖 1-20 所示.

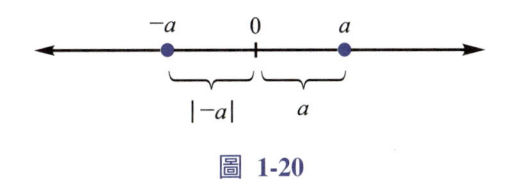

圖 1-20

例如：$|5| = 5$，$|-\sqrt{2}| = -(-\sqrt{2}) = \sqrt{2}$.

一般而言，實數 a 與 b 的距離，即為 $|a-b|$. 而

$$|a-b| = \begin{cases} a-b, & \text{當 } a \geq b \text{ 時} \\ b-a, & \text{當 } a < b \text{ 時} \end{cases}$$

如圖 1-21 與 1-22 所示.

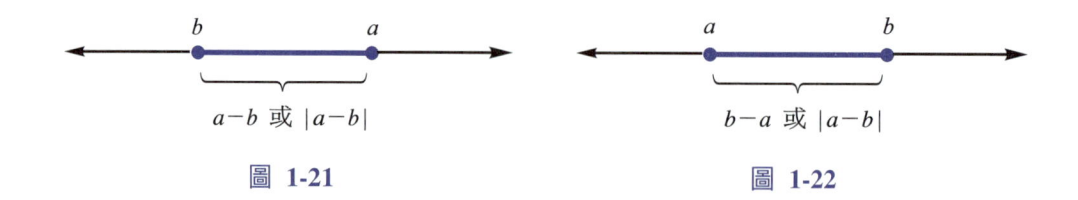

例如：-5 與 7 的距離是 $|-5-7|=12$，$8\sqrt{2}$ 與 $3\sqrt{2}$ 的距離是 $|8\sqrt{2}-3\sqrt{2}|=5\sqrt{2}$．

定義 1-21

設 $p\in\mathbb{R}$，則稱 p 的平方根為一數 q，使 $q^2=p$．

依定義 1-21，若 $p>0$，則 p 的平方根有兩個，如 4 的平方根為 $+2$ 或 -2．一正實數 p 的一個正平方根以 $\sqrt{p}$ 表之，且稱為主平方根，如 4 的主平方根為 $\sqrt{4}=2$．

【例題 10】設 $a\in\mathbb{R}$，試證：$\sqrt{a^2}=|a|$．

【解】當 $a\geq 0$ 時，$\sqrt{a^2}=a=|a|$．
當 $a<0$ 時，$\sqrt{a^2}=-a=|a|$．
故 $\sqrt{a^2}=|a|$．

【例題 11】設 $a\in\mathbb{R}$，試證：$|a|=|-a|$．

【解】當 $a\geq 0$ 時，則 $-a\leq 0$，故 $|a|=a=-(-a)=|-a|$．
當 $a<0$ 時，則 $-a>0$，故 $|a|=-a=|-a|$．

關於實數的絕對值性質如定理 1-9 所述：

定理 1-9

設 $a、b \in \mathbb{R}$，則

1. $|a| = |-a|$
2. $|ab| = |a||b|$
3. $|a^2| = |a|^2$
4. $\left|\dfrac{a}{b}\right| = \dfrac{|a|}{|b|}$, $b \neq 0$
5. $-|a| \leq a \leq |a|$
6. $|a| \leq r \Leftrightarrow -r \leq a \leq r \ (r \geq 0)$
7. $|a| > r \Leftrightarrow a > r$ 或 $a < -r \ (r \geq 0)$
8. $|a+b| \leq |a| + |b|$ （三角不等式）
9. $|a-b| \geq ||a| - |b||$.

【例題 12】 試求不等式 $|3-2x| \leq 5$ 之解，並以區間表示之.

【解】　　由定理 1-9(6)

$$|3-2x| \leq 5 \Leftrightarrow -5 \leq 3-2x \leq 5$$
$$\Leftrightarrow -8 \leq -2x \leq 2$$
$$\Leftrightarrow -2 \leq 2x \leq 8$$
$$\Leftrightarrow -1 \leq x \leq 4$$

故解集合為 $[-1, 4]$. ■

【例題 13】 試將集合 $\{x \mid |x+3| \geq 1, x \in \mathbb{R}\} = \{x \mid x \geq -2$ 或 $x \leq -4, x \in \mathbb{R}\} = (-\infty, -4] \cup [-2, \infty)$ 以數線表之.

【解】

圖 1-23

■

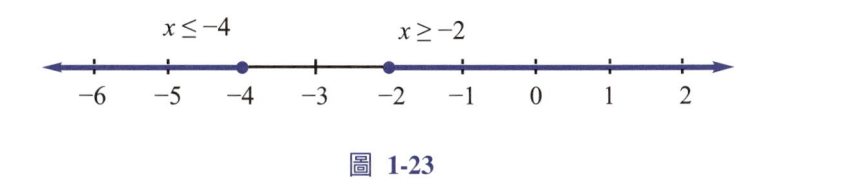

註：不含端點時，以空心圓表之，包含端點則以實心圓表之.

【例題 14】 設 $D_1=\{x\,|\,|x+3|\geq 1\}$，$D_2=\{x\,|\,|x-1|\leq 2\}$，試求 $D_1 \cap D_2=$？

【解】 $|x+3|\geq 1 \Leftrightarrow x+3\geq 1$ 或 $x+3\leq -1$

故 $D_1=\{x\,|\,x\geq -2$ 或 $x\leq -4\}$

$|x-1|\leq 2 \Leftrightarrow -2\leq x-1\leq 2$

故 $D_2=\{x\,|\,-1\leq x\leq 3\}$

所以，$D_1 \cap D_2=\{x\,|\,-1\leq x\leq 3\}=[-1,\ 3]$． ∎

隨堂練習 14 設 $A=\{x\,|\,|x-3|\geq 4,\ x\in \mathbb{R}\}$，$B=\{x\,|\,2\leq x\leq 8,\ x\in \mathbb{R}\}$，試求 $A \cap B=$？

答案：$A \cap B=\{x\,|\,7\leq x\leq 8,\ x\in \mathbb{R}\}=[7,\ 8]$．

隨堂練習 15 試解不等式：$\begin{cases} |x+1|>4 \\ |x-2|\leq 6 \end{cases}$．

答案：$\{x\,|\,-3<x\leq 8,\ x\in \mathbb{R}\}=(-3,\ 8]$．

隨堂練習 16 設 x、$y\in \mathbb{R}$，$|x-3|\leq 1$，$|y-5|\leq 2$，若 $\left|\dfrac{x}{y}-\dfrac{17}{21}\right|\leq b$，則 b 之值為何？

答案：$b=\dfrac{11}{21}$．

習題 1-3

1. 化下列循環小數為有理數．

(1) $0.\overline{23}$ (2) $0.0\overline{37}$ (3) $0.2\overline{31}$

2. $a\in \mathbb{N}$，二分數 $\dfrac{4}{5+a}$ 與 $\dfrac{a+2}{3a+1}$ 相等，試求 a 之值．

3. 設 x、$y\in \mathbb{Q}$，$3\leq x\leq 5$，$\dfrac{1}{2}\leq y\leq \dfrac{2}{3}$，而 $\dfrac{x}{y}$ 之最大值為 a，最小值為 b，試

求 a 與 b 之值.

4. 設 a、b、c、$d \in \mathbb{N}$，且 $a < b < c < d$，試比較有理數 $P = \dfrac{a}{b}$、$Q = \dfrac{a+c}{b+c}$、$T = \dfrac{a+d}{b+d}$ 之大小順序.

5. 若 $x \in \mathbb{Q}$，試求 $\dfrac{1}{x - \dfrac{1}{x + \dfrac{1}{x}}} = 20x$ 之解集合.

6. 設 A、B、P 在數線上之坐標依次為 -7、5、x，且 $\overline{AP} = \dfrac{3}{5}\overline{BP}$，試求 x 之值？

7. 設 $x = 1 + \sqrt{2}$，則 $x^2 - 2x + 2$ 之值為何？

8. 試比較 $\sqrt[15]{16}$、$\sqrt[10]{6}$、$\sqrt[6]{3}$ 的大小.

9. 試化簡下列各式.

    (1) $\sqrt[5]{3^{20}} \cdot \sqrt{3^{12}}$

    (2) $7\sqrt[3]{54} + 3\sqrt[3]{16} - 7\sqrt[3]{2} - 5\sqrt[3]{128}$

    (3) $\dfrac{3 + \sqrt{2}}{1 + \sqrt{2}}$

    (4) $\dfrac{4}{\sqrt{2} + \sqrt{3}}$

    (5) $\dfrac{1}{\sqrt{2} + \sqrt{3}} + \dfrac{1}{\sqrt{3} + 2}$

    (6) $\sqrt{6 - 2\sqrt{8}}$

    (7) $\sqrt{22 + 8\sqrt{6}}$

10. 試求下列各式 x 之範圍.

    (1) $|3x - 2| > 3$

    (2) $|3x - 2| \leq 8$

11. 試證 $\sqrt{2}$ 為無理數.

12. 有一分數 $\dfrac{1a435}{44}$ 化為小數時為有限小數，試求 a 之值.

13. 若 $|ax + 3| \geq b$ 之解為 $x \leq 2$ 或 $x \geq 6$，試求 a、b 之值.

14. 試解不等式 $||x - 2| - 5| \leq 4$.

15. 設數線上相異二點 A、B 的坐標分別為 a、b，且 $a < b$，今在 A、B 之間取一點 P，使 $\overline{AP} : \overline{PB} = m : n$, m、$n \in \mathbb{N}$，則 P 點之坐標為何？

16. 若 $\{x \mid -7 \leq x \leq 9\} = \{x \mid |x-a| \leq b\}$，試求 a、b 之值.

17. 設 a、b 為實數，$|a+1| \leq 3$，$|b-3| \leq 3$，試求 $3b-2a$ 之範圍？

18. 設有理數 x、y 滿足 $\sqrt{\dfrac{7}{6} + \sqrt{\dfrac{4}{3}}} = \sqrt{x} + \sqrt{y}$，其中 $x > y$，試求 x、y 之值.

1-4　一元二次方程式

　　在數學中，用數學符號及等號所表示的式子，稱為**等式**. 在等式中代表數之文字或符號，若只能用某一數或某些數來取代，等式才能夠成立，則此種等式稱為**方程式**. 方程式中所含的未知數，稱為方程式的**元**. 一實係數一元二次方程式都可化成下面的標準式：

$$ax^2 + bx + c = 0 \tag{1-4-1}$$

其中 a、b、$c \in \mathbb{R}$，且 $a \neq 0$.

　　式 (1-4-1) 的解法可以用因式分解法、配方法及公式解法.

一、一元二次方程式的解法

1. 因式分解法

　　欲解式 (1-4-1)，首先我們考慮，若

$$ax^2 + bx + c = (px+q)(rx+s),\ p \neq 0,\ r \neq 0$$

則此一元二次方程式的解為 $px+q=0$ 或 $rx+s=0$，也就是說，$x = -\dfrac{q}{p}$ 或 $x = -\dfrac{s}{r}$.

因此，我們若能將二次式 ax^2+bx+c，利用國中數學的十字交乘法分解成兩個一次因式的乘積，則 $ax^2+bx+c=0$ 的解就很容易求出.

【例題 1】　試用十字交乘法分解 $2x^2 - 5x - 3$ 之因式.

【解】

$$\begin{array}{c} 2x \quad +1 \\ x \quad -3 \\ \hline -6x \;+\; x \;=\; -5x \end{array}$$

$$\therefore 2x^2-5x-3=(2x+1)(x-3).\qquad\blacksquare$$

【例題 2】 解方程式 $x^2-3x+2=0$.

【解】 因 $x^2-3x+2=(x-1)(x-2)=0$

故得 $x-1=0$ 或 $x-2=0$,

即 $x=1$ 或 $x=2$.　　■

【例題 3】 某人借錢 210 元,一年後還 121 元,再一年後又還了 121 元,才將本利還清,求年利率.

【解】 設年利率為 r,則依題意,

$$[210(1+r)-121](1+r)=121$$

可得 $(89+210r)(1+r)=121$

即, $210r^2+299r-32=0$

$(10r-1)(21r+32)=0$

可得 $r=\dfrac{1}{10}$ 或 $r=-\dfrac{32}{21}$ (不合),故年利率為 10%.　　■

隨堂練習 17　有一個邊長為 6 公尺的正方形,它的每邊加上多長可使其成為面積是 50 平方公尺的正方形?

答案: $\sqrt{50}-6$ 公尺.

2. 配方法

將式 (1-4-1) 各項除以 a,即

$$x^2+\frac{b}{a}x+\frac{c}{a}=0 \qquad(1\text{-}4\text{-}2)$$

$$x^2 + \frac{b}{a}x = -\frac{c}{a}$$

兩邊同加 $\left(\frac{b}{2a}\right)^2$，可得

$$x^2 + 2 \cdot \frac{b}{2a}x + \left(\frac{b}{2a}\right)^2 = \left(\frac{b}{2a}\right)^2 - \frac{c}{a}$$

即

$$\left(x + \frac{b}{2a}\right)^2 = \frac{b^2 - 4ac}{4a^2}$$

兩邊開方，得

$$x + \frac{b}{2a} = \pm\frac{\sqrt{b^2 - 4ac}}{2a}$$

即 $x = \dfrac{-b \pm \sqrt{b^2 - 4ac}}{2a}$. ∎

【例題 4】 試以配方法解方程式 $x^2 - 2x - 2 = 0$.

【解】 因 $(x-1)^2 = x^2 - 2x + 1$

故原方程式可寫成

$$x^2 - 2x - 2 = x^2 - 2x + 1 - 3 = (x-1)^2 - 3 = 0$$

即 $(x-1)^2 = 3$

可得 $x - 1 = \pm\sqrt{3}$. 所以，$x = 1 + \sqrt{3}$ 或 $x = 1 - \sqrt{3}$. ∎

隨堂練習 18 試以配方法解方程式 $3x^2 - 10x + 2 = 0$.

答案：$x = \dfrac{5 + \sqrt{19}}{3}$ 或 $x = \dfrac{5 - \sqrt{19}}{3}$.

3. 公式解法

利用配方法，我們解得

$$x = \frac{-b \pm \sqrt{b^2 - 4ac}}{2a} \tag{1-4-3}$$

上式叫作一元二次方程式的公式解.

在式 (1-4-3) 中，我們所要注意的是：在國民中學裡曾討論過，$\sqrt{b^2-4ac}$ 是在 $b^2-4ac \geq 0$ 時才有意義. 但是，由於已引進了複數，所以當 $b^2-4ac < 0$ 時，我們稱 $\sqrt{b^2-4ac}$ 為一虛數.

【例題 5】 解方程式 $3x^2-17x+10=0$.

【解】 應用公式 (1-4-3)，解得

$$x = \frac{17 \pm \sqrt{(-17)^2-4\times 3\times 10}}{2\times 3}$$

$$= \frac{17\pm\sqrt{169}}{6} = \frac{17\pm 13}{6}$$

故 $x=5$ 或 $x=\dfrac{2}{3}$. ▫

【例題 6】 求解 $x^2-2ix-2=0$.

【解】 因為 $\qquad x^2-2ix+i^2=2+i^2$

所以 $\qquad (x-i)^2=1$

故 $\qquad x-i=\pm 1$

即 $x=1+i$ 或 $x=-1+i$.

【另解】利用公式 (1-4-3)，得

$$x = \frac{2i\pm\sqrt{4i^2+8}}{2} = \frac{2i\pm\sqrt{-4+8}}{2} \quad (\because i^2=-1)$$

$$= i\pm 1. \qquad ▫$$

二、一元二次方程式根的討論

設 α、β 為實係數一元二次方程式

$$ax^2+bx+c=0$$

的二根，則由公式 (1-4-3) 得知

$$\alpha = \frac{-b+\sqrt{b^2-4ac}}{2a}, \quad \beta = \frac{-b-\sqrt{b^2-4ac}}{2a} \tag{1-4-4}$$

對於上述的二根，可由 b^2-4ac 來判斷二根的性質，b^2-4ac 稱為一元二次方程式根的判別式，以 Δ 表示之，即，$\Delta = b^2-4ac$。茲就 $a、b、c \in \mathbb{Q}$，$a \neq 0$ 時如何用 Δ 來判定一元二次方程式的根為實根、有理根或共軛複數根，分別討論如下：

1. 當 $\Delta = 0$ 時，則 α 與 β 為相等的兩有理根，此時方程式稱為有等根，或有重根.
2. 當 $\Delta > 0$ 時，則 α 與 β 為相異的實根；且
   (a) 若 Δ 為一完全平方數，則 α 與 β 為相異的兩有理根.
   (b) 若 Δ 不為完全平方數，則 α 與 β 為相異的兩無理根.
3. 當 $\Delta < 0$ 時，α 與 β 為兩共軛複數根.

讀者應注意，複係數的二次方程式 $ax^2+bx+c=0$，不可以用判別式 $\Delta = b^2-4ac$ 來判定兩根的性質。例如，$x^2-ix-1=0$，雖 $\Delta = (-i)^2+4 > 0$，但兩根為 $\dfrac{i}{2} \pm \dfrac{\sqrt{3}}{2}$.

同理應注意，實係數的二次方程式 $ax^2+bx+c=0$，不可以用 Δ 為有理數的完全平方來判定方程式有有理根。例如，$x^2-2\sqrt{2}\,x+1=0$，$\Delta = b^2-4ac = (-2\sqrt{2})^2 - 4 \cdot 1 = 4 = (2)^2$，但兩根為 $\sqrt{2}+1$，$\sqrt{2}-1$.

【例題 7】 判斷下列方程式根的性質：
(1) $2x^2-x-21=0$, (2) $x^2-5x+9=0$.

【解】 (1) $2x^2-x-21=0$

$\Delta = b^2-4ac = (-1)^2 - 4 \cdot 2 \cdot (-21) = 1+168 = 169 > 0$

故兩根為相異的實根.

(2) $x^2-5x+9=0$

$\Delta = b^2-4ac = (-5)^2 - 4 \cdot 1 \cdot 9 = 25-36 = -11 < 0$

故兩根為共軛複數根. ◼

【例題 8】 設方程式 $3x^2-2(3m+1)x+3m^2-1=0$ 有：(1) 兩相異實根，

(2) 兩相等實根，(3) 兩共軛複數根，試分別求實數 m 值的範圍.

【解】 $\Delta=[-2(3m+1)]^2-4\cdot 3\cdot (3m^2-1)=4(3m+1)^2-12(3m^2-1)=8(3m+2)$

(1) 有兩相異實根，則 $\Delta>0$，即 $3m+2>0$，故 $m>-\dfrac{2}{3}$.

(2) 有兩相等實根，則 $\Delta=0$，故 $m=-\dfrac{2}{3}$.

(3) 有兩共軛複數根，則 $\Delta<0$，故 $m<-\dfrac{2}{3}$. ■

隨堂練習 19 設 $x^2-2x-k=0$，試決定 k 的範圍使得此方程式的兩根為：(1) 相等的實根，(2) 不相等的實根，(3) 共軛複數根.

答案：(1) $k=-1$，(2) $k>-1$，(3) $k<-1$.

【例題 9】 若方程式 $x^2+2(n+2)x+9n=0$ 有兩相等的實根，試決定 n 的值.

【解】 方程式有等根之條件為 $\Delta=b^2-4ac=0$，此處 $a=1$，$b=2(n+2)$，$c=9n$

$$\Delta=[2(n+2)]^2-4\times 1\times 9n=0$$

即 $$n^2-5n+4=0$$

解得 $n=4$ 或 $n=1$. ■

隨堂練習 20 $a\in\mathbb{Z}$，$a\neq -1$，若 $(1+a)x^2+2x+(1-a)=0$ 之兩根皆為整數，求 a 之解集合.

答案：a 之解集合 $\{-3,-2,0,1\}$.

三、一元二次方程式根與係數的關係

一元二次方程式

$$ax^2+bx+c=0$$

(其中 a、b、$c\in\mathbb{R}$，$a\neq 0$) 的兩根分別為：

$$\alpha=\frac{-b+\sqrt{b^2-4ac}}{2a},\ \beta=\frac{-b-\sqrt{b^2-4ac}}{2a}$$

則
$$\alpha+\beta = \frac{-b+\sqrt{b^2-4ac}}{2a} + \frac{-b-\sqrt{b^2-4ac}}{2a}$$
$$= -\frac{2b}{2a} = -\frac{b}{a}$$

且
$$\alpha\beta = \left(\frac{-b+\sqrt{b^2-4ac}}{2a}\right)\left(\frac{-b-\sqrt{b^2-4ac}}{2a}\right)$$
$$= \frac{(-b)^2-(b^2-4ac)}{4a^2} = \frac{b^2-b^2+4ac}{4a^2} = \frac{c}{a}.$$

定理 1-10

> 一元二次方程式 $ax^2+bx+c=0$（其中 a、b、$c \in \mathbb{R}$, $a \neq 0$）之兩根分別為 α 與 β，則
> $$\begin{cases} \alpha+\beta = -\dfrac{b}{a} \\ \alpha\beta = \dfrac{c}{a} \end{cases} \tag{1-4-5}$$

【例題 10】設 $3x^2+bx+c=0$ 之兩根和為 8，兩根之積為 6，試求 b 與 c 之值.

【解】由式 (1-4-5) 根與係數的關係知，
$$\frac{b}{3} = -8, \quad \frac{c}{3} = 6$$

所以 $b=-24$，$c=18$. ∎

【例題 11】設 α 與 β 為 $2x^2-3x+6=0$ 的兩根，試求下列各值：
(1) $\alpha^2+\beta^2$，(2) $\alpha^3+\beta^3$.

【解】由式 (1-4-5) 根與係數的關係，得

$$\begin{cases} \alpha+\beta=-\left(-\dfrac{3}{2}\right)=\dfrac{3}{2} \\ \alpha\beta=\dfrac{6}{2}=3 \end{cases}$$

(1) $\alpha^2+\beta^2=\alpha^2+2\alpha\beta+\beta^2-2\alpha\beta=(\alpha+\beta)^2-2\alpha\beta$

$=\left(\dfrac{3}{2}\right)^2-2(3)=\dfrac{9}{4}-6=-\dfrac{15}{4}.$

(2) $\alpha^3+\beta^3=(\alpha+\beta)(\alpha^2-\alpha\beta+\beta^2)=(\alpha+\beta)[(\alpha+\beta)^2-3\alpha\beta]$

$=\dfrac{3}{2}\left(\dfrac{9}{4}-9\right)=-\dfrac{81}{8}.$ ∎

隨堂練習 21 設 α、β 為一元二次方程式 $x^2+8x+6=0$ 之兩根，試求

(1) $\alpha^2+\beta^2+\alpha\beta$ 與 (2) $\alpha^2+\beta^2-2\alpha\beta$ 之值.

答案：(1) 58，(2) 40.

【例題 12】求以下列兩數為根的一元二次方程式.

(1) $\dfrac{7+\sqrt{3}}{4}$, $\dfrac{7-\sqrt{3}}{4}$ （2) $2+\sqrt{5}\,i$, $2-\sqrt{5}\,i$

【解】(1) 設所求之一元二次方程式為 $ax^2+bx+c=0$, $a\neq 0$

則 $x^2+\dfrac{b}{a}x+\dfrac{c}{a}=0$

$\alpha+\beta=\dfrac{7+\sqrt{3}}{4}+\dfrac{7-\sqrt{3}}{4}=\dfrac{7}{2}=-\dfrac{b}{a}$

$\alpha\beta=\dfrac{7+\sqrt{3}}{4}\cdot\dfrac{7-\sqrt{3}}{4}=\dfrac{49-3}{16}=\dfrac{23}{8}=\dfrac{c}{a}$

故 $x^2-\dfrac{7}{2}x+\dfrac{23}{8}=0$

所求之一元二次方程式為 $8x^2-28x+23=0.$

【另解】 (1) $\left(x-\dfrac{7+\sqrt{3}}{4}\right)\left(x-\dfrac{7-\sqrt{3}}{4}\right)=0$

則 $(4x-7-\sqrt{3})(4x-7+\sqrt{3})=0$

故 $(4x-7)^2-3=0$

得 $16x^2-56x+46=0$ 或 $8x^2-28x+23=0$.

(2) $\alpha+\beta=2+\sqrt{5}\,i+2-\sqrt{5}\,i=4$

$\alpha\beta=(2+\sqrt{5}\,i)(2-\sqrt{5}\,i)=4-5i^2=4+5=9$

故所求一元二次方程式為 $x^2-4x+9=0$. ∎

隨堂練習 22 求以下列兩數為根的一元二次方程式.

$$2+\sqrt{3},\ 2-\sqrt{3}$$

答案：$x^2-4x+1=0$.

【例題 13】 設 α 與 β 為一元二次方程式 $ax^2+bx+c=0$ 之兩根，試證

$$(\alpha-\beta)^2=\dfrac{b^2-4ac}{a^2}.$$

【解】 由根與係數的關係式 (1-4-5) 知

$$\alpha+\beta=-\dfrac{b}{a},\ \alpha\beta=\dfrac{c}{a}$$

故得 $(\alpha-\beta)^2=\alpha^2+2\alpha\beta+\beta^2-4\alpha\beta=(\alpha+\beta)^2-4\alpha\beta$

$$=\left(-\dfrac{b}{a}\right)^2-4\cdot\dfrac{c}{a}=\dfrac{b^2-4ac}{a^2}.$$ ∎

【例題 14】 已知某二次方程式之兩根分別是方程式 $3x^2+8x+5=0$ 之兩根的三倍，求該二次方程式.

【解】 設 α 與 β 為 $3x^2+8x+5=0$ 的兩根，由式 (1-4-5) 知

$$\alpha+\beta=-\dfrac{8}{3}$$

而所求方程式為

$$(x-3\alpha)(x-3\beta)=x^2-(3\alpha+3\beta)x+(3\alpha)(3\beta)=0$$

即

$$x^2-3(\alpha+\beta)x+9\alpha\beta=0$$

可得

$$x^2-3\left(-\frac{8}{3}\right)x+9\left(\frac{5}{3}\right)=0$$

故 $x^2+8x+15=0$. ◼

【例題 15】設 α、β 為 $2x^2+9x+2=0$ 之二根，試求 $(\sqrt{\alpha}+\sqrt{\beta})^2$ 之值.

【解】因

$$\Delta=9^2-4\times 2\times 2=65>0$$

所以，α、β 為實數.

又由根與係數的關係知：

$$\begin{cases} \alpha+\beta=-\dfrac{9}{2} \quad\cdots\cdots\cdots\cdots\cdots① \\ \alpha\cdot\beta=1 \quad\cdots\cdots\cdots\cdots\cdots② \end{cases}$$

由 ① 式與 ② 式知 $\alpha<0$, $\beta<0$

故 $(\sqrt{\alpha}+\sqrt{\beta})^2 = (\sqrt{-\alpha}\,i+\sqrt{-\beta}\,i)^2$

$$=-\alpha i^2-\beta i^2+2\sqrt{(-\alpha)\cdot(-\beta)}\,i^2$$

$$=\alpha+\beta-2\sqrt{\alpha\beta}$$

（∵ 若 $\alpha<0$, $\beta<0$, 則 $\sqrt{\alpha}\cdot\sqrt{\beta}=-\sqrt{\alpha\beta}$）

$$=-\frac{9}{2}-2=-\frac{13}{2}.$$

◼

習題 1-4

1. 試利用因式分解法解下列一元二次方程式.
   (1) $5x^2-7x-6=0$
   (2) $x^2+2x+1=0$
   (3) $x^2+2x-35=0$
   (4) $20x^2-13x+2=0$
   (5) $9x^2-5x-4=0$

2. 試利用配方法解下列一元二次方程式.
   (1) $x^2+x+1=0$
   (2) $3x^2-17x+10=0$
   (3) $6x^2+x-2=0$
   (4) $2x^2-3x+7=0$
   (5) $21x^2+11x-2=0$
   (6) $4x^2-2x+1=0$

3. 試利用公式解法解下列方程式.
   (1) $2x^2+\dfrac{1}{3}x-\dfrac{1}{3}=0$
   (2) $2x^2+3x-4=0$
   (3) $x^2+x+1=0$
   (4) $3x^2+5x+7=0$
   (5) $2(x+3)^2-5(x+3)=18$

4. 解方程式 $ix^2+(i-1)x-1=0$ (可利用因式分解法求解).

5. 試判斷下列方程式根的性質.
   (1) $5x^2+7x-3=0$
   (2) $2x^2-4x+11=0$
   (3) $x^2-6x+3=0$

6. 設 $2x^2+kx+3=0$，試決定 k 的值使得此一元二次方程式的二根為相等的實數.

7. 試求 $x^2+|2x-1|=3$ 之實根.

8. 若 $k\in \mathbb{R}$，二次方程式 $kx^2+3x+1=0$
   (1) 有相異兩實根求 k 之範圍.
   (2) 有相等兩實根求 k 之值.
   (3) 有兩共軛虛根求 k 之範圍.

9. 設 α、β 為一元二次方程式 $x^2+8x+6=0$ 之兩根，試求下列各式的值：
   (1) $\alpha+\beta$
   (2) $\alpha\beta$
   (3) $\alpha^2+\beta^2$
   (4) $\dfrac{1}{\alpha}+\dfrac{1}{\beta}$
   (5) $\dfrac{\beta}{\alpha}+\dfrac{\alpha}{\beta}$

10. 求以下列二數為根的一元二次方程式.

   (1) 3，−8
   (2) $\dfrac{1}{2}$，$-\dfrac{2}{3}$

11. 設 α、β 為 $x^2-x-3=0$ 之二根，試求 $\dfrac{1}{(1+\alpha)^2}+\dfrac{1}{(1+\beta)^2}$ 之值.

12. 設方程式為 $3x^2+x-2k=0$，求出 k 之值使得此方程式有

   (1) 相異的實根.
   (2) 相等的實根.
   (3) 相異的虛根.

13. 設 $x^2+(k-13)x+k=0$ 的二根是自然數，求 k 之值.

14. 若 $z\in\mathbb{C}$，解 $z^2+(4-3i)z+1-7i=0$.

15. 試解方程式 $(2-\sqrt{3})x^2-2(\sqrt{3}-1)x-6=0$.

16. 設 $a<b<c$，試證明 $(x-a)(x-c)+(x-b)^2=0$ 有兩個相異實根.

17. 若方程式 $x^2+px+q=0$ 的二根為 α、β；$x^2-px+2q-3=0$ 的二根是 $\alpha+4$，$\beta+4$，試求 p 與 q 之值.

2 多項式

本章學習目標

2-1　單項式與多項式

2-2　多項式的四則運算

2-3　餘式定理與因式定理

2-4　多項式方程式

2-1　單項式與多項式

我們在第 1 章中曾經提到"數","數"是學習數學的工具,如果一個符號,像 x、y 或 z 等等,在運算時具有與數同樣的性質,我們稱它為<u>不定元</u>,設 x 是一個不定元,且以 x^2 表示 $x \cdot x$,則 x 在運算時可以適用<u>乘法結合律</u>,如

$$(x \cdot x) \cdot x = x \cdot (x \cdot x) \tag{2-1-1}$$

去掉括號而寫成 $x \cdot x \cdot x$,以 x^3 表示,例如 x 代表 2,則 $2 \cdot 2 \cdot 2 = 2^3 = 8$,依此類推,$n$ 個 x 的積,以 x^n 表示,即

$$x^n = \overbrace{x \cdot x \cdot x \cdot x \cdot \cdots \cdot x}^{n \text{ 個}} \tag{2-1-2}$$

x^n 通常稱為指數式,而 x 稱為底,正整數 n 稱為 x 的指數."x^n" 讀作 "x 的 n 次方" 或 "x 的 n 次冪"。

設 $m, n \in N$,x, y 都是不定元,則

$$(xy)^n = x^n y^n$$
$$(x^m)^n = x^{mn}$$

由不定元與數相乘,所得之積稱為<u>單項式</u>.例如,設 x, y 都是不定元,m, n 是正整數或 0,而 p 是一個實數,則 $px^m y^n$ 是一個<u>單項式</u>.式中各不定元指數之和,如 $m+n$ 稱為這單項式的次數,且稱 p 為這單項式的係數.

當兩個單項式 $5x^4 y^3$ 和 $2x^7 y^5$ 相乘時,可得

$$5x^4 y^3 \cdot 2x^7 y^5 = 5 \cdot 2 \cdot x^4 \cdot x^7 \cdot y^3 \cdot y^5$$
$$= 10 x^{4+7} \cdot y^{3+5}$$
$$= 10 x^{11} y^8$$

用加號 "+" 連接有限個的單項式,所得的式子稱為<u>多項式</u>.多項式是常見而且也是最基本的<u>代數式</u>,而多項式中的各單項式,稱之為這多項式的<u>項</u>,項的次數最大者,稱為這多項式的<u>次數</u>.只含一個不定元的多項式稱為<u>單元多項式</u>;含兩個以上的不定元的多項式稱為<u>多元多項式</u>.多項式中的任兩項,至多僅有係數不相同者,稱為<u>同類項</u>.例如:

$6x^4+3x^3-\dfrac{1}{2}x^2+4x-5$ 是單元多項式，其次數為四；$2xy^2-\dfrac{1}{2}xy+y+xy$ 是多元多項式，其次數為三，且 $-\dfrac{1}{2}xy$ 與 xy 是同類項.

【例題 1】 設 x 與 y 為不定元，試決定單項式 $2x^2y^5$ 之次數.

【解】 $2x^2y^5$ 是 7 次單項式. ▪

隨堂練習 1 試決定下列各單項式之次數.

(1) -9，(2) $2x^2$，(3) $3x^3y^2$，(4) $3x^2yz^3$，(5) $24x^2y^3z^6$.

答案：(1) 零次單項式，(2) 2 次單項式，(3) 5 次單項式，(4) 6 次單項式，(5) 11 次單項式.

【例題 2】 試決定多項式 $3x^4-\dfrac{1}{2}x^2+x$ 共有幾項，它們的係數為何？

【解】 多項式 $3x^4-\dfrac{1}{2}x^2+x$ 共有三項：$3x^4$，$-\dfrac{1}{2}x^2$，x，

它們的係數分別為 3，$-\dfrac{1}{2}$，1. ▪

例題 2 中的多項式缺了 x^3 項以及常數項，也可以說它的 x^3 項以及常數項的係數均為零. 僅有非零的常數項的多項式叫做零次多項式，例如，3，-4 等都是零次多項式；而僅有常數項 0 的單項式則叫做零多項式.

將一個 x 的多項式中的每一項按照 x 的次方，由大到小，從左到右排列，稱之為降冪排列；若由小到大，從左到右排列，則稱為升冪排列. 例如，多項式

$$6x+x^4+4x^2-3x^3-15$$

的降冪排列和升冪排列，分別為

$$x^4-3x^3+4x^2+6x-15$$

及

$$-15+6x+4x^2-3x^3+x^4$$

透過這兩種排列方式，每一個 x 的多項式都可以寫成：

$$f(x)=a_n x^n+a_{n-1}x^{n-1}+a_{n-2}x^{n-2}+\cdots+a_1 x+a_0 \qquad \text{(2-1-3)}$$

或

$$f(x)=a_0+a_1 x+a_2 x^2+\cdots+a_{n-1}x^{n-1}+a_n x^n \qquad \text{(2-1-4)}$$

的形式；其中 n 是正整數或零. a_k 為 $f(x)$ 中 k 次項 x^k 的係數；a_0 為常數項；當 $a_0 \neq 0$ 時，n 即為 $f(x)$ 的次數.

習題 2-1

試決定下列代數式，何者為多項式，何者不是多項式.

1. $x^2 + y + 5$
2. $y^3 - y^2 + 8$
3. $\sqrt[3]{x^2 - 2}$
4. $-7x^4 + 3x^2 - 5x$
5. $x^2 + \sqrt{x} + 2$
6. $x^3 + \dfrac{2}{x} - 2x + 3$
7. $\dfrac{2x+1}{3}$
8. $x^2 + xy + y^2$
9. $\dfrac{x}{\sqrt{x^2 + y^2}}$
10. $\sqrt{xy} + y^2 + 1$

試決定下列各多項式之次數.

11. $x^3 + 2x^2 + x - 1$
12. $2x^5 + 3x^3 - 2x^2 + 6x + 1$
13. $-7x^3 + 6x^2 - 3x + 1$
14. $x^2 y^2 - 3x + 4y - 6$
15. $2xy^3 - 3xy + y^3 + 1$
16. $3xy^3 - 4xy + y^3 + 6xy^3 + xy - y^2$

17. 試將下列之多項式依 x 之降冪排列寫出
$$5x + x^4 + 8x^2 - 7x^3 - 15$$

18. 試將下列之多元多項式依 y 的降冪排列寫出
$$2xy^2 - 3xy^3 + 6xy^4 - xy + 1$$

2-2　多項式的四則運算

對於多項式 $f(x)$，規定

$$-f(x)=(-a_n)x^n+(-a_{n-1})x^{n-1}+\cdots+(-a_1)x+(-a_0)$$
$$=-a_nx^n-a_{n-1}x^{n-1}-\cdots-a_1x-a_0 \qquad \text{(2-2-1)}$$

在一個多項式中，如有同類項存在，習慣上，即將各項的係數合併而簡化，例如

$$2x^3+5x+2-2x^2+5x^2+7x^3-7x+9$$
$$=(2+7)x^3+[(-2)+5]x^2+[5+(-7)]x+(2+9)$$
$$=9x^3+3x^2-2x+11$$

一、多項式的加減法

二多項式 $f(x)$ 與 $g(x)$ 的和，以 $f(x)+g(x)$ 表之．多項式 $f(x)$ 減 $g(x)$ 的差，記作 $f(x)-g(x)$，即 $f(x)$ 與 $-g(x)$ 的和．

$$f(x)-g(x)=f(x)+(-g(x))$$

【例題 1】　設 $f(x)=7x+2x^3-2x^2+1$，$g(x)=x^2+4-3x$，試求 $f(x)+g(x)$．

【解】
$$f(x)+g(x)=(7x+2x^3-2x^2+1)+(x^2+4-3x)$$
$$=[7+(-3)]x+2x^3+[(-2)+1]x^2+(1+4)$$
$$=4x+2x^3-x^2+5$$
$$=2x^3-x^2+4x+5 \qquad \blacksquare$$

或按下列之直式排列 (降冪或升冪)，並將同類項上下對齊，演算如下：

$$\begin{array}{r} 2x^3-2x^2+7x+1 \\ +)\quad\quad\quad\ \ x^2-3x+4 \\ \hline 2x^3-\ x^2+4x+5 \end{array}$$

在上列算式中，若將不定元 x 略去不寫，而僅將其係數列出，缺項即以 0 補足，此即通常所稱的分離係數法．

$$\begin{array}{r} 2-2+7+1 \\ +)1-3+4 \\ \hline 2-1+4+5 \end{array}$$

將上面的結果逐項附以 x^3, x^2, x, 得

$$f(x)+g(x)=2x^3-x^2+4x+5$$

【例題 2】 設 $f(x)=x^2+x^4-3x+8$, $g(x)=x^2+5x^3+3$, 求 $f(x)-g(x)$.

【解】 $-g(x)=-x^2-5x^3-3$

$$\begin{array}{r} 1+0+1-3+8 \\ +)-5-1+0-3 \\ \hline 1-5+0-3+5 \end{array}$$

即得 $f(x)-g(x)=x^4-5x^3-3x+5$. ■

隨堂練習 2　設 $f(x)=2x-7x^3+8x^2$, $g(x)=-3x^3+x-5x^2$, 求 $f(x)+g(x)$.
　　答案：$-10x^3+3x^2+3x$.

隨堂練習 3　設 $f(x)=2x-3x^3+7x^4-1$, $g(x)=-3x^4+2x^2-6x^3+2$, 求 $f(x)-g(x)$.
　　答案：$10x^4+3x^3-2x^2+2x-3$.

二、多項式的乘法

應用數的運算性質，也可求得二多項式 $f(x)$ 與 $g(x)$ 的積，以 $f(x)\cdot g(x)$ 表示之.

【例題 3】 設 $f(x)=x^3+5x-1$, $g(x)=2x^2+x-4$, 求 $f(x)\cdot g(x)$.

【解】 $f(x)\cdot g(x)=(x^3+5x-1)\cdot(2x^2+x-4)$
$=(x^3+5x-1)\cdot 2x^2+(x^3+5x-1)\cdot x+(x^3+5x-1)\cdot(-4)$
$=2x^5+10x^3-2x^2+x^4+5x^2-x-4x^3-20x+4$ 　　(乘法分配律)
$=2x^5+x^4+6x^3+3x^2-21x+4.$

利用分離係數法，由下面的直式演算，比較簡便.

$$\begin{array}{r}1+0+5-1\\ \times)\ 2+1-4\quad\quad\\ \hline 2+0+10-2\quad\quad\\ 1+0+5-1\quad\\ +)\quad\quad-4+0-20+4\\ \hline 2+1+6+3-21+4\end{array}$$

因 $f(x)$ 與 $g(x)$ 的次數和等於 5，所以我們將上面的結果逐項附以 x^5, x^4, x^3, x^2, x 即得

$$f(x) \cdot g(x) = 2x^5 + x^4 + 6x^3 + 3x^2 - 21x + 4.$$ ■

隨堂練習 4　設 $f(x) = 2x^3 - x + 3$，$g(x) = -3x + x^2 - 2$，求 $f(x) \cdot g(x)$.

答案：$2x^5 - 6x^4 - 5x^3 + 6x^2 - 7x - 6$

三、多項式的除法

有關多項式的除法應如何運算，首先我們先討論什麼是除法定理.

定理 2-1　除法定理

> 設 $f(x)$, $g(x)$ 為二多項式且 $g(x) \neq 0$，則恰有二多項式 $q(x)$ 與 $r(x)$ 使得
>
> $$f(x) = q(x) \cdot g(x) + r(x)$$
>
> 其中 $r(x) = 0$ 或 $r(x)$ 的次數小於 $g(x)$ 的次數.

在定理 2-1 中，$f(x)$ 與 $g(x)(\neq 0)$ 分別稱為被除式與除式，$q(x)$ 與 $r(x)$ 分別稱為商式與餘式. 若 $r(x) = 0$，則稱 $g(x)$ 能整除 $f(x)$.

【例題 4】　設 $f(x) = -x^4 - 7x^3 + 2x^5 + 3x - 4$，$g(x) = 3x + 2x^2 - 1$，求 $f(x) \div g(x)$ 的商式與餘式.

【解】　首先我們將 $f(x)$ 與 $g(x)$ 按降冪排列，缺項以 0 補其係數，逐步運算如下：

$$\begin{array}{r}
x^3 \phantom{+3x-1\overline{)2x^5-x^4-7x^3+0x^2+3x-4}} \\
2x^2+3x-1 \overline{\smash{\big)}\, 2x^5-x^4-7x^3+0x^2+3x-4} \\
\underline{-)2x^5+3x^4-x^3} \\
-4x^4-6x^3+0x^2+3x-4
\end{array}$$

$\qquad\qquad\qquad 2x^5 \div 2x^2 = x^3$

$\qquad\qquad\qquad (x^3) \cdot (2x^2+3x-1)$

$$\begin{array}{r}
-2x^2 \phantom{+3x-1\overline{)-4x^4-6x^3+0x^2+3x-4}} \\
2x^2+3x-1 \overline{\smash{\big)}\, -4x^4-6x^3+0x^2+3x-4} \\
\underline{-)-4x^4-6x^3+2x^2} \\
0x^3-2x^2+3x-4
\end{array}$$

$\qquad\qquad\qquad -4x^4 \div 2x^2 = -2x^2$

$\qquad\qquad\qquad (-2x^2) \cdot (2x^2+3x-1)$

$$\begin{array}{r}
0x \phantom{+3x-1\overline{)0x^3-2x^2+3x-4}} \\
2x^2+3x-1 \overline{\smash{\big)}\, 0x^3-2x^2+3x-4} \\
\underline{-)0x^3+0x^2-0x} \\
-2x^2+3x-4
\end{array}$$

$\qquad\qquad\qquad 0x^3 \div 2x^2 = 0x$

$\qquad\qquad\qquad (0x) \cdot (2x^2+3x-1)$

$$\begin{array}{r}
-1 \phantom{+3x-1\overline{)-2x^2+3x-4}} \\
2x^2+3x-1 \overline{\smash{\big)}\, -2x^2+3x-4} \\
\underline{-)-2x^2-3x+1} \\
6x-5
\end{array}$$

$\qquad\qquad\qquad (-2x^2) \div 2x^2 = -1$

$\qquad\qquad\qquad (-1) \cdot (2x^2+3x-1)$

上面的計算過程即為

$$\begin{array}{r}
x^3-2x^2+0x-1 \\
2x^2+3x-1 \overline{\smash{\big)}\, 2x^5-x^4-7x^3+0x^2+3x-4} \\
\underline{2x^5+3x^4-x^3} \\
-4x^4-6x^3+0x^2+3x-4 \\
\underline{-4x^4-6x^3+2x^2} \\
-2x^2+3x-4 \\
\underline{-2x^2-3x+1} \\
6x-5
\end{array}$$

我們也可利用分離係數法表示，那麼這個演算式即為

$$\begin{array}{r}
1-2+0-1\\
2+3-1\overline{\smash{)}2-1-7+0+3-4}\\
2+3-1\\
\hline
-4-6+0+3-4\\
-4-6+2\\
\hline
-2+3-4\\
-2-3+1\\
\hline
6-5
\end{array}$$

由上面之計算，我們得知：

$f(x) \div g(x)$ 的商式 $= x^3 - 2x^2 - 1$，餘式 $= 6x - 5$. ■

隨堂練習 5 設 $f(x) = 4x^3 + 26x^2 + 26x - 6$，$g(x) = x^2 + 5x - 1$，試求 $q(x)$，使 $f(x) = q(x) \cdot g(x)$.

答案：$q(x) = 4x + 6$ 而滿足 $f(x) = q(x) \cdot g(x)$.

四、綜合除法

綜合除法是多項式除法中一個非常重要的方法．我們已經可以利用分離係數法去求 $(2x^4 - 7x^3 + 14x + 4) \div (x - 2)$ 的商式及餘式的演算如下：

首先將被除式與除式以分離係數法列出

$$\begin{array}{r}
2-3-6+2 \quad \longleftarrow \text{商式} = 2x^3 - 3x^2 - 6x + 2\\
1-2\overline{\smash{)}2-7+0+14+4}\\
-)2-4\\
\hline
-3+0+14+4\\
-)-3+6\\
\hline
-6+14+4\\
-)-6+12\\
\hline
2+4\\
-)2-4\\
\hline
8 \quad \longleftarrow \text{餘式}
\end{array}$$

觀察上面的演算式，我們可以發現下面的事實.

1. 因除式 $x-2$ 的最高次項的係數為 1，所以商式中最高次項 x^3 的係數與被除式 $2x^4-7x^3+14x+4$ 最高次項的係數同為 2；
2. 商式中 x^2 項的係數為 -3 是由 $-7-(-4)$ 得來的，而 -4 是由 $(-2)\times 2$ 得來的；
3. 商式中 x 項的係數為 -6 是由 $0-6$ 得來的，而 6 是由 $(-2)\times(-3)$ 得來的；
4. 商式中常數項的係數為 2 是由 $14-12$ 得來的，而 12 是由 $(-2)\times(-6)$ 得來的；
5. 餘式 8 則是由 $4-(-4)$ 得來的.

上述 1～5 之因果關係可用下列的算式來表示.

$$\begin{array}{r|l} 2-7+0+14+4 & -2 \\ \underline{-)\quad -4+6+12-4} & \\ 2-3-6+2 \quad & +8 \end{array}$$

將被除式最高次項係數 2 下移至橫線下方 → 商式，+8 餘式

其中，"↗" 符號用以表示 $-4, 6, 12, -4$ 是由 -2 分別乘以 $2, -3, -6, 2$ 得來的；而 $-3, -6, 2, 8$ 則是分別由 $-7-(-4), 0-6, 14-12, 4-(-4)$ 得來的.

假如我們將這演算式當中表示除式的常數項 -2 變號為 2，並用加法取代其減法運算，所求得的商式與餘式仍然相同：

$$\begin{array}{r|l} 2-7+0+14+4 & 2 \\ \underline{+)\quad +4-6-12+4} & \\ 2-3-6+2 \quad & +8 \end{array}$$

商式，+8 餘式

這種演算方式就叫做**綜合除法**. 所以商式為 $2x^3-3x^2-6x+2$，餘式為 8.

【例題 5】 利用綜合除法求 $(2x^4-7x^3+14x+4)\div(x+2)$ 的商式及餘式.

【解】 利用綜合除法作除法演算時，要注意除式的變號：若除式為 $x-a$ 時，右上角要取用 a；若除式為 $x+a$ 時，右上角要取用 $-a$. (因 $x+a=x-(-a)$)

因除式為 $x+2$ 故右上角取用 -2.

$$
\begin{array}{r}
2\ -7+\ \ 0+14+\ \ 4\ \big|\underline{-2}\\
+)\quad\ \ -4+22-44+60\\
\hline
\underbrace{2-11+22-30}_{\text{商式}}\big|+64 \leftarrow\cdots\cdots \text{餘式}
\end{array}
$$

所以商式為 $2x^3-11x^2+22x-30$，餘式為 64. ∎

隨堂練習 6 試利用綜合除法求 $(x^4+2) \div (x+2)$ 的商式及餘式.

答案：商式為 x^3-2x^2+4x-8，餘式為 18.

讀者應特別注意，若除式為 $ax+b$ 的形式 $(a \neq 1)$ 時，我們也可利用綜合除法求得其商式及餘式.

【例題 6】 已知 $f(x)=3x^4-x+2$，$g(x)=2x+1$，求 $\dfrac{f(x)}{g(x)}$ 之商式及餘式.

【解】 設 $\dfrac{f(x)}{g(x)}$ 的商式為 $q(x)$，餘式為 $r(x)$，則

$$f(x)=3x^4-x+2=q(x)\cdot(2x+1)+r(x)$$
$$=2q(x)\cdot\left(x+\dfrac{1}{2}\right)+r(x)$$

因此我們知道 $(3x^4-x+2) \div \left(x+\dfrac{1}{2}\right)$ 的商式為 $2q(x)$，餘式仍為 $r(x)$.

現在利用綜合除法求 $(3x^4-x+2) \div \left(x+\dfrac{1}{2}\right)$ 的商式及餘式.

$$
\begin{array}{r}
3+\ 0\ +\ 0\ -\ 1\ +\ 2\ \Big|\underline{-\dfrac{1}{2}}\\
+)\quad\ -\dfrac{3}{2}+\dfrac{3}{4}-\dfrac{3}{8}+\dfrac{11}{16}\\
\hline
\text{商式}\ 2q(x)\cdots\rightarrow 3-\dfrac{3}{2}+\dfrac{3}{4}-\dfrac{11}{8}\Big|+\dfrac{43}{16} \leftarrow\cdots\cdots \text{餘式}\ r(x)
\end{array}
$$

因 $2q(x) = 3x^3 - \dfrac{3}{2}x^2 + \dfrac{3}{4}x - \dfrac{11}{8}$,

故商式 $q(x) = \dfrac{3}{2}x^3 - \dfrac{3}{4}x^2 + \dfrac{3}{8}x - \dfrac{11}{16}$，餘式 $r(x) = \dfrac{43}{16}$. ■

隨堂練習 7 求 $f(x) = 2x^5 + x^4 - 4x^2 - 6x - 2$ 除以 $g(x) = 2x + 1$ 的商式及餘式.
答案：商式 $q(x) = x^4 - 2x - 2$，餘式 $r(x) = 0$.

習題 2-2

1. 設 $f(x) = 2x - 7x^3 - 1 + 8x^2$，$g(x) = -3x^3 + x - 5x^2 + 6$，求 $f(x) + g(x)$ 與 $f(x) - g(x)$.
2. 設 $f(x) = 3x - 7x^4 + 6x^3$，$g(x) = -3x^3 - x^2 + 5x$，求 $f(x) \cdot g(x)$.
3. 求下列各多項式除法的商式及餘式.
   (1) 以 $x^3 + 3x - 4$ 除 $8x^5 + x^3 - 13x^2 + 2$
   (2) 以 $x^2 + 3x + 1$ 除 $2x^3 + 5x^2 - x - 1$
4. 試利用綜合除法求下列各題的商式及餘式.
   (1) 以 $x - 3$ 除 $5x^3 - x^2 + 5x - 1$
   (2) 以 $x + 4$ 除 $2x^4 + 5x - 4$
   (3) 以 $2x + 1$ 除 $2x^4 + 5x - 4$
   (4) 以 $2x - 1$ 除 $2x^4 + 5x - 4$

2-3　餘式定理與因式定理

我們知道當一個多項式 $f(x)$ 除以 $x - a$ 時，因除式 $x - a$ 的次數為一次，所以其餘式必為一常數 r，因此依據除法定理，可得到下列之關係

$$f(x) = q(x) \cdot (x - a) + r$$

其中 $q(x)$ 為商式.

令 $x = a$ 代入上式，即得

$$f(a)=q(a)\cdot(a-a)+r=r$$

故可得知 $f(x)\div(x-a)$ 的餘式即為 $f(a)$. 這個結果就稱為<u>餘式定理</u>.

定理 2-2　餘式定理

> 設 $f(x)$ 為 $n(\geq 1)$ 次多項式，則以 $x-a\,(a\in\mathbb{R})$ 除 $f(x)$ 所得的餘式為 $f(a)$.

【例題 1】　試利用綜合除法與餘式定理求多項式 x^3-2x^2+x-1 除以 $x-1$ 之餘式.

【解】　　(1) 利用綜合除法得：

$$\begin{array}{r} 1-2+1\ -1\ \underline{|\,1} \\ +)\ \underline{+1-1\ +0} \\ 1-1+0\ \underline{|-1} \end{array}$$

商式 ／ 餘式

則可得餘式為 -1.

(2) 設 $f(x)=x^3-2x^2+x-1$，則所求之餘式為

$$f(1)=(1)^3-2(1)^2+1-1=-1.$$ ■

當多項式 $f(x)$ 除以 $ax-b$ 時，除式 $ax-b$ 是一次式，則其餘式為一常數 c，故 $f(x)=q(x)\cdot(ax-b)+c$，其中 $q(x)$ 為商式.

令 $x=\dfrac{b}{a}$ 代入上式，即得 $f\left(\dfrac{b}{a}\right)=q(x)\left(a\cdot\dfrac{b}{a}-b\right)+c=c.$

因此我們知道，多項式 $f(x)$ 除以 $ax-b$ 的餘式即等於 $f\left(\dfrac{b}{a}\right)$. 此為餘式定理的另一種形式.

【例題 2】　試利用餘式定理求 $2x+1$ 除 $2x^5+x^4-4x^2-6x-2$ 的餘式.

【解】　　設 $f(x)=2x^5+x^4-4x^2-6x-2$，$2x+1=2\left[x-\left(-\dfrac{1}{2}\right)\right]$，則

$$f\left(-\dfrac{1}{2}\right)=2\left(-\dfrac{1}{2}\right)^5+\left(-\dfrac{1}{2}\right)^4-4\left(-\dfrac{1}{2}\right)^2-6\left(-\dfrac{1}{2}\right)-2$$

$$= 2\left(-\frac{1}{32}\right)+\frac{1}{16}-1+3-2$$

$$= -\frac{1}{16}+\frac{1}{16}-1+3-2=0$$

故餘式為 0.

隨堂練習 8 試利用餘式定理求 $2x+1$ 除 $4x^3-3x+2$ 之餘式.

答案：餘式為 3.

由餘式定理知，以 $x-a$ 除 $f(x)$ 所得之餘式為 $f(a)$，若餘式為 0，則 $x-a$ 為 $f(x)$ 的因式，因此，我們有下面的定理.

定理 2-3 因式定理

> 設 $f(x)$ 為 $n(\geq 1)$ 次多項式，$f(a)=0$ $(a \in \mathbb{R}) \Leftrightarrow x-a$ 為 $f(x)$ 的因式.

【例題 3】 $x-1$ 是否為 $f(x)=x^3-x^2+x-1$ 的因式？

【解】 $\because f(1)=1^3-1^2+1-1=0$

$\therefore x-1$ 是 $f(x)$ 的因式.

推論 1

> 設 $\deg f(x) \geq 2$ ($\deg f(x)$ 表示多項式 $f(x)$ 的次數)，$a \neq b$，若 $f(a)=0$，$f(b)=0$，則 $f(x)$ 可為 $(x-a)(x-b)$ 所整除.

另有關因式定理之推廣，可敘述如下：

推論 2

> 若 $f(x)$ 為一多項式，則 $ax-b$ 是 $f(x)$ 的因式 $\Leftrightarrow f\left(\dfrac{b}{a}\right)=0$.

【例題 4】 $x-1$ 是否為 $2x^5-5x^4-6x^3+5x^2-2x+6$ 的因式.

【解】 設 $f(x)=2x^5-5x^4-6x^3+5x^2-2x+6$

因 $f(1)=2(1)^5-5(1)^4-6(1)^3+5(1)^2-2\cdot 1+6=0$

所以 $x-1$ 為 $f(x)$ 的因式.

隨堂練習 9　$2x+3$ 是否為 $2x^5-5x^4-6x^3+5x^2-2x+6$ 的因式.

答案：略

習題 2-3

1. 試利用餘式定理求下列各題的餘式.

    (1) 以 $x-2$ 除 x^4-2x^2+4x-6

    (2) 以 $x+1$ 除 $4x^3+3x^2+2x+1$

    (3) 以 $2x-1$ 除 $2x^3+7x^2-10x+3$

2. 已知 $f(x)=x^4-2x^2+ax+3$ 有 $x-3$ 之因式，求 a 的值.

3. 試證 $f(x)=(x+4)^{200}-1$ 有 $x+3$ 的因式.

4. 設 x^3+kx^2-2x+3 能為 $x+1$ 整除，求 k 之值.

5. 若以 $x+2$ 除 $3x^5-x^3+ax-3$ 的餘式為 1，求 a 的值.

6. 若 $f(x)=x^5+5px+4q$ 能被 $(x-1)^2$ 整除，求 p 與 q 之值.

2-4　多項式方程式

　　一元二次方程式的解法已在第 1 章中討論過了．有關於一元高次方程式之解法，往往需要利用因式分解與因式定理來求方程式之有理根，而在做因式分解時，又得利用綜合除法與餘式定理．首先我們先介紹下面的重要定理.

定理 2-4

設 $f(x)=a_nx^n+a_{n-1}x^{n-1}+a_{n-2}x^{n-2}+\cdots+a_1x+a_0$ 為 n $(n\in\mathbb{N})$ 次多項式，若有 n 個相異值 $b_1, b_2, b_3, \cdots, b_n$ 分別代入 x 均能使 $f(x)$ 為零，則

$$f(x)=a_n(x-b_1)(x-b_2)(x-b_3)\cdots(x-b_n).$$

依據因式定理，只要能將多項式 $f(x)$ 分解成全部因式均為一次式的乘積，就可以解出 $f(x)=0$ 的所有根．

【例題 1】 試證 $x-1$ 為 $2x^3+5x^2-4x-3$ 的因式．

【解】 設 $f(x)=2x^3+5x^2-4x-3$，則

$$f(1)=2\cdot 1+5\cdot 1-4\cdot 1-3=0$$

故 $(x-1)$ 為 $f(x)$ 的因式，由綜合除法知

$$\begin{array}{r|l}2+5-4-3 & 1\\ +2+7+3 & \\ \hline 2+7+3+0 & \end{array}$$

故 $2x^3+5x^2-4x-3=(2x^2+7x+3)(x-1)$

所以，$x-1$ 為 $2x^3+5x^2-4x-3$ 的因式． ■

能夠將 n 次多項式分解出 $x-a$ 之一次因式，此乃為學習 n 次方程式求根之基礎．

方程式之諸根中，可能有相等者，我們稱之為<u>重根</u>．若是二根相等，則稱之為<u>二重根</u>；若是三根相等，則稱之為<u>三重根</u>，依此類推；而方程式之根可為有理根、無理根或複數根．n 次方程式是否有根之問題，已由德國數學家高斯（Gauss, 1777－1855）予以解決，此即為代數基本定理，其證明超出本書的範圍．

定理 2-5

> 若 $a+\sqrt{b}$ ($a、b \in \mathbb{Q}$，且 $b > 0$，$\sqrt{b}$ 為無理數) 為有理係數 n 次方程式
> $$f(x) = a_n x^n + a_{n-1} x^{n-1} + a_{n-2} x^{n-2} + \cdots + a_1 x + a_0 = 0$$
> 的一根，則其共軛數 $a - \sqrt{b}$ 亦為 $f(x) = 0$ 的一根.

證：$[x-(a+\sqrt{b})][x-(a-\sqrt{b})] = (x-a)^2 - b$

以 $(x-a)^2 - b$ 除 $f(x)$，設商式為 $q(x)$，餘式為 $\alpha x + \beta$，$\alpha、\beta \in \mathbb{Q}$，則

$$f(x) = [(x-a)^2 - b] q(x) + \alpha x + \beta = 0$$

因 $a+\sqrt{b}$ 為 $f(x) = 0$ 的根，故

$$f(a+\sqrt{b}) = 0 \cdot q(x) + \alpha(a+\sqrt{b}) + \beta = 0$$

即
$$a\alpha + \beta + \alpha \sqrt{b} = 0$$

又因 $a\alpha + \beta$ 為有理數，$\sqrt{b}$ ($b > 0$) 為無理數，故

$$a\alpha + \beta = 0,\ \alpha \sqrt{b} = 0$$

可得 $\alpha = 0$，於是，$\beta = 0$. 所以，

$$f(x) = [x-(a+\sqrt{b})][x-(a-\sqrt{b})] q(x)$$

因為當 $x = a - \sqrt{b}$ 時，$f(a-\sqrt{b}) = 0$，所以，$a - \sqrt{b}$ 也是 $f(x) = 0$ 的一根.

【例題 2】 已知一個四次方程式之根為 $-2、0、\dfrac{1}{2}$ 與 1，求此方程式.

【解】 此方程式為

$$f(x) = (x+2)(x-0)\left(x-\dfrac{1}{2}\right)(x-1) = 0$$

即 $2x^4 + x^3 - 5x^2 + 2x = 0$. ∎

【例題 3】 設方程式 $2x^3 + 5x^2 + ax - 6 = 0$ 有一根為 1，試解此方程式.

【解】 令 $f(x) = 2x^3 + 5x^2 + ax - 6$，則 $f(x)$ 必為 $x - 1$ 整除，由因式定理知，

$$f(1)=2+5+a-6=0$$

可得 $a=-1$，故三次方程式為 $2x^3+5x^2-x-6=0$．利用綜合除法可得

$$\begin{array}{r|r} 2+5-1-6 & 1 \\ +2+7+6 & \\ \hline 2+7+6+0 & -2 \\ -4-6 & \\ \hline 2+3+0 & \end{array}$$

原方程式經由因式分解寫成

$$(x-1)(x+2)(2x+3)=0$$

故方程式的三個根為 1、-2 與 $-\dfrac{3}{2}$． ∎

【例題 4】 已知 $2-\sqrt{3}$ 與 $-\dfrac{1}{3}$ 為方程式 $6x^4-13x^3-35x^2-x+3=0$ 的二根，求其所有的根．

【解】 因方程式的係數均為有理數，故依定理 2-5 可知，$2+\sqrt{3}$ 為此方程式的一根．因此，$6x^4-13x^3-35x^2-x+3$ 可被

$$[x-(2+\sqrt{3})][x-(2-\sqrt{3})](3x+1)=3x^3-11x^2-x+1$$

整除．

利用多項式的除法可將原方程式寫成

$$(3x^3-11x^2-x+1)(2x+3)=0$$

故所有的根為 $2-\sqrt{3}$、$2+\sqrt{3}$、$-\dfrac{1}{3}$ 與 $-\dfrac{3}{2}$． ∎

前面所討論者已使我們得知實係數的 n 次方程式有 n 個根，但如何將這些根求出來呢？現在，我們來討論一元高次方程式的解法．

定理 2-6

設 $f(x)=a_nx^n+a_{n-1}x^{n-1}+a_{n-2}x^{n-2}+\cdots+a_1x+a_0$ 是一個整係數 n 次多項式，其中 $a_n \neq 0$；若 $(a, b)=1$，且 $ax-b$ 是 $f(x)$ 的因式，則 $a|a_n$，$b|a_0$.

【例題 5】 觀察 $(2x-3)$ 乘 (x^2+x+2) 之積 $2x^3-x^2+x-6$ 得

	首項係數	常數項
$2x-3$	2	-3
x^2+x+2	1	2
$2x^3-x^2+x-6$	2	-6

知 $(2, 3)=1$，$2|2$ 且 $(-3)|(-6)$. ∎

推論

當整係數多項式 $f(x)$ 的首項係數 $a_n=1$ 時，$f(x)=0$ 的任何有理根必定是<u>整數</u>.

【例題 6】 求 $f(x)=3x^3+5x^2+10x-4$ 的一次因式.

【解】 設 $ax-b$ 為 $f(x)$ 的一次因式，且 a 與 b 互質，則由定理 2-6 知 a 必為 3 的因數，b 必為 -4 的因數. 因 3 的因數有 ± 1、± 3，-4 的因數有 ± 1、± 2、± 4. 所以如果 $ax-b$ 為 $f(x)$ 的一次因式，則 $ax-b$ 只可能為下列形式的一次因式：

$x+1$, $x-1$, $x+2$, $x-2$, $x+4$, $x-4$

$3x+1$, $3x-1$, $3x+2$, $3x-2$, $3x+4$, $3x-4$

我們再利用因式定理，驗證看看其中那一個確實是 $f(x)$ 的因式

$f(-1) \neq 0$, $f(1) \neq 0$, $f(-2) \neq 0$, $f(2) \neq 0$

$f(-4) \neq 0$, $f(4) \neq 0$, $f\left(-\dfrac{1}{3}\right) \neq 0$, $f\left(\dfrac{1}{3}\right)=0$

$f\left(-\dfrac{2}{3}\right) \neq 0$, $f\left(\dfrac{2}{3}\right) \neq 0$, $f\left(-\dfrac{4}{3}\right) \neq 0$, $f\left(\dfrac{4}{3}\right) \neq 0$,

因 $f\left(\dfrac{1}{3}\right)=0$，故依因式定理知，$3x-1$ 是 $f(x)$ 的一次整係數因式. ∎

【例題 7】 求 $x^3-2x^2-2x-3=0$ 的有理根.

【解】 由推論，我們將 $x=\pm 1$、± 3 分別代入 $f(x)=x^3-2x^2-2x-3$ 中，可得

$$f(1)=1-2-2-3=-6$$
$$f(-1)=-1-2+2-3=-4$$
$$f(3)=27-18-6-3=0$$
$$f(-3)=-27-18+6-3=-42$$

所以，方程式 $x^3-2x^2-2x-3=0$ 只有一個有理根 $x=3$. ∎

定理 2-7

設 $f(x)$ 為一 n 次多項式，
(1) 若其各項係數和為 0，則 $f(x)$ 有 $x-1$ 的因式.
(2) 若其各奇次項係數和等於其各偶次項係數和，則 $f(x)$ 有 $x+1$ 的因式.
(3) 若無常數項，則 $f(x)$ 有因式 x.

【例題 8】 求方程式 $5x^4+4x^3+5x+4=0$ 的有理根.

【解】 因方程式中各奇次項係數和等於各偶次項係數和，故由定理 2-7 知，$x+1$ 為 $f(x)=5x^4+4x^3+5x+4$ 的因式. 利用綜合除法可得

$$\begin{array}{r} 5+4+0+5+4 \,\big|\,-1 \\ +)\quad -5+1-1-4 \\ \hline 5-1+1+4+0 \end{array}$$

所以，$5x^4+4x^3+5x+4=(x+1)(5x^3-x^2+x+4)$.

將 $x=\pm 1$、± 2、± 4、$\pm\dfrac{1}{5}$、$\pm\dfrac{2}{5}$、$\pm\dfrac{4}{5}$ 分別代入 $q(x)=5x^3-x^2+x+4$ 中，僅僅得到 $q\left(-\dfrac{4}{5}\right)=0$.

利用綜合除法可得

$$\begin{array}{r} 5-1+1+4 \\ -4+4-4 \\ \hline 5 \quad 5-5+5+0 \\ \hline 1-1+1 \end{array} \Big| -\dfrac{4}{5}$$

原方程式變成

$$(x+1)(5x+4)(x^2-x+1)=0$$

所以，方程式的有理根為 -1 與 $-\dfrac{4}{5}$. ∎

習題 2-4

1. 試利用因式定理分解下列各多項式.

    (1) $6x^3+11x^2-3x-2$

    (2) $2x^4+3x^3+9x^2+12x+4$

2. 試證 -1 為 $f(x)=x^5-x^4-5x^3+x^2+8x+4=0$ 之三重根，並求其餘二根.

3. 已知某有理係數之三次方程式的二根為 -3 與 $1-\sqrt{2}$，求此方程式.

4. 已知 $2+\sqrt{2}$ 為 $f(x)=x^4-7x^3+16x^2-14x+4=0$ 的一根，求其餘的根.

5. 解下列各方程式.

    (1) $x^3+2x^2-9x-18=0$

    (2) $12x^3-8x^2-21x+14=0$

    (3) $3x^4-8x^3-28x^2+64x-15=0$

    (4) $(x+1)(x+2)(x+3)(x+4)=3$

3 分式運算

本章學習目標

3-1　因式與倍式

3-2　分式的運算

3-1　因式與倍式

在第 1 章中，我們曾經介紹因數與倍數的概念．同樣的，將一個多項式分解成兩個以上多項式的連乘積，叫做因式分解．例如：

$$x^3-1=1\times(x^3-1)=(x-1)(x^2+x+1)=\frac{1}{2}(2x-2)(x^2+x+1).$$

而 $1, x^3-1, x-1, x^2+x+1, \frac{1}{2}(2x-2)$ 等都是 x^3-1 的因式．而 x^3-1 是這些多項式中每一個多項式的倍式．現利用上述之結果，將因式與倍式的概念推廣到最高公因式以及最低公倍式．

今假設 $f(x)$ 與 $g(x)$ 皆屬於整係數多項式．則下列的敘述成立．

1. 若 $d(x)$ 同是 $f(x), g(x)$ 的因式，則 $d(x)$ 稱為 $f(x)$ 與 $g(x)$ 的公因式．公因式中次數最高者，稱為最高公因式．

2. 若 $f(x)$ 與 $g(x)$ 的因式除常數外，別無其他公因式，則稱 $f(x)$ 與 $g(x)$ 互質，且規定其最高公因式為 1．

3. 若 $k(x)$ 同是 $f(x), g(x)$ 的倍式，則 $k(x)$ 稱為 $f(x)$ 與 $g(x)$ 的公倍式．公倍式中次數最低者，稱為最低公倍式．

例如：設

$$f(x)=(x^2+1)(x-4)^2,$$
$$g(x)=(x^2+1)(x+1)(x-4)^3,$$
$$h(x)=2x+5,$$
$$k(x)=5x-1,$$

則 $f(x)$ 與 $g(x)$ 的公因式有

$$x^2+1,\ x-4,\ (x-4)^2,\ (x^2+1)(x-4),\ (x^2+1)(x-4)^2$$

而其中次數最高的為 $(x^2+1)(x-4)^2$，故 $f(x)$ 與 $g(x)$ 的最高公因式為 $(x^2+1)(x-4)^2$．又 $h(x)$ 和 $k(x)$ 的公倍式有 $(2x+5)(5x-1), (2x+5)(5x-1)(x^2+x+1)$ 等等，而其中次

數最低的為 $(2x+5)(5x-1)$，故 $h(x)$ 與 $k(x)$ 的最低公倍式為 $(2x+5)(5x-1)$. $f(x)$ 與 $h(x)$，$f(x)$ 與 $k(x)$，$g(x)$ 與 $h(x)$，則各為互質.

【例題 1】　求 $f(x)=x^3+x^2+x+1$，$g(x)=x^3-x^2+x-1$ 的最高公因式與最低公倍式.

【解】　　$f(x)=x^3+x^2+x+1=x^2(x+1)+(x+1)=(x+1)(x^2+1)$

$g(x)=x^3-x^2+x-1=x^2(x-1)+(x-1)=(x-1)(x^2+1)$

所求 $f(x)$，$g(x)$ 的最高公因式為 x^2+1，

最低公倍式為 $(x-1)(x+1)(x^2+1)$.　　　　□

隨堂練習 1　求 $f(x)=x^4+x^3+2x^2+x+1$，$g(x)=x^3-1$，求 $f(x)$ 與 $g(x)$ 的最高公因式與最低公倍式.

答案：最高公因式為 x^2+x+1，最低公倍式為 $(x^2+1)(x-1)(x^2+x+1)$.

習題 3-1

求下列多項式的最高公因式及最低公倍式.

1. x^2-4，x^3-8
2. x^4-1，x^3+2x^2-x-2
3. x^3+x^2-2，x^3+2x-3
4. x^3+x^2+2x+2，x^3+2x^2+3x+2
5. x^2-x-2，$3x^2-7x+2$
6. x^3+1，$x^4+x^3+2x^2+x-1$

3-2　分式的運算

一、分式

若 $f(x)$ 與 $g(x)$ 為整係數的多項式且 $g(x)$ 不為零多項式，則 $\dfrac{f(x)}{g(x)}$ 就叫做**分式**或**有理式**. $f(x)$ 與 $g(x)$ 則分別稱為這個分式的**分子**與**分母**. 例如：$\dfrac{2}{x}$，$\dfrac{x}{x^2-1}$，$\dfrac{x^2}{x^4+x}$

都是分式．但是 $\dfrac{x^2-x}{3}$ 不是分式，因為 $g(x)=3$ 是常數多項式．$\dfrac{x^2-x}{3}$ 是多項式，又稱為整式。

分式有下列各種形式：

1. **簡分式**

   若分式的分子與分母都是整式，則此分式稱為簡分式，又簡稱分式．例如：

   $$\dfrac{x}{x^3-1},\ \dfrac{x+1}{x^2+x+1}$$

2. **繁分式**

   若分式之分子或分母是分式，則此分式稱為繁分式．例如：

   $$\dfrac{x+\dfrac{2}{x}}{x-\dfrac{2}{x}},\ \dfrac{1}{\dfrac{x}{x-4}}$$

3. **真分式**

   若分式之分子的次數低於分母的次數，則此分式稱為真分式．例如：

   $$\dfrac{x}{x^2+x-1},\ \dfrac{x+2}{x^3-1}$$

4. **假分式**

   若分式之分子的次數高於或等於分母的次數，則此分式稱為假分式．例如：

   $$\dfrac{x^2+x+2}{x-1},\ \dfrac{x^2+3x}{x^2+1}$$

5. **帶分式**

   將一個假分式，用除法化為一個整式和一個真分式之代數和，稱為帶分式．例如：

   $$x+\dfrac{1}{x+2},\ x+1+\dfrac{1}{x+2}$$

6. **最簡分式**

   若分式的分子與分母沒有公因式，稱為最簡分式．例如：

$$\frac{x+2}{x-2}, \frac{1}{x+3}$$

二、約分與通分

分式有下列之基本性質：

以一不等於零的有理式，同乘或同除一分式之分子與分母，其結果等於原分式．利用此一性質，我們可對一分式進行約分或通分．

1. 約分

以一不等於零的多項式，同除一分式之分子與分母，謂之約分．約分的目的在於簡化分式之形式，使其分子與分母互質．其步驟如下：

(1) 求出分子與分母之最高公因式 $F(x)$．

(2) 將 $F(x)$ 分別除此分式的分子與分母．

【例題 1】 試化簡 $\dfrac{x^3+4x^2+x-6}{x^3-3x^2-6x+8}$．

【解】 $x^3+4x^2+x-6=(x+2)(x^2+2x-3)$

$x^3-3x^2-6x+8=(x+2)(x^2-5x+4)$

(利用因式定理與綜合除法)

故分子與分母之最高公因式為 $x+2$，所以，

$$原式 = \frac{(x^3+4x^2+x-6) \div (x+2)}{(x^3-3x^2-6x+8) \div (x+2)} = \frac{x^2+2x-3}{x^2-5x+4}$$

$$= \frac{(x+3)(x-1)}{(x-4)(x-1)} = \frac{x+3}{x-4} \qquad ∎$$

一分式進行約分以後，分子與分母互質，又稱為最簡分式．

隨堂練習 2 試化簡 $\dfrac{x^3-4x^2-22x+7}{2x^4+6x^3+x^2+9x-3}$．

答案：$\dfrac{x-7}{2x^2+3}$

2. 通分

以一不等於零的多項式，同乘一分式之分子與分母，稱之為通分．通分的目的在於

將幾個分母不同的分式，化為分母相同的分式．通分後之分母，稱為這幾個分式的公分母．這幾個分式之分母的最低公倍式，稱之為最低公分母．通分的步驟如下：

(1) 將各分式都先化為最簡分式．

(2) 求化簡後之各分式的最低公分母．

(3) 用化簡後的每一分式之分母除最低公分母，所得之商分別乘以化簡後之各分式的分子與分母，即得所求．

【例題 2】 將 $\dfrac{1}{x+1}$ 與 $\dfrac{2}{x-1}$ 通分．

【解】 $x+1$ 與 $x-1$ 的最低公倍式（最低公分母）為 x^2-1．所以

$$\dfrac{1}{x+1}=\dfrac{(x-1)}{(x+1)(x-1)}=\dfrac{x-1}{x^2-1}$$

$$\dfrac{2}{x-1}=\dfrac{2(x+1)}{(x-1)(x+1)}=\dfrac{2x+2}{x^2-1}$$ ∎

【例題 3】 將 $\dfrac{x+3}{x^2-3x+2}$ 與 $\dfrac{2x}{x^2-1}$ 通分．

【解】 $x^2-3x+2=(x-1)(x-2)$,

$x^2-1=(x-1)(x+1)$.

二分母的最低公倍式（最低公分母）為 $(x-1)(x-2)(x+1)$．所以

$$\dfrac{x+3}{x^2-3x+2}=\dfrac{(x+3)(x+1)}{(x-1)(x-2)(x+1)},$$

$$\dfrac{2x}{x^2-1}=\dfrac{2x(x-2)}{(x-1)(x-2)(x+1)}$$ ∎

隨堂練習 3　試將下列之分式通分：

$$\dfrac{x}{x^2-3x+2},\ \dfrac{2}{x^2+9x+14},\ \dfrac{x-1}{x^2+10x+21}$$

答案：$\dfrac{x}{x^2-3x+2}=\dfrac{x(x+7)(x+2)(x+3)}{(x+7)(x-1)(x+2)(x-2)(x+3)}$

$$\frac{2}{x^2+9x+14} = \frac{2x(x-2)(x-1)(x+3)}{(x+7)(x-1)(x+2)(x-2)(x+3)}$$

$$\frac{x-1}{x^2+10x+21} = \frac{(x-1)^2(x+2)(x-2)}{(x+7)(x-1)(x+2)(x-2)(x+3)}$$

三、分式的四則運算

1. 分式的加法與減法

分式的加法與減法，係先利用約分或通分，將各分式之分母化為相同，然後再利用多項式的加、減法將各分式之分子相加減，即可得和或差.

設 A、B、C 都是多項式，$B \neq 0$，則規定：

$$\frac{A}{B} + \frac{C}{B} = \frac{A+C}{B} \qquad (3\text{-}2\text{-}1)$$

$$\frac{A}{B} - \frac{C}{B} = \frac{A-C}{B} \qquad (3\text{-}2\text{-}2)$$

分母不同的分式相加減，應先將各分式通分，然後再依式 (3-2-1)，(3-2-2) 的法則運算之.

【例題 4】 化簡 $2 + \dfrac{1}{x-2} - \dfrac{x^2-4x}{x^2-4}$.

【解】 諸分母的最低公倍式（最低公分母）為 $M = (x+2)(x-2)$，故

$$\text{原式} = \frac{2(x+2)(x-2)}{(x+2)(x-2)} + \frac{x+2}{(x+2)(x-2)} - \frac{x^2-4x}{(x+2)(x-2)} \qquad \text{(通分)}$$

$$= \frac{2x^2 - 8 + x + 2 - x^2 + 4x}{(x+2)(x-2)} = \frac{x^2 + 5x - 6}{x^2 - 4} \qquad \blacksquare$$

【例題 5】 化簡 $\dfrac{2x+1}{x^2+x-6} - \dfrac{x+3}{2x^2-3x-2} + \dfrac{5x}{2x^2+7x+3}$.

【解】 $\text{原式} = \dfrac{2x+1}{(x+3)(x-2)} - \dfrac{x+3}{(2x+1)(x-2)} + \dfrac{5x}{(2x+1)(x+3)}$

$$= \frac{(2x+1)(2x+1) - (x+3)(x+3) + 5x(x-2)}{(x+3)(x-2)(2x+1)}$$

$$= \frac{4x^2+4x+1-x^2-6x-9+5x^2-10x}{(x+3)(x-2)(2x+1)}$$

$$= \frac{8x^2-12x-8}{(x+3)(x-2)(2x+1)} = \frac{4(x-2)(2x+1)}{(x+3)(x-2)(2x+1)}$$

$$= \frac{4}{x+3} \qquad \blacksquare$$

隨堂練習 4 化簡 $\dfrac{3x^2+1}{x^2-1} - \dfrac{x^2-3x+1}{x^2+x}$．

答案：$\dfrac{2x^3+4x^2-3x+1}{x(x-1)(x+1)}$

2. 分式的乘法與除法

分式的乘法，係利用多項式之乘法將

(1) 被乘式之分子與乘式之分子相乘，為其積之分子．

(2) 被乘式之分母與乘式之分母相乘，為其積之分母．

設 A、B、C、D 都是多項式，$B \neq 0$，$D \neq 0$，則規定：

$$\frac{A}{B} \times \frac{C}{D} = \frac{AC}{BD} \qquad (3\text{-}2\text{-}3)$$

分式的除法，係利用多項式之除法將

(1) 被除式之分子與除式之分母相乘，為其商之分子．

(2) 被除式之分母與除式之分子相乘，為其商之分母．

設 A、B、C、D 都是多項式，$B \neq 0$，$D \neq 0$，則規定：

$$\frac{A}{B} \div \frac{C}{D} = \frac{A}{B} \times \frac{D}{C} = \frac{AD}{BC} \qquad (3\text{-}2\text{-}4)$$

此處 C 不為零多項式．

【例題 6】 求 $\dfrac{x^3-1}{x^2-1} \times \dfrac{x^3+1}{x^4+x^2+1}$．

【解】 原式 $= \dfrac{(x^3-1)(x^3+1)}{(x^2-1)(x^4+x^2+1)} = \dfrac{(x-1)(x^2+x+1)(x+1)(x^2-x+1)}{(x-1)(x+1)(x^2+x+1)(x^2-x+1)} = 1$． $\blacksquare$

隨堂練習 5 求 $\dfrac{x^2-6x+9}{x^3-8} \times \dfrac{x^2+3x-10}{x^3-27}$.

答案：$\dfrac{x^2+2x-15}{x^4+5x^3+19x^2+30x+36}$

【例題 7】 求 $\dfrac{2x^2+3x-2}{3x^2-x-2} \div \dfrac{2x^2+x-1}{3x^2+5x+2}$.

【解】 原式 $=\dfrac{2x^2+3x-2}{3x^2-x-2} \times \dfrac{3x^2+5x+2}{2x^2+x-1}$

$=\dfrac{(2x-1)(x+2)}{(3x+2)(x-1)} \times \dfrac{(3x+2)(x+1)}{(2x-1)(x+1)}$

$=\dfrac{x+2}{x-1}$ ◨

若 A、B 為二有理式，且 $B \neq 0$，則 $A \div B$ 可表為 $\dfrac{A}{B}$，若 A、B 二者中至少有一為分式則稱 $\dfrac{A}{B}$ 為繁分式，於是一繁分式可化為最簡分式．

【例題 8】 求 $\dfrac{1}{2+\dfrac{1}{3+\dfrac{1}{x}}}$.

【解】 原式 $=\dfrac{1}{2+\dfrac{x}{3x+1}} = \dfrac{3x+1}{2(3x+1)+x} = \dfrac{3x+1}{7x+2}$ ◨

隨堂練習 6 求 $\dfrac{\dfrac{3x^2-x-2}{x-4}}{\dfrac{2+3x}{x}}$.

答案：$\dfrac{x^2-x}{x-4}$

習題 3-2

化簡下列各分式 (化為最簡分式或帶分式).

1. $\dfrac{x^2}{x^2+2}$

2. $\dfrac{3x^2-8x+5}{x^3-4x^2+5x-2}$

3. $\dfrac{x^3-8}{x^2+x-6}$

4. $\dfrac{x^3+3x^2-20}{x^4-x^2-12}$

5. $\dfrac{2x^3+5x^2-x-1}{x^4+3x^3+2x^2+3x+1}$

6. $\dfrac{x^4-20x^2-15x+4}{x^4+6x^3+19x^2-9x-23}$

將下列各題之分式通分.

7. $\dfrac{x}{2x^2}$, $\dfrac{x}{x^2-1}$

8. $\dfrac{2}{x+1}$, $\dfrac{3}{2(x-1)}$

9. $\dfrac{1}{(x-a)(x-b)}$, $\dfrac{1}{(x-b)(x-c)}$, $\dfrac{1}{(x-a)(x-c)}$

10. $\dfrac{1-a}{x^2-(1+a)x+a}$, $\dfrac{1+a}{x^2+(a-1)x-a}$

化簡下列各題.

11. $\dfrac{2}{x+y}-\dfrac{5}{x^2-y^2}+\dfrac{1}{x-y}$

12. $\dfrac{x-8}{x-4}+\dfrac{x-5}{x-7}-2$

13. $x+2-\dfrac{1}{1-x}-\dfrac{x^3-2x^2+3}{x^2-1}$

14. $\dfrac{3x^2+1}{x^2-1}+\dfrac{x+2}{x^2+x}$

15. $\dfrac{3x^2+1}{x^2-1}-\dfrac{x^2-3x+1}{x^2+x}$

16. $\dfrac{x^2-3x+2}{x^2-1}\times\dfrac{x^2-3x+2}{x^2-4}$

17. $\dfrac{x^2-6x+9}{x^3-8}\times\dfrac{x^2+3x-10}{x^3-27}$

18. $\dfrac{3x-1}{x^3+8}\div\dfrac{3x^2-10x+3}{x^2+4x+4}$

19. $\dfrac{x^2-1}{x^2-4x-12}\div\dfrac{x^2+6x+5}{3x^3-17x^2-4x-12}$

20. $\dfrac{\dfrac{x}{1+\dfrac{1}{x}} - \dfrac{1}{x+1} + 1}{\dfrac{x}{1-\dfrac{1}{x}} - \dfrac{1}{x-1} - x}$

21. $\dfrac{x+2}{2x-1+\dfrac{x-3}{1-\dfrac{x-2}{x}}}$

直線方程式

本章學習目標

4-1 平面直角坐標系、距離公式與分點坐標

4-2 直線的斜率與直線的方程式

4-1 平面直角坐標系、距離公式與分點坐標

在讀國中時，我們用實數來表示直線上的點，而構成直線坐標系．今對平面上的點，我們以直線坐標系為基礎來討論．

在一平面上，作互相垂直的二直線：其中一條為水平，另一條為垂直，它們相交於 O，以點 O 為原點，使每一直線成一數線 (即以點 O 為原點的直線坐標系)，這樣確定平面上一點之位置的坐標系，稱為 平面直角坐標系，兩數線稱為坐標軸，水平線稱為 橫軸，垂直線稱為 縱軸，橫軸常簡稱為 x-軸，縱軸常簡稱為 y-軸．點 O 仍稱為原點，這坐標系所在的平面稱為坐標平面，規定 x-軸向右的方向為正，y-軸向上的方向為正．

對於坐標平面上不在軸上的任一點 P，過這點 P 分別作線段垂直於兩軸，交 x-軸於點 M，交 y-軸於點 N．若點 M 在 x-軸上對應的實數為 x，點 N 在 y-軸上對應的實數為 y，則以實數序對 (x, y) 表示點 P 在平面上的位置，而 (x, y) 稱為點 P 的坐標，x 稱為點 P 的橫坐標，或 x-坐標，y 稱為點 P 的縱坐標，或 y-坐標，如圖 4-1 所示．

在 x-軸上的點，其坐標為 $(x, 0)$，當 $x > 0$ 時，點在 y-軸的右方，當 $x < 0$ 時，點在 y-軸的左方．在 y-軸上的點，其坐標為 $(0, y)$，當 $y > 0$ 時，點在 x-軸的上方，當 $y < 0$ 時，點在 x-軸的下方，原點的坐標為 $(0, 0)$．

兩坐標軸將坐標平面分成四個區域，稱為 象限，而以坐標軸為界，如圖 4-2 所

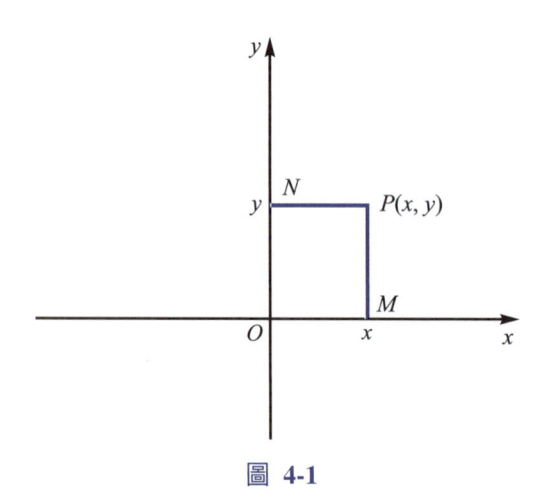

圖 4-1

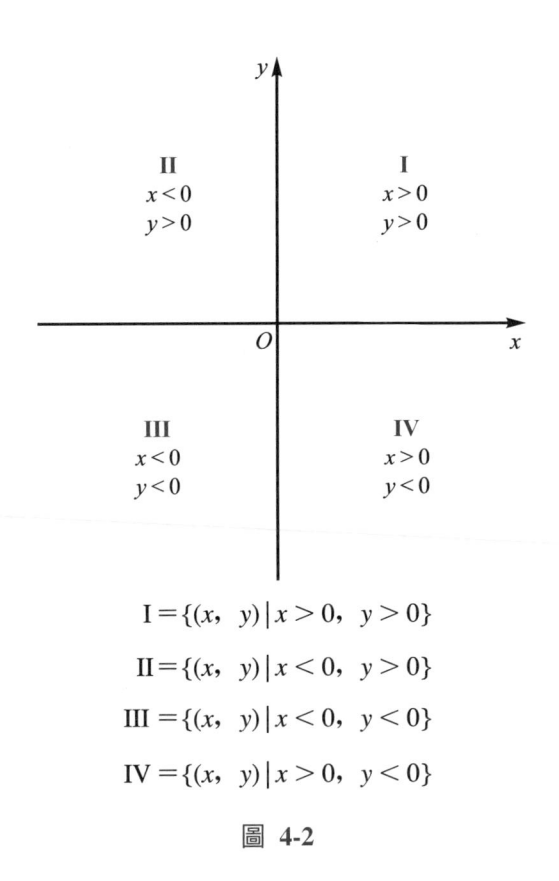

$$\text{II} \quad x<0, y>0$$
$$\text{I} \quad x>0, y>0$$
$$\text{III} \quad x<0, y<0$$
$$\text{IV} \quad x>0, y<0$$

$\text{I} = \{(x, y) \mid x>0, y>0\}$
$\text{II} = \{(x, y) \mid x<0, y>0\}$
$\text{III} = \{(x, y) \mid x<0, y<0\}$
$\text{IV} = \{(x, y) \mid x>0, y<0\}$

圖 4-2

示，以 I、II、III、IV 分別表第一、第二、第三與第四象限.

坐標軸上的點不屬於任何一個象限.

【例題1】 試問下列各點分別在第幾象限？

(1) $(3, -2)$,　(2) $(-2, 5)$,　(3) $(-5, -3)$.

【解】 (1) $x=3>0$, $y=-2<0$，故 $(3, -2)$ 在第 IV 象限.

(2) $x=-2<0$, $y=5>0$，故 $(-2, 5)$ 在第 II 象限.

(3) $x=-5<0$, $y=-3<0$，故 $(-5, -3)$ 在第 III 象限. ∎

直線坐標系上任意兩點 $P(x)$、$Q(y)$ 的距離為 $\overline{PQ}=|x-y|$，同理，對於平面上任意兩點的距離，我們可由下面定理得知.

定理 4-1

設 $P(x_1, y_1)$、$Q(x_2, y_2)$ 為平面上任意兩點，則此二點的距離為

$$\overline{PQ}=\sqrt{(x_1-x_2)^2+(y_1-y_2)^2}. \tag{4-1-1}$$

證：(1) 設直線 PQ 不垂直於兩軸，過 P 與 Q 點分別作 x-軸及 y-軸的垂線交於 R 點，如圖 4-3 所示.

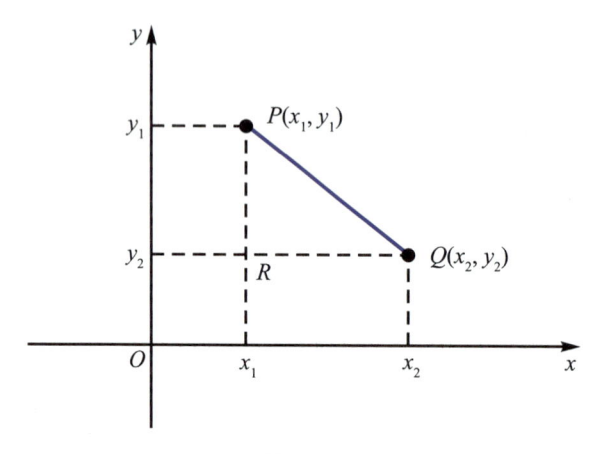

圖 4-3

由直角 $\triangle PQR$ 中得知 $\overline{RQ}=|x_1-x_2|$，$\overline{PR}=|y_1-y_2|$

故 $\overline{PQ}^2 = \overline{RQ}^2 + \overline{PR}^2 = |x_1-x_2|^2 + |y_1-y_2|^2$

$\overline{PQ}=\sqrt{(x_1-x_2)^2+(y_1-y_2)^2}.$

(2) 若直線 PQ 平行於 x-軸，則 $y_1=y_2$，如圖 4-4 所示，而

$$\begin{aligned}\overline{PQ} &= |x_2-x_1| = \sqrt{(x_2-x_1)^2} \\ &= \sqrt{(x_2-x_1)^2+0^2} \\ &= \sqrt{(x_2-x_1)^2+(y_2-y_1)^2}.\end{aligned}$$

(3) 若直線 PQ 垂直於 x-軸，則 $x_1=x_2$，如圖 4-5 所示，而

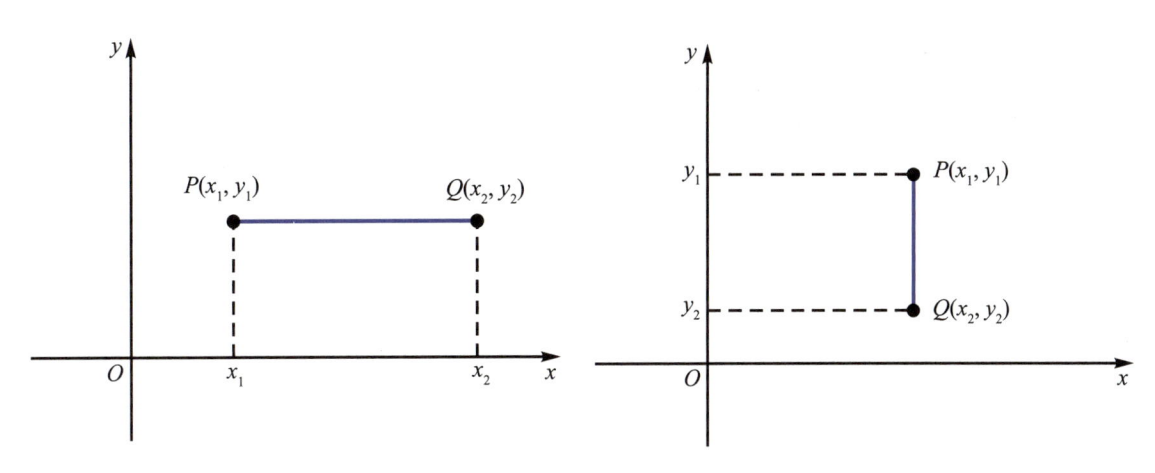

图 4-4　　　　　　　　　　　　图 4-5

$$\overline{PQ} = |y_2 - y_1| = \sqrt{(y_2 - y_1)^2}$$
$$= \sqrt{0^2 + (y_2 - y_1)^2}$$
$$= \sqrt{(x_2 - x_1)^2 + (y_2 - y_1)^2}$$

由 (1)、(2)、(3) 之討論，此定理得證．

【例題 2】　求 $(-1, 3)$ 與 $(2, -1)$ 二點間的距離．

【解】　設 P 的坐標為 $(-1, 3)$，Q 的坐標為 $(2, -1)$，則 P、Q 二點間的距離為

$$\overline{PQ} = \sqrt{(-1-2)^2 + (3-(-1))^2} = \sqrt{9+16}$$
$$= \sqrt{25} = 5.$$

【例題 3】　設 $A(-1, 2)$、$B(3, -4)$、$C(5, -2)$，求 $\triangle ABC$ 三邊之長，此三角形是何種三角形？

【解】　$\overline{AB} = \sqrt{(-1-3)^2 + (2-(-4))^2} = \sqrt{16+36} = 2\sqrt{13}$
　　　$\overline{BC} = \sqrt{(3-5)^2 + (-4-(-2))^2} = \sqrt{4+4} = 2\sqrt{2}$
　　　$\overline{AC} = \sqrt{(-1-5)^2 + (2-(-2))^2} = \sqrt{16+36} = 2\sqrt{13}$

因為 $\overline{AB} = \overline{AC}$，所以 $\triangle ABC$ 是一個等腰三角形．

【例題 4】 設點 $P(x, y)$ 與三點 $O(0, 0)$、$A(0, 2)$、$B(1, 0)$ 等距離，求 P 點的坐標.

【解】 依定理 4-1 的距離公式，我們得到

$$\overline{PO} = \sqrt{x^2+y^2} = \sqrt{x^2+(y-2)^2} = \overline{PA}$$
$$\Rightarrow y^2 = (y-2)^2$$
$$\Rightarrow y = 1$$

$$\overline{PO} = \sqrt{x^2+y^2} = \sqrt{(x-1)^2+y^2} = \overline{PB}$$
$$\Rightarrow x^2 = (x-1)^2$$
$$\Rightarrow x = \frac{1}{2}$$

故 P 點的坐標為 $\left(\dfrac{1}{2}, 1\right)$. ∎

定理 4-2 分點坐標

設 $P_1(x_1, y_1)$、$P_2(x_2, y_2)$、$P(x, y)$ 為一直線上相異的三點，且 P 介於 P_1、P_2 之間，以 $P_1 - P - P_2$ 表示之，則 P 點稱為 $\overline{P_1P_2}$ 的分點，且 $\dfrac{\overline{P_1P}}{\overline{PP_2}} = r$ (r 稱為 "分點 P 分割自 P_1 至 P_2 的線段的比值") 則

$$x = \frac{x_1 + rx_2}{1+r}, \quad y = \frac{y_1 + ry_2}{1+r},$$

即 $P\left(\dfrac{x_1 + rx_2}{1+r}, \dfrac{y_1 + ry_2}{1+r}\right).$ (4-1-2)

證：(1) 設直線 P_1P_2 不垂直於兩軸，過 P_1、P、P_2 作直線平行於 x-軸及 y-軸交於 $A(x, y_1)$、$B(x_2, y_1)$、$C(x_2, y)$，如圖 4-6 所示.

∵ $\overline{PA} \parallel \overline{P_2B}$

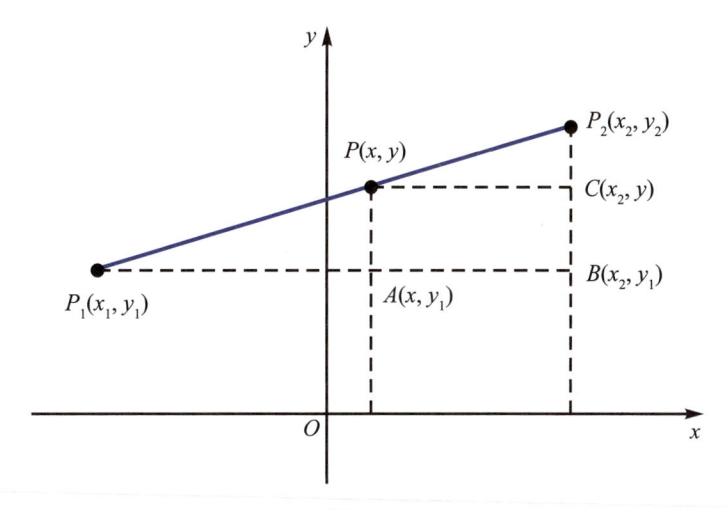

圖 4-6

$$\therefore \frac{\overline{P_1P}}{\overline{PP_2}}=\frac{\overline{P_1A}}{\overline{AB}} \Rightarrow r=\frac{x-x_1}{x_2-x}$$

$$\Rightarrow x-x_1=r(x_2-x)$$

$$\Rightarrow x=\frac{x_1+rx_2}{1+r}$$

$\because \overline{PC} \parallel \overline{AB}$

$$\therefore \frac{\overline{P_1P}}{\overline{PP_2}}=\frac{\overline{BC}}{\overline{CP_2}} \Rightarrow r=\frac{y-y_1}{y_2-y}$$

$$\Rightarrow y-y_1=r(y_2-y)$$

$$\Rightarrow y=\frac{y_1+ry_2}{1+r}$$

故 $P\left(\dfrac{x_1+rx_2}{1+r},\ \dfrac{y_1+ry_2}{1+r}\right)$.

(2) 若直線 $\overline{P_1P_2}$ 垂直於任一軸（假設 y-軸，則 $y_1=y=y_2$），如圖 4-7 所示，可自行證之.

由 (1)、(2) 得知，$x=\dfrac{x_1+rx_2}{1+r}$，$y=\dfrac{y_1+ry_2}{1+r}$，即 P 點之坐標為 $\left(\dfrac{x_1+rx_2}{1+r},\ \dfrac{y_1+ry_2}{1+r}\right)$.

y

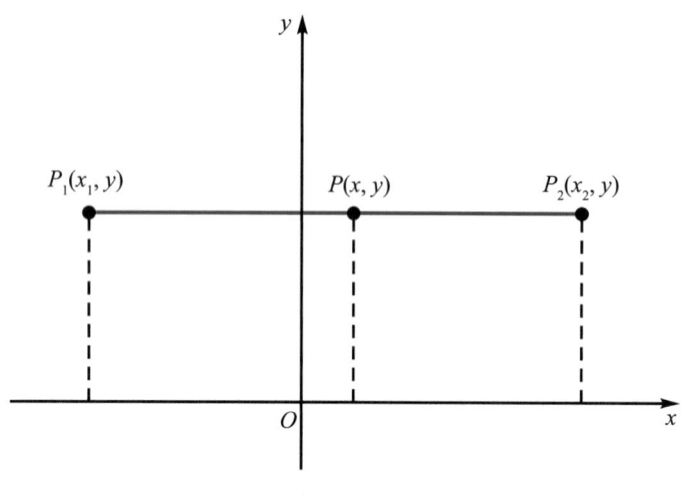

$P_1(x_1, y)$　　　$P(x, y)$　　　$P_2(x_2, y)$

O　　　　　　　　　　　　x

圖 4-7

依據定理 4-2 得知，若 $r=1$，即 P 點為 $\overline{P_1P_2}$ 的中點，故 $\overline{P_1P_2}$ 之中點 $P(x, y)$ 為 $x=\dfrac{x_1+x_2}{2}$，$y=\dfrac{y_1+y_2}{2}$. 又當 P 在 $\overline{P_1P_2}$ 內時，則 $\overline{P_1P}$ 與 $\overline{PP_2}$ 為同一方向，r 為正數稱為內分點；在 $\overline{P_1P_2}$ 外時，$\overline{P_1P}$ 與 $\overline{PP_2}$ 之方向相反，r 為負數，稱為外分點.

【例題 5】 設平面坐標系兩點 $A(-3, 4)$、$B(5, -3)$，$C \in \overline{AB}$，且 $\overline{AC}=2\overline{BC}$，求 C 點的坐標.

【解】 $\because \overline{AC}=2\overline{BC}$ $\therefore \dfrac{\overline{AC}}{\overline{BC}}=2=r$，

代入式 (4-1-2)，得

$$x=\frac{x_1+rx_2}{1+r},\quad y=\frac{y_1+ry_2}{1+r}$$

故 $x=\dfrac{-3+2\cdot 5}{1+2}=\dfrac{7}{3}$，$y=\dfrac{4+2\cdot(-3)}{1+2}=-\dfrac{2}{3}$

故 C 點之坐標為 $C\left(\dfrac{7}{3}, -\dfrac{2}{3}\right)$. ■

隨堂練習 1 設兩點的坐標分別為 $A(-3, 4)$、$B(5, -3)$，C 為 $\overline{AB}$ 上一點，且 $\overline{AC} = 5\overline{BC}$，求 C 點的坐標.

答案：$C\left(\dfrac{11}{3}, -\dfrac{11}{6}\right)$.

習題 4-1

試問下列各點分別在第幾象限？

1. $(3, -2)$
2. $(-2, 5)$
3. $(-5, -3)$
4. $(5, \sqrt{2})$
5. $(-\sqrt{2}, -\sqrt{5})$

求下列各點與原點的距離.

6. $P_1(3, 1)$
7. $P_2(5, -3)$
8. $P_3(4, -3)$

求下列兩點間的距離.

9. $(3, 4)$ 與 $(-1, 2)$
10. $(-7, 8)$ 與 $(3, -4)$
11. 求 $(-3, 4)$ 與 $(5, -6)$ 二點間的距離.
12. 試證：以 $A(2, 1)$、$B(7, 1)$、$C(9, 5)$、$D(4, 5)$ 為頂點的四邊形，為一平行四邊形.
13. 設平面坐標上 $P_1(3, 4)$、$P_2(-2, -1)$，若 P_1-P_2-P，且 $\dfrac{\overline{P_1P}}{\overline{PP_2}} = \dfrac{2}{3}$，試求 P 點之坐標.
14. 設平面上三點 $A(1, 5)$、$B(-3, 1)$、$C(6, -4)$，求 $\triangle ABC$ 三邊之長，此三角形是何種三角形？
15. 坐標平面上，$ABCD$ 是一個矩形，已知 $A(-5, 6)$、$C(1, -2)$，求 $\overline{BD}$ 之長.
16. 於坐標平面上，$\triangle ABC$ 為正三角形，如右圖所示，A 點在第一象限，$B(-2, 0)$、$C(3, 0)$，求 A 點之坐標.

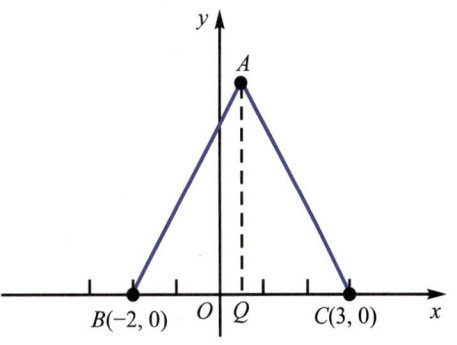

17. 已知 P 點的橫坐標為 -5，$\overline{OP}=13$，求 P 點之縱坐標.

18. 已知 $\triangle ABC$，$A(4, 6)$、$B(0, 4)$、$C(2, -2)$，(1) 求各邊的中點坐標；(2) 求各中線長.

19. 於 xy-平面上，若 $A(-2, 3)$、$B(5, 1)$，P 點在 x-軸上，且滿足 $\overline{PA}=\overline{PB}$，則 P 點之坐標為何？

20. 三角形三中線的交點稱為重心. 設 $\triangle ABC$ 之三頂點坐標分別為 $A(x_1, y_1)$、$B(x_2, y_2)$、$C(x_3, y_3)$，試求其重心坐標.

21. $A(-1, 3)$、$B(0, 4)$，C 點在 x-軸上，$\triangle ABC$ 是一個等腰三角形，求 C 點之坐標.

4-2　直線的斜率與直線的方程式

一、直線的斜率

在測量術裡，有關一個斜坡的傾斜程度，我們可用水平方向每前進一個單位距離時，垂直方向上升或下降多少個單位距離來表示. 在 xy-平面上，我們也可以用這個概念來表示直線的傾斜程度.

考慮 xy-平面上的一條非垂直線 L，而 $P_1(x_1, y_1)$ 與 $P_2(x_2, y_2)$ 為 L 上的兩點，如圖 4-8 所示. 那麼，水平變化 x_2-x_1 與垂直變化 y_2-y_1 分別為從 P_1 到 P_2 的橫

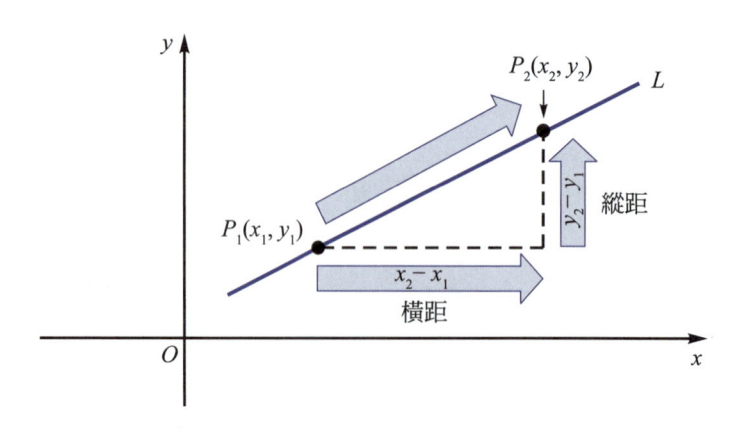

圖 4-8

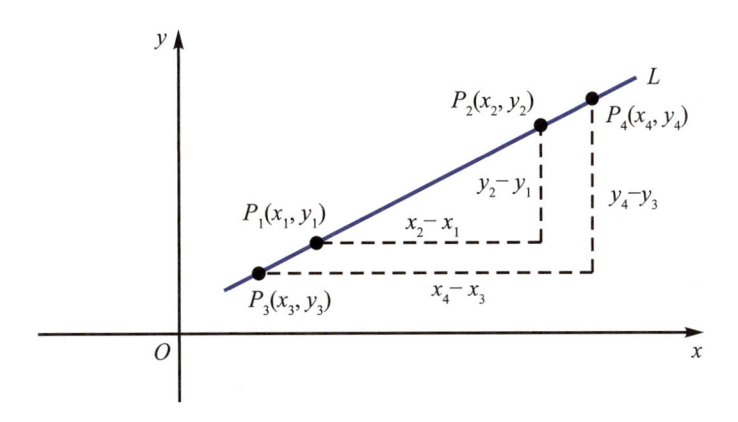

圖 4-9

距與縱距．利用比例的概念，比值 $m=\dfrac{y_2-y_1}{x_2-x_1}$ 表示直線 L 的傾斜程度．如果在直線 L 上任取其他相異兩點 $P_3(x_3, y_3)$ 及 $P_4(x_4, y_4)$，如圖 4-9 所示，依相似三角形的關係，可得

$$m=\dfrac{y_2-y_1}{x_2-x_1}=\dfrac{y_4-y_3}{x_4-x_3}$$

又因為

$$\dfrac{y_1-y_2}{x_1-x_2}=\dfrac{y_2-y_1}{x_2-x_1}$$

$$\dfrac{y_3-y_4}{x_3-x_4}=\dfrac{y_4-y_3}{x_4-x_3}$$

所以比值 m 不會因所選取的兩點不同或順序不同而改變其值．只要 L 不是垂直線，則便可以決定一個比值 m，其為 L 的斜率，定義如下：

定義 4-1

若 $P_1(x_1, y_1)$ 與 $P_2(x_2, y_2)$ 為非垂直線 L 上的兩相異點，則 L 的斜率 m 定義為

$$m=\dfrac{縱距}{橫距}=\dfrac{y_2-y_1}{x_2-x_1}.$$

註：若直線 P_1P_2 為垂直線，則 $x_2-x_1=0$，此時我們不規定它的斜率．(數學家稱垂直線有無限大的斜率，或無斜率．)

【例題 1】 在下列每一部分中，求連接所給兩點之直線的斜率．
(1) 點 (6, 2) 與點 (8, 6)．
(2) 點 (2, 9) 與點 (4, 3)．
(3) 點 (−2, 7) 與點 (6, 7)．

【解】
(1) 斜率為 $m=\dfrac{6-2}{8-6}=\dfrac{2}{4}=2.$

(2) 斜率為 $m=\dfrac{3-9}{4-2}=\dfrac{-6}{2}=-3.$

(3) 斜率為 $m=\dfrac{7-7}{6-(-2)}=0.$ ∎

非垂直線 L 在 xy-平面上傾斜的情形有下列三種 (如圖 4-10 所示)：

1. 當 L 由左下到右上傾斜時，其斜率為正．
2. 當 L 由左上到右下傾斜時，其斜率為負．
3. 當 L 為水平時，其斜率為 0．

直線的斜率既然是用來表示該直線的傾斜程度，那麼，直觀看來，平行直線的傾斜程度一樣，所以它們的斜率應該相等．現在，我們來證明這個事實．

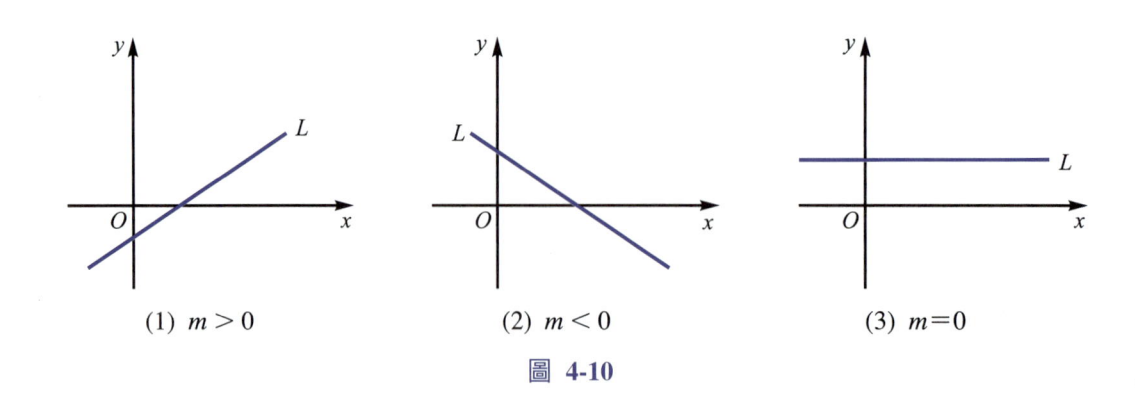

(1) $m>0$ (2) $m<0$ (3) $m=0$

圖 4-10

定理 4-3

兩條非垂直 x 軸之直線互相平行，若且唯若它們有相同的斜率．

證：設直線 L_1 與 L_2 均與 x-軸不垂直．通過 $(x_1, 0)$ 作 x-軸的垂線，與 L_1、L_2 分別交於 $A(x_1, y_1)$、$B(x_1, y'_1)$．通過 $(x_2, 0)$ 作 x-軸的垂線，與 L_1、L_2 分別交於 $D(x_2, y_2)$、$C(x_2, y'_2)$．

$$L_1 \parallel L_2 \Leftrightarrow ABCD \text{ 為平行四邊形}$$
$$\Leftrightarrow \overline{AB} = \overline{CD}$$
$$\Leftrightarrow y_1 - y'_1 = y_2 - y'_2$$
$$\Leftrightarrow y_2 - y_1 = y'_2 - y'_1$$

但 L_1 的斜率 $= \dfrac{y_2 - y_1}{x_2 - x_1}$，$L_2$ 的斜率 $= \dfrac{y'_2 - y'_1}{x_2 - x_1}$．故 $L_1 \parallel L_2 \Rightarrow L_1$ 的斜率 $= L_2$ 的斜率．如圖 4-11 所示．

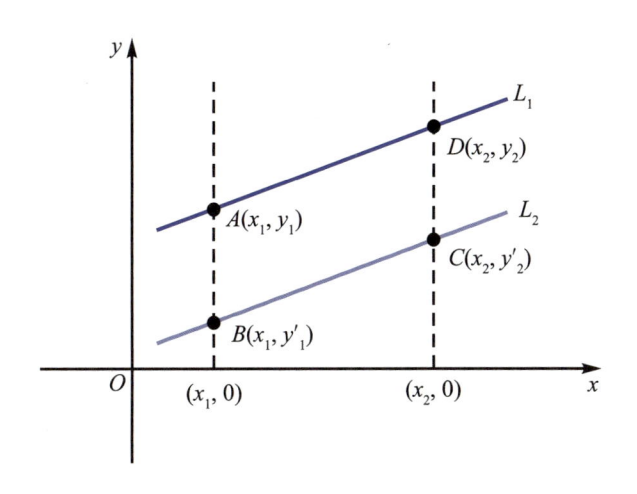

圖 4-11

【例題 2】 試證：以 $A(-4, -2)$、$B(2, 0)$、$C(8, 6)$ 及 $D(2, 4)$ 為頂點的四邊形是平行四邊形．

【解】 我們以 m_{AB} 表示直線 AB 的斜率，則

$$m_{AB}=\frac{0-(-2)}{2-(-4)}=\frac{1}{3}$$

$$m_{CD}=\frac{4-6}{2-8}=\frac{1}{3}$$

$$m_{BC}=\frac{6-0}{8-2}=1$$

$$m_{AD}=\frac{4-(-2)}{2-(-4)}=1$$

因 $m_{AB}=m_{CD}$，$m_{BC}=m_{AD}$，故 $\overline{AB} \parallel \overline{CD}$，$\overline{BC} \parallel \overline{AD}$。因此，四邊形 ABCD 是平行四邊形. ∎

隨堂練習 2 試證：三點 $A(a, b+c)$、$B(b, c+a)$ 及 $C(c, a+b)$ 共線.

隨堂練習 3 若 $P(4, 3)$、$Q(-1, 5)$ 及 $R(1, k)$ 三點共線，試利用斜率之觀念求 k 值.

答案：$k=\dfrac{21}{5}$.

斜率除了可以用來判斷兩直線是否平行外，還可以用來判斷它們是否垂直.

定理 4-4

> 兩條非垂直 x 軸之直線互相垂直，若且唯若它們之斜率的乘積為 -1.

證：設 m_1 與 m_2 分別為 L_1 與 L_2 的斜率. 令 L_1 與 L_2 交於 $P(a, b)$，通過 $(a+1, 0)$ 作一直線垂直於 x-軸，分別與 L_1、L_2 交於 $P_1(a+1, y_1)$、$P_2(a+1, y_2)$，如圖 4-12 所示，則

$$m_1=\frac{y_1-b}{(a+1)-a}=y_1-b$$

$$m_2=\frac{y_2-b}{(a+1)-a}=y_2-b$$

圖 4-12

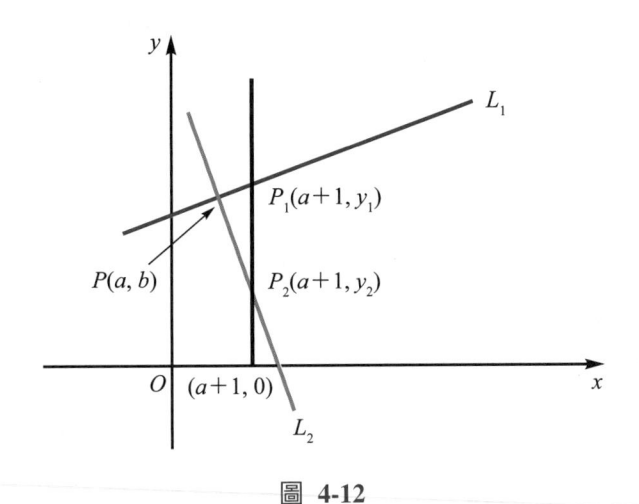

於是，$L_1 \perp L_2 \Leftrightarrow \triangle PP_1P_2$ 為直角三角形

$\Leftrightarrow \overline{P_1P}^2 + \overline{PP_2}^2 = \overline{P_1P_2}^2$

$\Leftrightarrow (a+1-a)^2 + (y_1-b)^2 + (a+1-a)^2 + (y_2-b)^2 = (a+1-a-1)^2 + (y_1-y_2)^2$

$\Leftrightarrow 2 + (y_1-b)^2 + (y_2-b)^2 = (y_1-y_2)^2$

$\Leftrightarrow 2 + m_1^2 + m_2^2 = (m_1-m_2)^2$

$\Leftrightarrow m_1 m_2 = -1.$

【例題 3】 設 $A(-5, 2)$、$B(1, 6)$ 及 $C(7, 4)$ 為 $\triangle ABC$ 的三頂點，求通過 B 點之高的斜率.

【解】 直線 $\overline{AC}$ 的斜率為 $m_{AC} = \dfrac{4-2}{7-(-5)} = \dfrac{1}{6}$. 設通過 B 點之高的斜率為 m，則 $\dfrac{1}{6}m = -1$，可得 $m = -6$. ▄

隨堂練習 4　試利用斜率證明：$A(1, 3)$、$B(3, 7)$ 及 $C(7, 5)$ 為直角三角形的三個頂點.

二、直線的方程式

平行於 y-軸的直線交 x-軸於某點 $(a, 0)$，此直線恰由 x-坐標是 a 的那些點所組成，如圖 4-13(a) 所示，因此，通過 $(a, 0)$ 的垂直線為 $x = a$. 同理，平行於 x-軸的

直線交 y-軸於某點 $(0, b)$，此直線恰由 y-坐標是 b 的那些點所組成，如圖 4-13(b) 所示，因此，通過 $(0, b)$ 的水平線為 $y=b$.

【例題 4】 $x=-2$ 的圖形是通過 $(-2, 0)$ 的垂直線，而 $y=5$ 的圖形是通過 $(0, 5)$ 的水平線. ■

通過平面上任一點的直線有無限多條；然而，若給定直線的斜率與直線上的一點，則該點與斜率決定了唯一的一條直線.

現在，我們考慮如何求通過 $P_1(x_1, y_1)$ 且斜率為 m 之非垂直線 L 的方程式. 若 $P(x, y)$ 是 L 上異於 P_1 的一點，則 L 的斜率為 $m=\dfrac{y-y_1}{x-x_1}$，此可改寫成

$$y-y_1 = m(x-x_1) \tag{4-2-1}$$

除了點 (x_1, y_1) 之外，我們已指出 L 上的每一點均滿足式 (4-2-1). 但 $x=x_1$, $y=y_1$ 也滿足式 (4-2-1)，故 L 上的所有點均滿足式 (4-2-1). 滿足式 (4-2-1) 的每一點均位於 L 上的證明留給讀者.

定理 4-5

> 通過 $P_1(x_1, y_1)$ 且斜率為 m 之直線的方程式為
> $$y-y_1 = m(x-x_1) \tag{4-2-2}$$
> 此式稱為直線的**點斜式**.

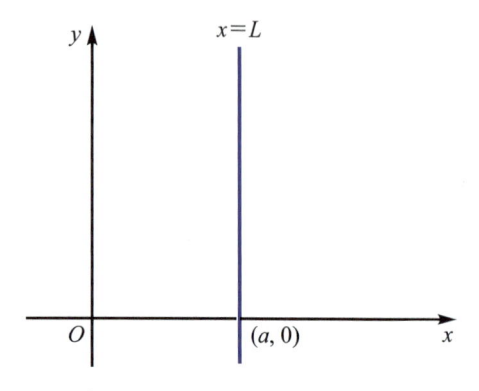

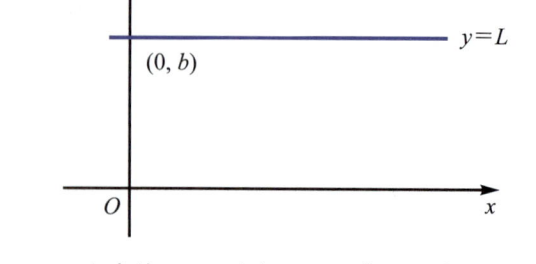

(a) 在直線 L 上的每一點具有 x-坐標 a

(b) 在直線 L 上的每一點具有 y-坐標 b

圖 4-13

【例題 5】 求通過點 $(4, -3)$ 且斜率為 2 之直線的方程式.

【解】 設 $P(x, y)$ 為所求直線上的任意點，則由點斜式可得

$$y-(-3)=2(x-4)$$

化成 $\qquad 2x-y=11$

此即為所求的直線方程式. ∎

隨堂練習 5 試求通過點 $(-2, 3)$ 且斜率為 -1 之直線方程式.

答案：$x+y=1$.

若 $P_1(x_1, y_1)$ 與 $P_2(x_2, y_2)$ 為非垂直線上的兩相異點，則直線的斜率為 $m = \dfrac{y_2-y_1}{x_2-x_1} = \dfrac{y_1-y_2}{x_1-x_2}$. 以此式代入式 (4-2-2)，可得下面的結果.

定理 4-6

> 由兩點 $P_1(x_1, y_1)$ 與 $P_2(x_2, y_2)$ 所決定之非垂直線的方程式為
>
> $$y-y_1 = \frac{y_1-y_2}{x_1-x_2}(x-x_1) \tag{4-2-3}$$
>
> 此式稱為直線的<u>兩點式</u>.

【例題 6】 求通過點 $(3, 4)$ 與點 $(2, -1)$ 之直線的方程式.

【解】 由兩點式可得直線的方程式為

$$y-4 = \frac{4-(-1)}{3-2}(x-3) = 5(x-3)$$

即，$5x-y=11$. ∎

【例題 7】 設兩直線 $L_1: x-2y-3=0$ 及直線 $L_2: 2x+3y+1=0$ 相交於 P；

(1) 求 P 點之坐標.

(2) 求過 P 點及原點之直線方程式.

【解】 (1) 解 $\begin{cases} x-2y-3=0 \\ 2x+3y+1=0 \end{cases} \Rightarrow x=1,\ y=-1$

故 L_1 與 L_2 之交點為 $P(1,\ -1)$.

(2) 由兩點式知 $\overleftrightarrow{OP}$：$y-0 = \dfrac{0-(-1)}{0-1}(x-0)$

得 $y+x=0$. ■

一條非垂直線 L 交 x-軸、y-軸於 $(a,\ 0)$、$(0,\ b)$ 二點，我們稱 a 為直線 L 的 *x-截距*，稱 b 為直線 L 的 *y-截距*，如圖 4-14 所示.

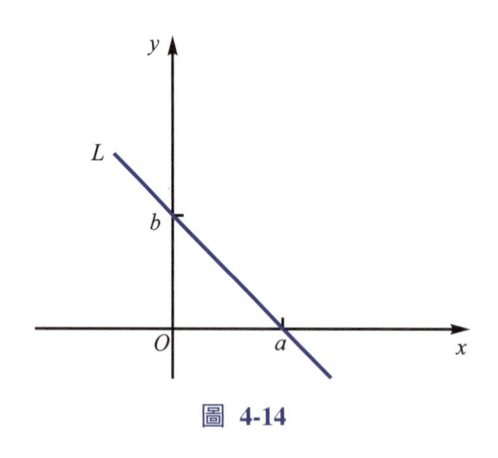

圖 4-14

定理 4-7

y-截距為 b 且斜率為 m 之直線 L 的方程式為

$$y = mx + b \tag{4-2-4}$$

此式稱為直線的 *斜截式*.

證：因為 L 的 y-截距為 b，所以，L 必過點 $(0,\ b)$，由式 (4-2-2)，得知直線 L 的方程式為

$$y - b = m(x-0) \Rightarrow y = mx + b$$

註：注意方程式 (4-2-4) 的 y 單獨在一邊．當直線的方程式寫成這種形式時，直線的斜率與其 y-截距可藉方程式的觀察而確定：斜率是 x 的係數而 y-截距是常數項．

【例題 8】 求滿足下列所述條件之直線的方程式．

(1) 斜率為 -3；交 y-軸於點 $(0, -4)$．

(2) 斜率為 2；通過原點．

【解】 (1) 以 $m=-3$, $b=-4$ 代入式 (4-2-4)，可得 $y=-3x-4$，即，$3x+y=-4$．

(2) 以 $m=2$, $b=0$ 代入式 (4-2-4)，可得 $y=2x+0$，即，$2x-y=0$．

■

隨堂練習 6　設直線 $L:3x-5y-4=0$，求過 $P(2, 3)$ 且與 L 垂直之直線方程式．
　答案：$5x+3y-19=0$．

定理 4-8

> 設直線 L 的 x-截距為 a，y-截距為 b，若 $ab \neq 0$，則 L 的方程式為
>
> $$\frac{x}{a}+\frac{y}{b}=1 \tag{4-2-5}$$
>
> 此式稱為 L 的**截距式**．

證：直線 L 的 x-截距為 a，y-截距為 b，即，L 通過點 $(a, 0)$ 與點 $(0, b)$．由直線的兩點式可得 L 的方程式為

$$y-0=\frac{0-b}{a-0}(x-a)=-\frac{b}{a}(x-a)$$

即，$bx+ay=ab$

故 $\dfrac{x}{a}+\dfrac{y}{b}=1$．

形如 $ax+by=c$ 的方程式稱為二元一次方程式，此處 a、b 與 c 均為常數，且 a

與 b 不全為 0．我們在前面已經介紹了許多形式的直線方程式，它們均可以化成形如 $ax+by=c$ 的一般式．因此，在 xy-平面上，直線的方程式是二元一次方程式；反之，二元一次方程式 $ax+by=c$ 的圖形是直線．

1. 當 $b=0$ 時，$x=\dfrac{c}{a}$，表示垂直 x-軸於點 $\left(\dfrac{c}{a},\ 0\right)$ 的直線．

2. 當 $b\neq 0$ 時，$y=-\dfrac{a}{b}x+\dfrac{c}{b}$，表示斜率為 $-\dfrac{a}{b}$ 且 y-截距為 $\dfrac{c}{b}$ 的直線．

　　坐標平面上的直線既然均可以用二元一次方程式來表示，那麼，求坐標平面上兩直線的交點坐標，就是要解兩直線方程式所成的一次方程組．一般而言，假設兩直線 L_1 與 L_2 的方程式分別為 $a_1x+b_1y=c_1$ 與 $a_2x+b_2y=c_2$，若 L_1 與 L_2 相交於點 $P(a,\ b)$，則 $x=a$，$y=b$ 就是方程組

$$\begin{cases} a_1x+b_1y=c_1 \\ a_2x+b_2y=c_2 \end{cases}$$

的解．

【例題 9】 化直線 $3x+5y=15$ 為截距式 $\dfrac{x}{a}+\dfrac{y}{b}=1$．

【解】　　$3x+5y=15 \Rightarrow \dfrac{3x}{15}+\dfrac{5y}{15}=1 \Rightarrow \dfrac{x}{5}+\dfrac{y}{3}=1$．　　∎

隨堂練習 7　求過 $P(3,\ -1)$、$Q(-2,\ 4)$ 之直線在 x-軸與 y-軸上之截距．
　　答案：x-軸之截距 $a=2$，y-軸之截距 $b=2$．

隨堂練習 8　求通過點 $P(-3,\ 1)$，x、y 截距相等的直線方程式．
　　答案：$x+y=-2$．

習題 4-2

1. 某質點在 $P(1, 2)$ 沿著斜率為 3 的直線到達 $Q(x, y)$.
   (1) 若 $x=5$，求 y.
   (2) 若 $y=-2$，求 x.
2. 已知點 $(k, 4)$ 位於通過點 $(1, 5)$ 與點 $(2, -3)$ 的直線上，求 k.
3. 已知點 $(3, k)$ 位於斜率為 5 且通過點 $(-2, 4)$ 的直線上，求 k.
4. 求頂點為 $(-1, 2)$、$(6, 5)$ 與 $(2, 7)$ 之三角形各邊的斜率.
5. 利用斜率判斷所給點是否共線？
   (1) $(1, 1)$、$(-2, -5)$、$(0, -1)$.
   (2) $(-2, 4)$、$(0, 2)$、$(1, 5)$.
6. 若通過點 $(0, 0)$ 及點 (x, y) 之直線的斜率為 $\frac{1}{2}$，而通過點 (x, y) 及點 $(7, 5)$ 之直線的斜率為 2，求 x 與 y.
7. 設三點 $(6, 6)$、$(4, 7)$ 與 $(k, 8)$ 共線，求 k 的值.
8. 求平行於直線 $3x+2y=5$ 且通過點 $(-1, 2)$ 之直線的方程式.
9. 求垂直於直線 $x-4y=7$ 且通過點 $(3, -4)$ 之直線的方程式.
10. 試求通過 $(3, 4)$ 與 $(-1, 2)$ 兩點之直線方程式.
11. 在下列每一部分中，求兩直線的交點.
    (1) $4x+3y=-2$，$5x-2y=9$.
    (2) $6x-2y=-3$，$-8x+3y=5$.
12. 利用斜率證明：$(3, 1)$、$(6, 3)$ 與 $(2, 9)$ 為直角三角形的三個頂點.
13. 求由兩坐標軸與通過點 $(1, 4)$ 及點 $(2, 1)$ 之直線所圍成三角形的面積.
    (提示：利用直線的點斜式求出直線方程式；再化成截距式.)
14. 若 $ab<0$，$bc>0$，則直線 $ax+by+c=0$ 經過第幾象限？
15. 直線 L 過點 $(2, 6)$，L 與 x-軸、y-軸截距和為 1，試求 L 之方程式.
16. 一直線過點 $(4, -4)$ 且與兩坐標軸所圍成之三角形面積為 4，試求此方程式.
17. 試求直線 $L: 3x+5y+6=0$ 與 x-軸、y-軸所圍成之三角形面積.

18. 設兩直線 $L_1：x-2y-3=0$ 及直線 $L_2：2x+3y+1=0$ 相交於 P.
    (1) 求 P 點之坐標.
    (2) 求過 P 及原點之直線方程式.
19. 設一直線之截距和為 1，且與兩軸所圍成三角形面積為 3，求此直線之方程式.
20. 設一直線交 x-軸、y-軸於 P、Q ($P \neq Q$ 或 $P=Q$) 且過 $(1, 3)$ 點，若 $\overline{OP}=\overline{OQ}$，求此直線方程式 ($O$ 表原點).

函數與函數的圖形

本章學習目標

5-1　函數的意義

5-2　函數的運算與合成

5-3　函數的圖形

5-1 函數的意義

函數在數學上是一個非常重要的概念，許多數學理論皆需用到函數的觀念．函數可以想成是兩個集合之間元素的對應，且滿足集合 A 中的每一個元素對應至集合 B 中的一個且為唯一的元素．例如以 r 代表圓的半徑，A 代表圓的面積，則兩者之間存在的關係為：

$$A = \pi r^2$$

由上式讀者很容易知道，當半徑 r 給定某一值時，面積 A 就有一確定值，與 r 對應，故稱 A 是 r 的函數，其中 r 稱為<u>自變數</u>，A 稱為<u>應變數</u>．

例如：二集合 $A=\{1, 2, 3, 4\}$、$B=\{1, 4, 9, 16\}$，其元素間的對應方式為

$$1 \to 1,\ 2 \to 4,\ 3 \to 9,\ 4 \to 16$$

此對應亦可以如圖 5-1 所示．

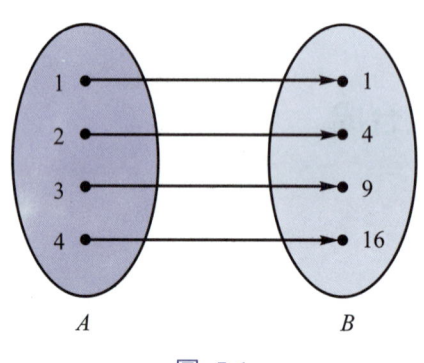

圖 5-1

定義 5-1

設 A、B 是兩個非空集合．若對每一個 $x \in A$，恰有一個 $y \in B$ 與之對應，將此對應方式表為

$$f : A \to B$$

則稱 f 為從 A 映到 B 之一函數（簡稱 f 為 x 的函數），集合 A 稱為函數 f

的 定義域，記為 D_f，集合 B 稱為函數 f 的 對應域. 元素 y 稱為 x 在 f 之下的 像 或 值，以 $f(x)$ 表示之. 函數 f 的定義域 A 中之所有元素在 f 之下的像所成的集合，稱為 f 的 值域，記為 R_f，即，

$$R_f = f(A) = \{f(x) \mid x \in A\}$$

$y = f(x)$ 時，x 稱為 自變數，而 y 稱為 應變數.

此定義的說明如圖 5-2 所示.

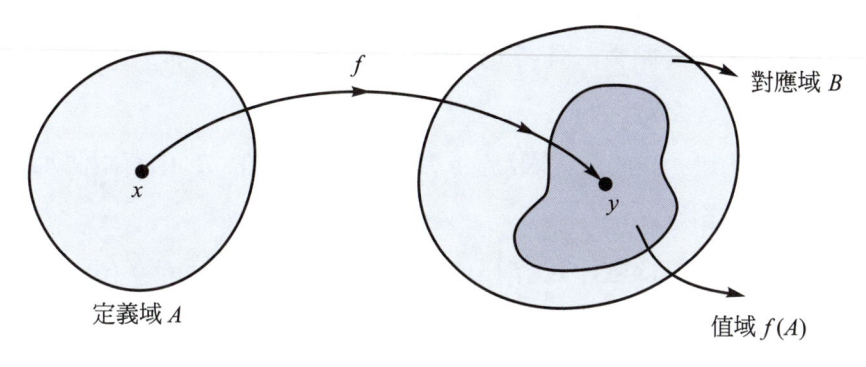

圖 5-2

【例題 1】 設 $A = \{3, 4, 5, 6\}$、$B = \{a, b, c, d\}$，下列各對應圖形是否為函數？若為函數，則求其值域.

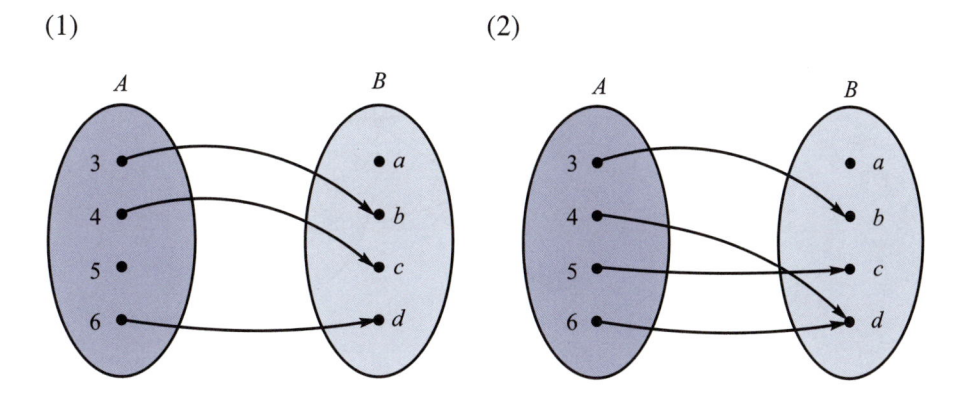

(1)   (2)

(3)　　　　　　　　　　　　　(4)

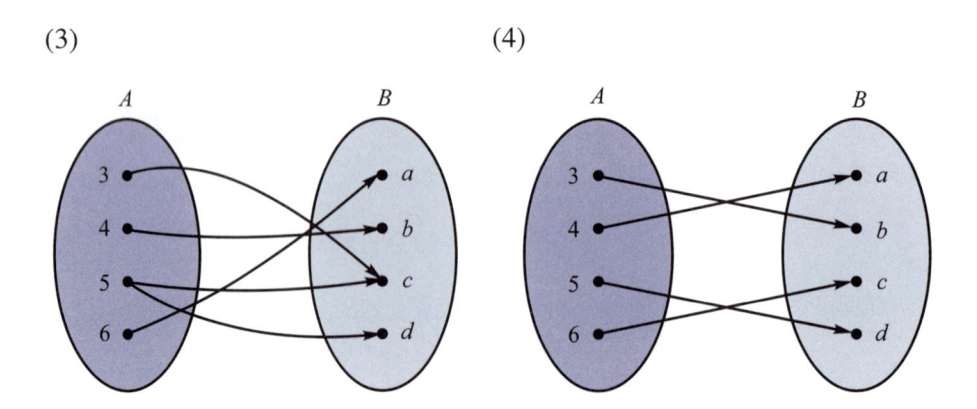

【解】
(1) 此對應不是函數，因為 A 中的元素 5，在 B 中無元素與之對應.

(2) 此對應為函數，且 $f(3)=b$, $f(4)=d$, $f(5)=c$, $f(6)=d$，其值域為 $\{b, c, d\}$.

(3) 此對應不是函數，因為 A 中的元素 5，在 B 中有兩個元素 c 與 d 與其對應.

(4) 此對應為函數，且 $f(3)=b$, $f(4)=a$, $f(5)=d$, $f(6)=c$，其值域為 $\{a, b, c, d\}$. ■

隨堂練習 1　設 $A=\{a, b, c\}$, $B=\{3, 4, 5, 6\}$, $f: A \to B$，其對應關係如下圖所示. 求 $f(a)$、$f(b)$ 與 $f(c)$.

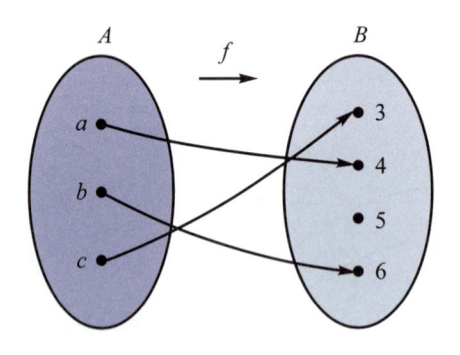

答案：$f(a)=4$, $f(b)=6$, $f(c)=3$.

【例題 2】　令函數 f 表示正方形的邊長與其面積之間的對應，則其定義域為

$$A=\{x \mid x>0\}=(0, \infty)$$

而其對應關係為

$$f: x \to x^2,\ 記作\ f(x)=x^2,\ x \in A\ 或\ f(x)=x^2,\ x>0.$$

【例題 3】 若 $f(x)=\sqrt{x^2-1}$，試求 $f(-2)$ 與 $f(2)$ 之值.

【解】 $f(-2)=\sqrt{(-2)^2-1}=\sqrt{4-1}=\sqrt{3}$

$f(2)=\sqrt{2^2-1}=\sqrt{4-1}=\sqrt{3}.$

隨堂練習 2　若 $f(x)=\sqrt{x+2}$，試求 $f(-1)$ 與 $f(2)$ 之值.

答案：$f(-1)=1,\ f(2)=2.$

【例題 4】 試寫出下列各函數的定義域.

(1) $f(x)=\dfrac{1}{x^2-1}$，(2) $g(x)=\dfrac{3}{x(x-2)}$，(3) $h(x)=\sqrt{4-x}.$

【解】 (1) $D_f=\{x\,|\,x\in \mathbb{R},\ x\neq \pm 1\}$
$=(-\infty,\ -1)\cup(-1,\ 1)\cup(1,\ \infty).$

(2) $D_g=\{x\,|\,x(x-2)\neq 0\}=\mathbb{R}-\{0,\ 2\}.$

(3) $D_h=\{x\,|\,4-x\geq 0\}=(-\infty,\ 4].$

【例題 5】 設函數 $f(x)=\begin{cases} 2x+3, & 若\ x<-2 \\ x^2-2, & 若\ -2\leq x\leq 3 \\ 3x-1, & 若\ x>3 \end{cases}$

求 f 的定義域及 $f(4),\ f(2),\ f(-5).$

【解】 (1) $D_f=(-\infty,\ -2)\cup[-2,\ 3]\cup(3,\ \infty)=(-\infty,\ \infty)$

(2) $\because 4\in(3,\ \infty),\quad \therefore f(4)=3(4)-1=11.$

$\because 2\in[-2,\ 3],\quad \therefore f(2)=(2)^2-2=2.$

$\because -5\in(-\infty,\ -2),\quad \therefore f(-5)=2(-5)+3=-7.$

隨堂練習 3　試求函數 $f(x)=\sqrt{2x+5}$ 之定義域.

答案：$D_f=\left[-\dfrac{5}{2},\ \infty\right).$

定義 5-2

設 A 是一集合，f、h 都是定義於 A 的函數，若對所有的 $x \in A$，$f(x) = h(x)$ 恆成立，則稱 f 與 h 相等，記作 $f = h$.

【例題 6】 設 $A = \{-1, 0, 1\}$，f、h 都是定義於 A 的函數，且對每一個 $x \in A$，$f(x) = x^3 + x$；$h(x) = 2x$，試證 $f = h$.

【解】 因 f、h 都是定義於 A 的函數，又

$$f(-1) = h(-1) = -2, \ f(0) = h(0) = 0, \ f(1) = h(1) = 2$$

$$\therefore f = h \qquad \blacksquare$$

每一個函數都有一個定義域，由定義 5-2 知：凡定義域不同的函數，必不會相等，如二函數 f、h 定義如下：

$$f(x) = x^2, \ x \in \{1, 2\}.$$

$$h(x) = x^2, \ x \in \{1, 3\}.$$

因其定義域不同，故 $f \neq h$.

在數學上有些常用的實值函數，敘述如下：

1. **多項式函數**

   若 $f(x) = a_0 x^n + a_1 x^{n-1} + a_2 x^{n-2} + \cdots + a_{n-1} x + a_n$ 為一多項式，則函數 $f: x \to f(x)$ 稱為<u>多項式函數</u>. 若 $a_0 \neq 0$，則 f 稱為 n 次多項式函數.

2. **恆等函數**

   若 $f(x) = x$，此時函數 $f: x \to x$ 將每一元素映至其本身，稱為<u>恆等函數</u>.

3. **常數函數**

   若 $f(x) = c \ (c \in \mathbb{R})$，$\forall x \in \mathbb{R}$，此時函數 $f: x \to c$ 將每一元素映至一常數 c，稱為<u>常數函數</u>.

4. **零函數**

   $f(x) = 0$，$\forall x \in \mathbb{R}$，稱為<u>零函數</u>.

5. 線性函數 (或一次函數)

$f(x)=ax+b$ $(a \neq 0)$ 稱為線性函數.

6. 二次函數

$f(x)=ax^2+bx+c$ $(a \neq 0)$ 稱為二次函數.

7. 平方根函數

若 $f(x)=\sqrt{x}$，則稱為平方根函數，其定義域為 $D_f=\{x \mid x \geq 0\}$，值域為 $R_f=\{y \mid y=f(x) \geq 0\}$.

8. 有理函數

若 $p(x)$、$q(x)$ 均為多項式函數，則函數 $f: x \to \dfrac{p(x)}{q(x)}$ （亦即 $f(x)=\dfrac{p(x)}{q(x)}$） 稱為有理函數，其定義域為 $D_f=\{x \mid q(x) \neq 0\}$.

9. 絕對值函數

$f(x)=|x|$ 或 $f(x)=\begin{cases} x, & 若\ x \geq 0 \\ -x, & 若\ x < 0 \end{cases}$，稱為絕對值函數. 其定義域為 $D_f=\{x \mid x \in \mathbb{R}\}$，

值域為 $R_f=\{y \mid y=f(x) \geq 0\}$.

習題 5-1

1. 設 $A=\{1, 2, 3, 4\}$，$B=\{10, 15, 20, 25\}$，下列各對應圖形是否為函數？若為函數，則求其值域.

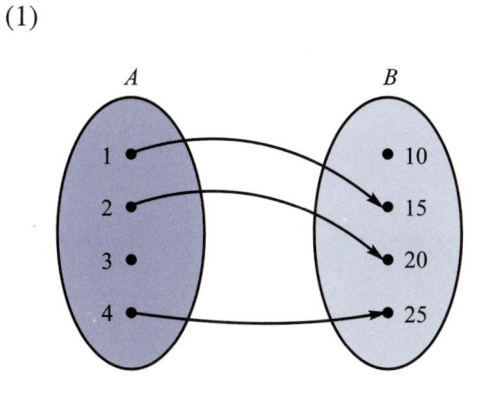

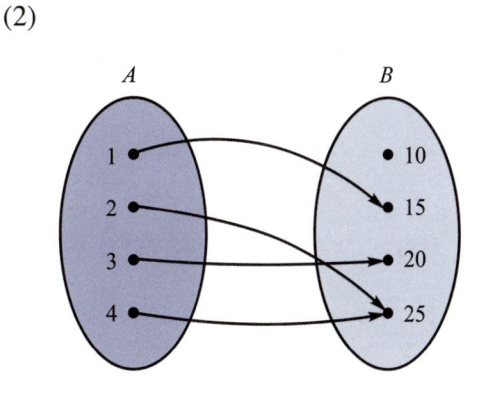

   (1)   (2)

(3)

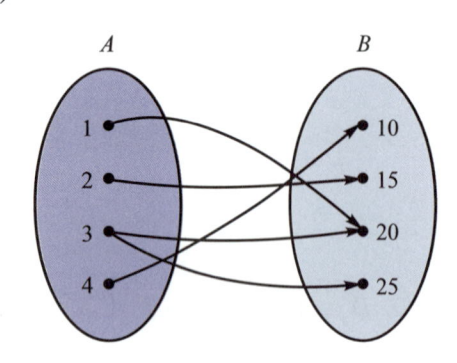

(4)

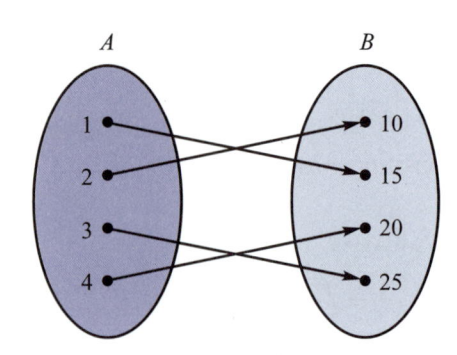

2. 下列圖形中，何者為函數圖形？

(1)

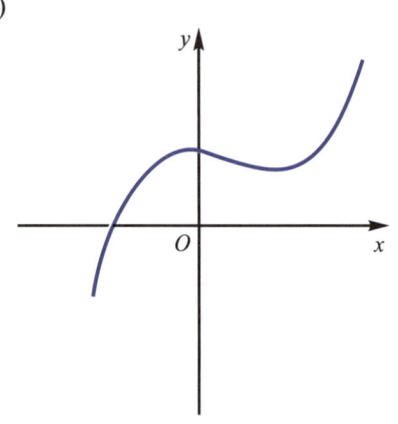

(2)

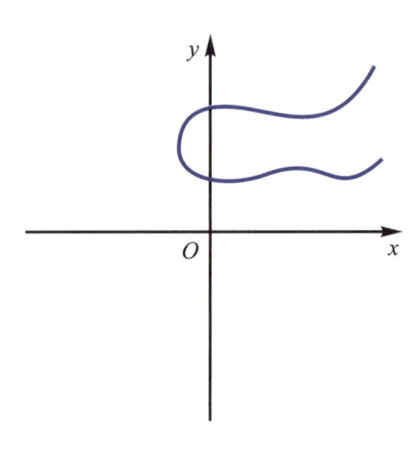

(3)

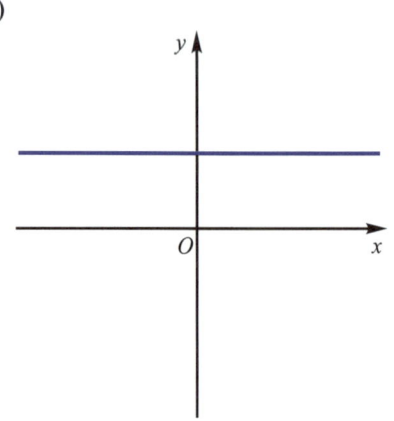

(4)

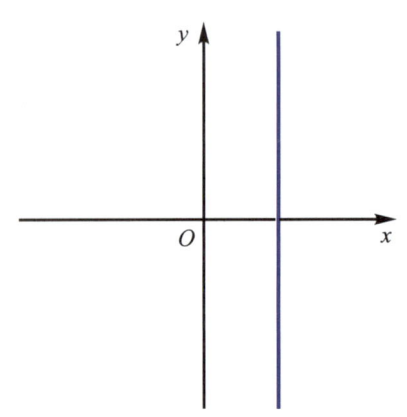

3. 若 $f(x)=\sqrt{x-1}+2x$，求 $f(1)$、$f(3)$ 與 $f(10)$.

求下列各函數的定義域 D_f.

4. $f(x) = 4 - x^2$

5. $f(x) = \dfrac{1}{x^2 - 4}$

6. $f(x) = \sqrt{2x - 3}$

7. $f(x) = \dfrac{5}{x^2 - 5x + 6}$

8. $f(x) = \sqrt{x - x^2}$

9. $g(x) = \dfrac{1}{\sqrt{3x - 5}}$

10. $h(x) = \dfrac{2x + 5}{\sqrt{(x-2)(x-1)^2}}$

11. 設函數 $f(x) = |x| + |x-1| + |x-2|$，求 $f\left(\dfrac{1}{2}\right)$ 與 $f\left(\dfrac{3}{2}\right)$.

12. 若 f 為線性函數，已知 $f(1) = -2$, $f(2) = 3$，求 $f(x) = ?$

13. 設 $f(x)$ 為二次多項式函數，且 $f(0) = 1$, $f(-1) = 3$, $f(1) = 5$，求此多項式函數.

14. 設 $f(x) = \begin{cases} x+4, & \text{若 } x < -2 \\ x^2 - 2, & \text{若 } -2 \leq x \leq 2 \\ x^3 - x^2 - 2, & \text{若 } 2 < x \end{cases}$，試計算 $f(-3)$、$f(-2)$、$f(0)$ 與 $f(3)$.

15. 設函數 $f(x) = ax + b$，試證
$$f\left(\dfrac{p+q}{2}\right) = \dfrac{1}{2}[f(p) + f(q)].$$

16. 設 $f(x) = ax^2 + bx + c$，已知 $f(0) = 1$, $f(-1) = 2$, $f(1) = 3$. 求 a、b 與 c 的值.

17. 設 $f(x) = 2x^3 - x^2 + 3x - 5$，且 $g(x) = f(x-1)$，求 $g(1)$, $g(-1) = ?$

18. 已知函數 $g(x) = \begin{cases} -3x^2 + 5, & \text{若 } x > 2 \\ 4x - 8, & \text{若 } -1 < x \leq 2 \\ 3, & \text{若 } x \leq -1 \end{cases}$，求 $g(4)$、$g(0)$、$g(-3)$ 之值.

5-2 函數的運算與合成

一個實數可經四則運算而得其和、差、積、商，同樣地，對於兩個實值函數 $f：A \to B$，$g：C \to D$，只要在兩者定義域的交集中，即 $A \cap C \neq \phi$，則我們可定義其和、差、積、商的函數，分別記為 $f+g$、$f-g$、$f \cdot g$、$\dfrac{f}{g}$，定義如下：

定義 5-3

若 $f：A \to B$，$g：C \to D$，
則 $f+g：x \to f(x)+g(x)$，$\forall x \in A \cap C$
$f-g：x \to f(x)-g(x)$，$\forall x \in A \cap C$
$f \cdot g：x \to f(x) \cdot g(x)$，$\forall x \in A \cap C$
$\dfrac{f}{g}：x \to \dfrac{f(x)}{g(x)}$，$\forall x \in A \cap C \cap \{x \mid g(x) \neq 0\}$

【例題 1】 設 $f(x)=\sqrt{x+3}$，$g(x)=\sqrt{9-x}$，求 $f+g$、$f-g$、$f \cdot g$ 及 $\dfrac{f}{g}$．

【解】 f 的定義域為
$$A=\{x \mid x+3 \geq 0\}=[-3, \infty)$$
g 的定義域為
$$C=\{x \mid 9-x \geq 0\}=(-\infty, 9]$$
故 $A \cap C = \{x \mid -3 \leq x \leq 9\} = [-3, 9]$
$(f+g)(x)=\sqrt{x+3}+\sqrt{9-x}$，$x \in [-3, 9]$
$(f-g)(x)=\sqrt{x+3}-\sqrt{9-x}$，$x \in [-3, 9]$
$(f \cdot g)(x)=\sqrt{x+3}\sqrt{9-x}=\sqrt{(x+3)(9-x)}$，$x \in [-3, 9]$
$\left(\dfrac{f}{g}\right)(x)=\dfrac{\sqrt{x+3}}{\sqrt{9-x}}=\sqrt{\dfrac{x+3}{9-x}}$，$x \in [-3, 9)$． ■

隨堂練習 4 設 $f(x)=\sqrt{x-3}$，$g(x)=\sqrt{x^2-4}$，求 $f \cdot g$ 及 $\dfrac{f}{g}$．

答案：$(f \cdot g)(x)=\sqrt{x-3} \cdot \sqrt{x^2-4}$, $x \in [3, \infty)$

$$\left(\dfrac{f}{g}\right)(x)=\dfrac{\sqrt{x-3}}{\sqrt{x^2-4}}, \quad x \in [3, \infty).$$

二實值函數除了可作上述的結合外，兩者亦可作一種很有用的結合，稱其為 合成．現在我們考慮函數 $y=f(x)=(x^2+1)^3$，如果我們將它寫成下列的形式

$$y=f(u)=u^3$$

且
$$u=g(x)=x^2+1$$

則依取代的過程，我們可得到原來的函數，亦即，

$$y=f(x)=f(g(x))=(x^2+1)^3$$

此一過程稱為 合成，故原來的函數可視為一 合成函數．

一般而言，如果有二函數 $g: A \to B$，$f: B \to C$，且假設 x 為 g 函數定義域中之一元素，則可找到 x 在 g 之下的像 $g(x)$．若 $g(x)$ 在 f 的定義內，我們又可在 f 之下找到 C 中的像 $f(g(x))$．因此，就存在一個從 A 到 C 的函數：

$$f \circ g : A \to C$$

其對應於 $x \in A$ 的像為

$$(f \circ g)(x)=f(g(x))$$

此一函數稱為 g 與 f 的 合成函數．

定義 5-4

給予二函數 f 與 g，則 g 與 f 的合成函數記作 $f \circ g$（讀作 "f circle g"），定義為

$$(f \circ g)(x)=f(g(x))$$

此處 $f \circ g$ 的定義域為函數 g 定義域內所有 x 的集合，使得 $g(x)$ 在 f 的定義域內，如圖 5-3 的深色部分．

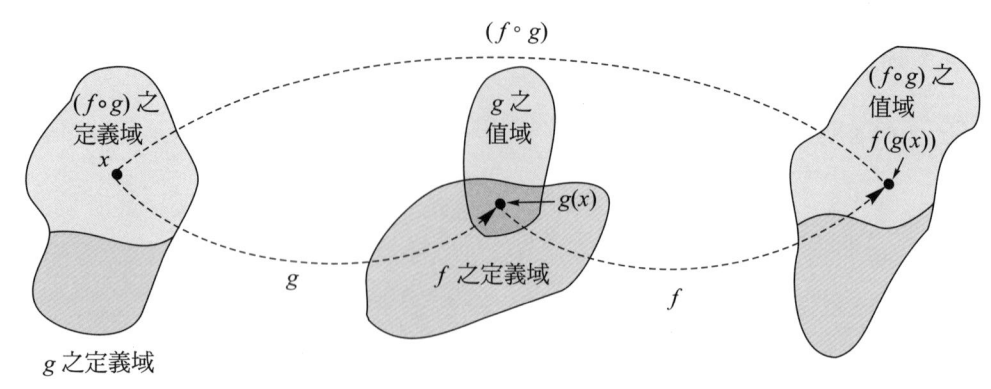

圖 5-3

【例題 2】 若 $g(x)=x-4$，且 $f(x)=3x+\sqrt{x}$，試求 $(f\circ g)(x)$ 與 $(f\circ g)(x)$ 的定義域．

【解】 依 g 與 f 的定義，求得 $(f\circ g)(x)$.

$$(f\circ g)(x)=f(g(x))=f(x-4)=3(x-4)+\sqrt{x-4}=3x-12+\sqrt{x-4}$$

由上面最後一個等式顯示，僅當 $x\geq 4$ 時，$(f\circ g)(x)$ 始為實數，所以合成函數 $(f\circ g)(x)$ 的定義域必須將 x 限制在區間 $[4,\infty)$. ■

隨堂練習 5 若 $f(x)=\dfrac{6x}{x^2-9}$，且 $g(x)=\sqrt{x}$，求 $(f\circ g)(4)$，並求 $(f\circ g)(x)$ 與其定義域．

答案：$(f\circ g)(4)=-\dfrac{12}{5}$；$(f\circ g)(x)=\dfrac{6\sqrt{x}}{x-9}$；$(f\circ g)(x)$ 之定義域為 $[0,9)\cup(9,\infty)$.

【例題 3】 若 $f(x)=x^2-2$，且 $g(x)=3x+4$，求 $(f\circ g)(x)$ 與 $(g\circ f)(x)$.

【解】 $(f\circ g)(x)=f(g(x))=f(3x+4)=(3x+4)^2-2=9x^2+24x+14$
$(g\circ f)(x)=g(f(x))=g(x^2-2)=3(x^2-2)+4=3x^2-2$. ■

【例題 4】 已知二函數 $f(x)=\sqrt{x}$ 及 $g(x)=x^2+1$，求合成函數 $g\circ f$，$f\circ g$ 是否有意義？若有意義，則求之．

【解】 由已知得 f 的定義域 $A=[0,\infty)$，$f(A)=[0,\infty)$

g 的定義域 $B=(-\infty,\infty)$，$g(B)=[1,\infty)$

因 $f(A)\subset B$，故 $g\circ f$ 有意義，且

$$(g \circ f)(x) = g(f(x)) = g(\sqrt{x}) = (\sqrt{x})^2 + 1 = x + 1.$$

因 $g(B) \subset A$，故 $f \circ g$ 有意義，且

$$(f \circ g)(x) = f(g(x)) = f(x^2 + 1) = \sqrt{x^2 + 1}.$$ ∎

讀者應注意 $f \circ g$ 與 $g \circ f$ 並不相等，即函數的合成不一定具有交換律.

隨堂練習 6 若 $f(x) = x^2 - 1$，且 $g(x) = \sqrt{x+1}$，試求 $(f \circ g)(x)$ 與 $(g \circ f)(x)$.

答案：$(f \circ g)(x) = x$，$(g \circ f)(x) = x$.

【例題 5】 若 $H(x) = \sqrt[3]{2 - 3x}$，求 f 與 g 使得 $(f \circ g)(x) = H(x)$.

【解】 令 $f(x) = \sqrt[3]{x}$，$g(x) = 2 - 3x$

$$\therefore (f \circ g)(x) = f(g(x)) = f(2 - 3x) = \sqrt[3]{2 - 3x} = H(x).$$ ∎

隨堂練習 7 若 $H(x) = \left(1 - \dfrac{1}{x^2}\right)^2$，求 f 與 g 使得 $(f \circ g)(x) = H(x)$.

答案：$f(x) = x^2$，$g(x) = 1 - \dfrac{1}{x^2}$.

習題 5-2

1. 設 $f(x) = x^2 - 1$，$g(x) = \sqrt{2x - 1}$，求 $(f+g)(x)$，$(f-g)(x)$，$(f \cdot g)(x)$，$\left(\dfrac{f}{g}\right)(x)$.

2. 設 $f(x) = \dfrac{x-3}{2}$，$g(x) = \sqrt{x}$，求 $(f+g)(x)$，$(f-g)(x)$，$(f \cdot g)(x)$，$\left(\dfrac{f}{g}\right)(x)$.

3. 設 $f(x) = x^2 + x$，且 $g(x) = \dfrac{2}{x+3}$，試求

    (1) $(f-g)(2)$ (2) $\left(\dfrac{f}{g}\right)(1)$ (3) $g^2(3)$.

4. 已知二函數 $f(x) = 2x + 1$，$g(x) = x^2$，試問 $f \circ g$ 與 $g \circ f$ 是否相等？

5. 已知 $f(x)$ 與 $g(x)$ 的函數值如下：

x	1	2	3	4
$f(x)$	2	3	1	4

x	1	2	3	4
$g(x)$	4	3	2	1

求 $(f \circ g)(2)$，$(f \circ g)(4)$，$(g \circ f)(1)$，$(g \circ f)(3)$．

6. 在下列各函數中，求 $(f \circ g)(x)$ 與 $(g \circ f)(x)$．
   (1) $f(x) = \sqrt{x^2 + 4}$，$g(x) = \sqrt{7x^2 + 1}$．
   (2) $f(x) = 3x^2 + 2$，$g(x) = \dfrac{1}{3x^2 + 2}$．

7. 設 $f(x) = x^2 + 1$ 且 $g(x) = x + 1$，試證明 $(f \circ g)(x) \neq (g \circ f)(x)$．

8. 若 $H(x) = \left(\dfrac{1}{x+1}\right)^{10}$，求 f 與 g 使得 $(f \circ g)(x) = H(x)$．

9. 若 $H(x) = \sqrt[4]{x^2 + 2}$，求 f 與 g 使得 $(f \circ g)(x) = H(x)$．

10. 若 $H(x) = \sqrt{x^2 + x - 1}$，求 f 與 g 使得 $(f \circ g)(x) = H(x)$．

11. 設 $g(x) = \dfrac{ax+b}{cx-a}$，求 $g(g(x))$，$(a^2 + bc \neq 0)$．

若 $f(x) = \begin{cases} 1-x, & x \leq 1 \\ 2x-1, & x > 1 \end{cases}$，$g(x) = \begin{cases} 0, & x < 2 \\ -1, & x \geq 2 \end{cases}$，求下列各函數，並求其定義域．

12. $(f+g)(x)$ 13. $(f-g)(x)$ 14. $(f \cdot g)(x)$

15. 若 $f(x) = \begin{cases} \vdots \\ -3, & -3 \leq x < -2 \\ -2, & -2 \leq x < -1 \\ -1, & -1 \leq x < 0 \\ 0, & 0 \leq x < 1 \\ 1, & 1 \leq x < 2 \\ 2, & 2 \leq x < 3 \\ 3, & 3 \leq x < 4 \\ \vdots \end{cases}$　求 (1) $f(0.2)$，(2) $f(2.5)$，(3) $f(3)$ 之值．

16. 若 $f(x) = |x|$，$g(x) = x^2 + 1$，試證明 $(f \circ g)(x) = x^2 + 1$．

5-3 函數的圖形

設 f 為定義於 A 的實值函數，則對任意 $x \in A$，坐標平面上恰有一點 $(x, f(x))$ 與之對應，所有這種點所成的集合

$$\{(x, f(x)) \mid x \in A\} \text{ 稱為函數 } f \text{ 的圖形}$$

若 A 為有限集合，則其圖形亦為有限點的集合，故可於坐標平面上完全描出．
若 A 為無限集合，則其圖形亦為無限點的集合，此時可描出更多點，再將這些點連接起來以得其概略圖形．

【例題 1】 試作函數 $y = 3x - 6$ 的圖形．

【解】 求出一串 x 與 y 的對應值，列表如下：

x	$\cdots$	-1	0	1	2	3	$\cdots$
y	$\cdots$	-9	-6	-3	0	3	$\cdots$

描出表中各組對應數為坐標之點，並連接各點，可得所求的圖形為直線 $\overline{AB}$，凡是一次函數的圖形，均是直線，如圖 5-4 所示．

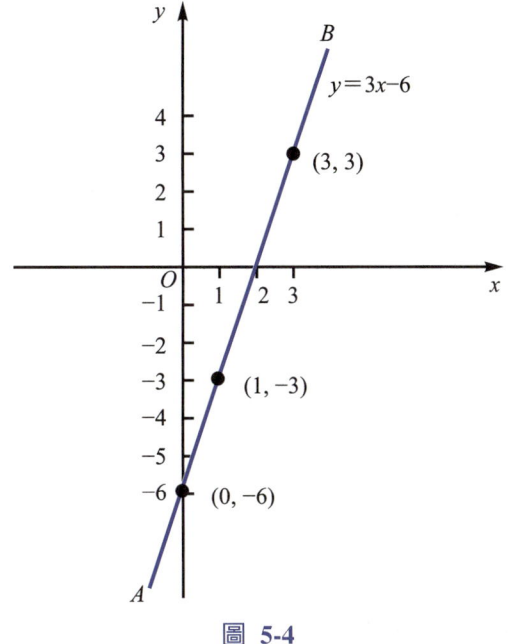

圖 5-4

隨堂練習 8 試作函數 $f(x)=|x-2|$ 的圖形.

　　答案：略

　　凡是由方程式 $y=ax^2+bx+c$，其中 a、b、$c \in \mathbb{R}$，且 $a \neq 0$ 所表示的函數稱為<u>二次函數</u>，記為 $y=f(x)=ax^2+bx+c$，x 為自變數，y 為應變數. 一個二次函數 $y=ax^2+bx+c$ 的圖形為拋物線，就是集合

$$\{(x,\ y)\,|\,y=ax^2+bx+c\}$$

在坐標平面上所對應的點集合.

【例題 2】　試繪二次函數 $y=x^2$ 與 $y=x^2+3$ 的圖形.

【解】　　　依據函數圖形的描繪，其圖形如圖 5-5 所示.

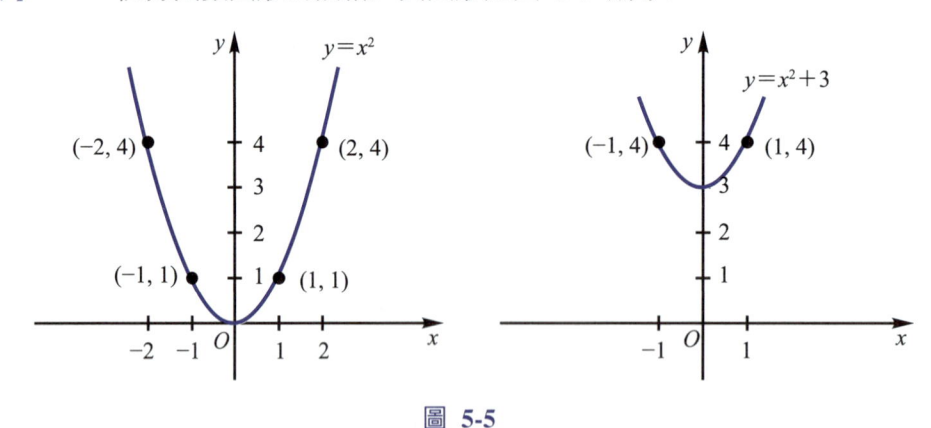

圖 5-5

【例題 3】　試作函數 $y=6x-2x^2$ 的圖形，並求此函數的最大值或最小值.

【解】　　　$y=6x-2x^2=-2(x^2-3x)$

$$=-2\left[x^2-3x+\frac{9}{4}-\frac{9}{4}\right]$$

$$=-2\left[\left(x-\frac{3}{2}\right)^2-\frac{9}{4}\right]$$

$$=\frac{9}{2}-2\left(x-\frac{3}{2}\right)^2$$

故求得二次函數所表拋物線之頂點為 $\left(\dfrac{3}{2},\ \dfrac{9}{2}\right)$，且拋物線之開口向下.

再依大小順序給予 x 一串的實數值，並求出函數 y 的各對應值，列表如下：

x	$\cdots$	-2	-1	0	1	2	3	4	$\cdots$
y	$\cdots$	-20	-8	0	4	4	0	-8	$\cdots$

用表中各組對應值為坐標，描出各點，再用平滑的曲線連接這些點，即得所求的圖形，如圖 5-6 所示.

因為圖形沒有最低點，所以函數沒有最小值. 圖形的最高點為 $\left(\dfrac{3}{2}, \dfrac{9}{2}\right)$，因此，函數有最大值 $\dfrac{9}{2}$.

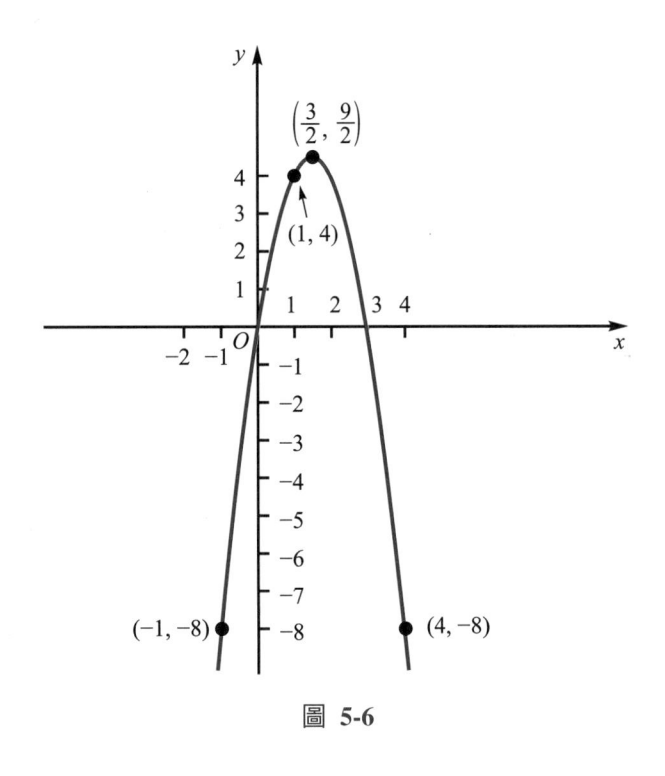

圖 5-6

隨堂練習 9　試作函數 $f(x) = \begin{cases} \sqrt{x-1} &,\ 若\ x \geq 1 \\ 1-x &,\ 若\ x < 1 \end{cases}$ 的圖形.

答案：略

描繪函數圖形時，若知圖形的對稱性，則對於圖形的描繪，助益甚多.

定義 5-5

> 設 f 為實函數，若 $f(x)=f(-x)$，$\forall x \in D_f$，則稱 f 為偶函數；若 $-f(x)=f(-x)$，$\forall x \in D_f$，則稱 f 為奇函數.

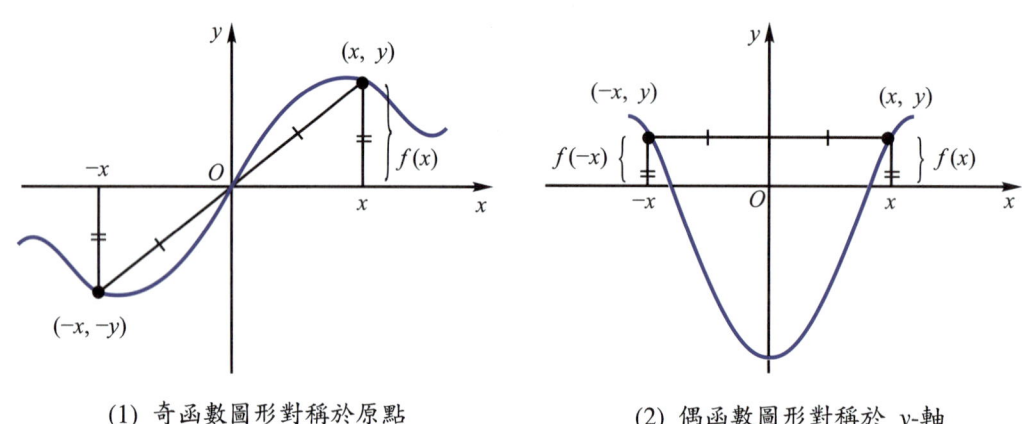

(1) 奇函數圖形對稱於原點　　(2) 偶函數圖形對稱於 y-軸

圖 5-7

上面兩個圖形（圖 5-7），分別表奇函數與偶函數，奇函數之圖形對稱於原點，偶函數之圖形對稱於 y-軸.

由上述之定義，我們可以考慮函數圖形的對稱性.

若 f 為偶函數，則

$$\text{點 } (x_0, y_0) \text{ 在 } f \text{ 的圖形上}$$
$$\Leftrightarrow y_0=f(x_0)=f(-x_0)$$
$$\Leftrightarrow \text{點 } (-x_0, y_0) \text{ 在 } f \text{ 的圖形上}$$

因 (x_0, y_0) 與 $(-x_0, y_0)$ 對 y-軸為對稱點，故 f 的圖形對稱於 y-軸.

若 f 為奇函數，則

$$\text{點 } (x_0, y_0) \text{ 在 } f \text{ 的圖形上}$$
$$\Leftrightarrow y_0=f(x_0)$$
$$\Leftrightarrow -y_0=-f(x_0)=f(-x_0)$$
$$\Leftrightarrow \text{點 } (-x_0, y_0) \text{ 在 } f \text{ 的圖形上}$$

因 (x_0, y_0) 與 $(-x_0, -y_0)$ 對原點為對稱點，故 f 的圖形對稱於原點.

隨堂練習 10 試證函數 $f(x) = 3x^4 + 2x^2 + 5$ 為一偶函數.

答案：略

【例題 4】 試繪出 $f(x) = |x|$ 的圖形.

【解】 $f(x) = |x| = |-x| = f(-x), \forall x \in \mathbb{R}$

故 f 為偶函數，且 f 的圖形對稱於 y-軸，如圖 5-8 所示，

當 $x \geq 0$，$f(x) = |x| = x$.

當 $x < 0$，$f(x) = |x| = -x$.

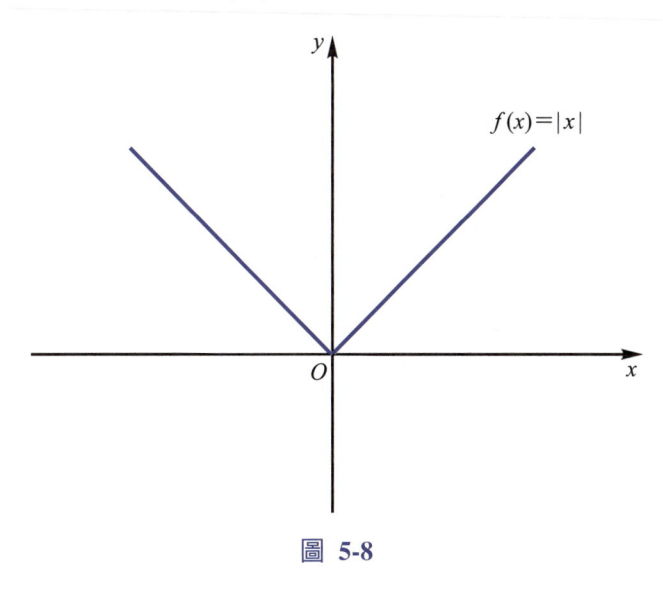

圖 5-8

【例題 5】 試繪出 $f(x) = \dfrac{1}{x}$ 的圖形.

【解】 $f(x) = \dfrac{1}{x}$，$-f(x) = -\dfrac{1}{x} = f(-x)$，故 f 為奇函數，且 f 的圖形對稱於原點，如圖 5-9 所示.

當 $x > 0$ 時，$f(x) = \dfrac{1}{x} > 0$；當 $x < 0$ 時，$f(x) = \dfrac{1}{x} < 0$.

圖 5-9

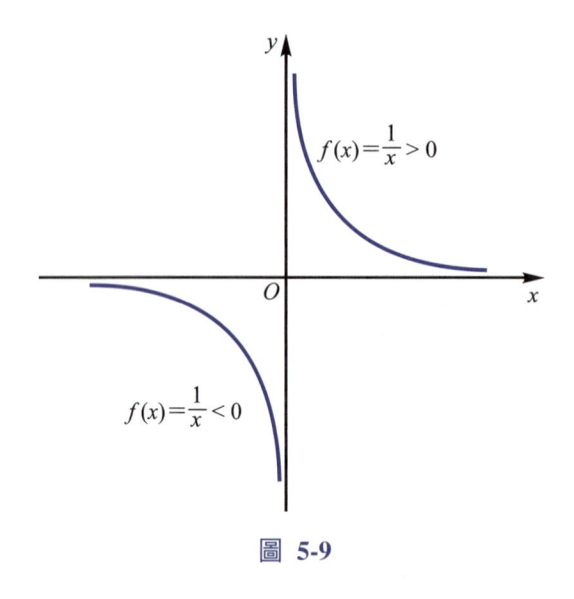

某些較複雜之函數圖形可由較簡單之函數圖形，利用平移的方法而得之．例如，對相同的 x 值，$y=x^2+2$ 的 y 值較 $y=x^2$ 的 y 值多 2，故 $y=x^2+2$ 之圖形在形狀上與 $y=x^2$ 之圖形相同，但位於 $y=x^2$ 圖形上方 2 個單位，如圖 5-10 所示．

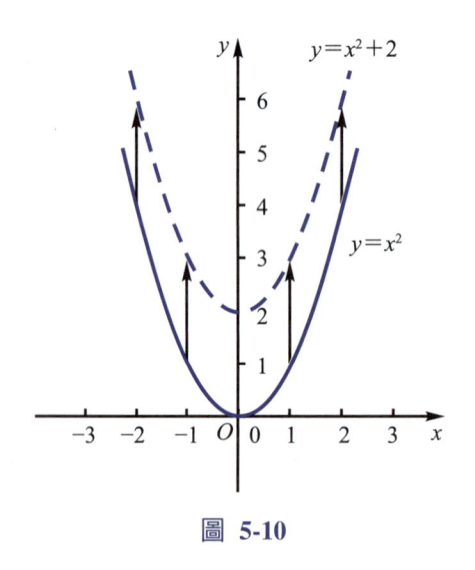

圖 5-10

一般而言，垂直平移 $(c>0)$ 敘述如下：

$y=f(x)+c$ 的圖形位於 $y=f(x)$ 的圖形上方 c 個單位．

$y=f(x)-c$ 的圖形位於 $y=f(x)$ 的圖形下方 c 個單位．

圖 5-11

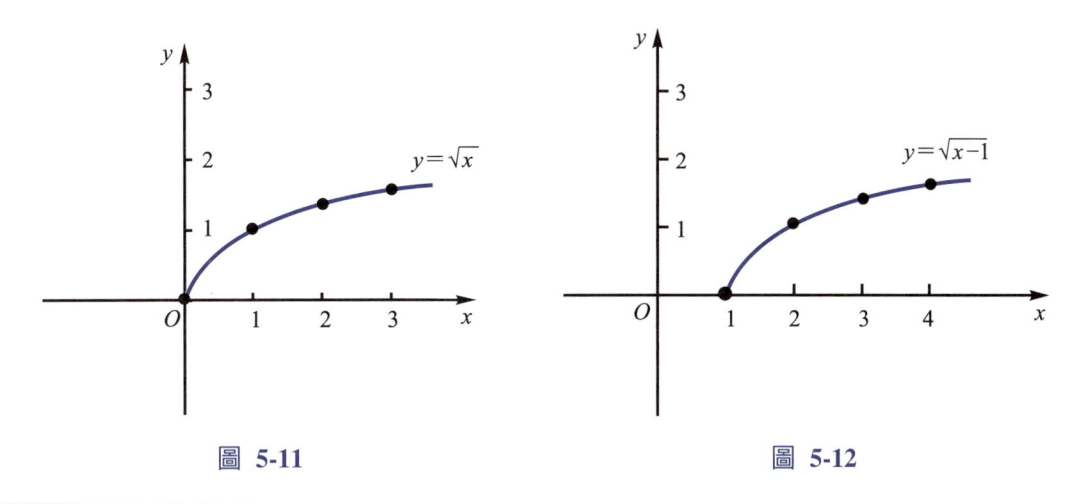

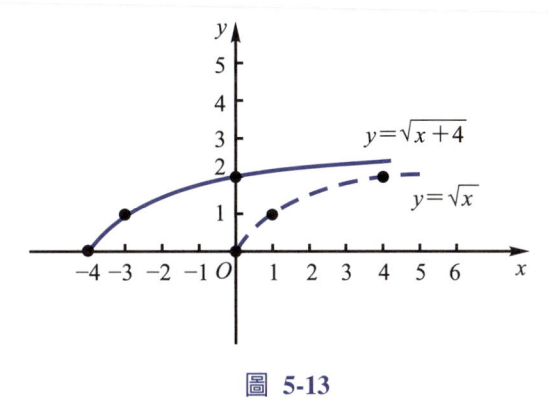

圖 5-12

圖 5-13

現在，我們考慮水平平移，例如，平方根函數 $f(x)=\sqrt{x}$ 的定義域為 $D_f = \{x \mid x \geq 0\}$，其圖形「開始」處在 $x=0$，如圖 5-11 所示.

考慮函數 $f(x)=\sqrt{x-1}$，其定義域為 $D_f=\{x \mid x \geq 1\}$，圖形的「開始」處在 $x=1$，如圖 5-12 所示. $y=\sqrt{x-1}$ 之圖形是將 $y=\sqrt{x}$ 之圖形向右平移一個單位而得.

一般而言，水平平移 ($c > 0$) 敘述如下：

$y=f(x-c)$ 之圖形是在 $y=f(x)$ 之圖形右邊 c 個單位.
$y=f(x+c)$ 之圖形是在 $y=f(x)$ 之圖形左邊 c 個單位.

如圖 5-13 所示.

下面的例題是關於分段可定義函數之圖形的描繪.

【例題 6】 作函數 $\begin{cases} x-1, & \text{若 } -2 < x \leq 1 \\ 2, & \text{若 } 1 < x < 2 \\ -x+2, & \text{若 } 2 \leq x \leq 4 \end{cases}$ 的圖形.

【解】 函數 f 之定義域為 $\{x \mid -2 < x \leq 4\}$，其圖形由三部分所組成：

在 $-2 < x \leq 1$ 之部分，與直線 $y = x-1$ 相同；

在 $1 < x < 2$ 之部分，與水平線 $y = 2$ 相同；

在 $2 \leq x \leq 4$ 之部分，與直線 $y = -x+2$ 相同；

其圖形如圖 5-14 所示.

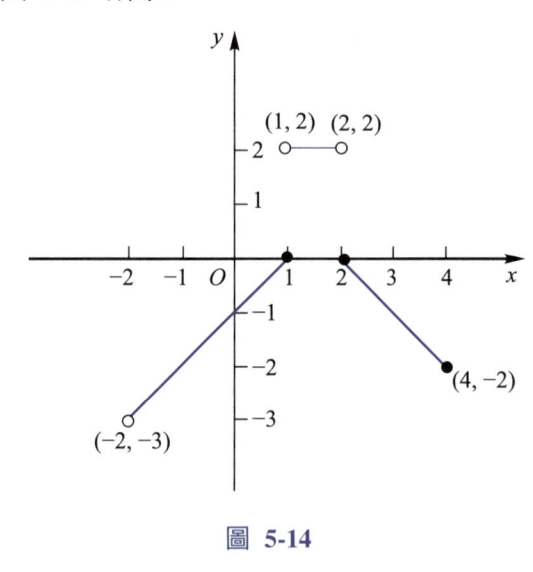

圖 5-14

隨堂練習 11 試繪出下列函數之圖形：

(1) $f(x) = |x-4|$，(2) $f(x) = |x+4|$.

答案：略

習題 5-3

試決定下列各函數為偶函數抑或奇函數？

1. $f(x) = x^4 + 1$　　　　**2.** $f(x) = \dfrac{3x}{x^2+1}$　　　　**3.** $f(x) = x^3 + x$

4. $f(x) = \dfrac{2x^2}{x^4+2}$ 5. $f(x) = x^3$ 6. $f(x) = x^6 + x^4 + 1$

7. $f(x) = |x^2 - 4|$

試作下列各函數的圖形.

8. $f(x) = -x - 1,\ -2 \leq x \leq 1$ 9. $y = f(x) = x^2 - 2$

10. $y = f(x) = -x^2$ 11. $y = f(x) = |x+1|$

12. $y = f(x) = \begin{cases} |x-1|, & \text{若 } x \neq 1 \\ 1, & \text{若 } x = 1 \end{cases}$ 13. $y = f(x) = \dfrac{2}{x-1}$

14. $y = f(x) = \begin{cases} x^2, & \text{若 } x \leq 0 \\ 2x+1, & \text{若 } x > 0 \end{cases}$ 15. $f(x) = \begin{cases} -x, & \text{若 } x < 0 \\ 2, & \text{若 } 0 \leq x < 1 \\ x^2, & \text{若 } x \geq 1 \end{cases}$

16. $f(x) = \begin{cases} x, & \text{若 } x \leq 1 \\ -x^2, & \text{若 } 1 < x < 2 \\ x, & \text{若 } x \geq 2 \end{cases}$

17. 設 $x \in \mathbb{R}$，令 $[[x]]$ 表示小於或等於 x 的最大整數，即，若 $n \leq x < n+1$，則 $[[x]] = n$, $n \in \mathbb{Z}$. $f(x) = [[x]]$ 稱之為 高斯函數，試繪其圖形.

18. 試繪 $f(x) = x - [[x]]$ 之圖形.

19. 先作 $h(x) = |x|$ 之圖形後，再利用平移方法作出 $g(x) = |x+3| - 4$ 之圖形.

20. 在同一坐標平面上先作 $f(x) = 2x^2$ 之圖形，再利用平移方法作出 $g(x) = 2(x-1)^2$ 之圖形.

6 不等式及其應用

本章學習目標

6-1 不等式的意義,絕對不等式

6-2 一元一次不等式

6-3 一元二次不等式

6-4 二元一次不等式

6-5 二元線性規劃

6-1　不等式的意義，絕對不等式

一、不等式的意義

含有實數的次序關係符號 "<"、">"、"≤"、"≥" 等的式子，稱為 不等式，下列各式：

$$2x+6>4$$
$$x+2y-5\leq 0$$
$$5x^2-x-4>0$$
$$x^2+x+2>0$$
$$|2x+5|\geq|x-1|$$

均稱為不等式．

使不等式成立之未知數的值，稱為不等式的 解，求不等式所有解所成的集合，稱為這個不等式的 解集合．

我們知道，實數可以比較大小．在實數軸上，兩個不同的點 A 與 B 分別表示兩個不同的實數 a 與 b，右邊的點所表示的數比左邊的點所表示的數大．

$$a-b>0 \Leftrightarrow a>b$$
$$a-b=0 \Leftrightarrow a=b$$
$$a-b<0 \Leftrightarrow a<b$$

由此可見，欲比較兩個實數的大小，只要考慮它們的差就可以了．

【例題 1】　比較 $(x^2+2)^2$ 與 x^4+2x^2+3 的大小．

【解】
$$(x^2+2)^2-(x^4+2x^2+3)=x^4+4x^2+4-x^4-2x^2-3$$
$$=2x^2+1>0$$

故　　$(x^2+2)^2>(x^4+2x^2+3)$．　　　■

隨堂練習 1　比較 $(x+2)(x+3)$ 與 $(x-1)(x+6)$ 的大小．

答案：$(x+2)(x+3)>(x-1)(x+6)$．

二、絕對不等式

凡含變數的不等式在變數限制範圍內恆成立者，我們稱之為絕對不等式．例如：$x^2 \geq 0$；$x^4+y^4 \geq 0$．此外，若不等式有解且非絕對不等式，則稱其為條件不等式，如：$|x-1| > 2$，$\sqrt{x} > 3$．

解不等式以及證明不等式，均得依據不等式的基本性質．這些性質也就是實數的次序關係，敘述如下：

設 a、b、c、$d \in \mathbb{R}$，

1. 若 $a > b$，且 $b > c$，則 $a > c$ (遞移律)．

2. (a) 若 $a > b > 0$，則 $\dfrac{1}{b} > \dfrac{1}{a} > 0$．

   (b) 若 $0 > a > b$，則 $0 > \dfrac{1}{b} > \dfrac{1}{a}$．

3. 若 $a > b$，則 $-b > -a$，反之亦然．

4. 若 $a > b$，則 $a+c > b+c$．

5. 若 $a > b$，且 $c > d$，則 $a+c > b+d$．

6. (a) 若 $a > b$，且 $c > 0$，則 $ac > bc$．

   (b) 若 $a > b$，且 $c < 0$，則 $ac < bc$．

7. 若 $a > b > 0$，且 $c > d > 0$，則 $ac > bd$．

8. $a > b > 0 \Rightarrow a^n > b^n$ $(n \in \mathbb{N})$．

9. $a > b > 0 \Rightarrow \sqrt[n]{a} > \sqrt[n]{b}$ $(n \in \mathbb{N})$．

由於不等式的形式是多樣的，所以不等式的證明方法也就不同．下面將舉例說明一些常用的證明方法．

我們已經知道，$a-b > 0 \Leftrightarrow a > b$．因此，欲證明 $a > b$，只要證明 $a-b > 0$．這是證明不等式時常用的一種方法，稱為比較法．

【例題 2】 試證：$x^2+4 > 3x$.

【解】 因 $(x^2+4)-3x = x^2-3x+\left(\dfrac{3}{2}\right)^2-\left(\dfrac{3}{2}\right)^2+4$

$$= \left(x-\dfrac{3}{2}\right)^2+\dfrac{7}{4} \geq \dfrac{7}{4} > 0$$

故 $x^2+4 > 3x$. ∎

【例題 3】 設 a、b、c 為三個實數，試證：$a^2+b^2+c^2 \geq ab+bc+ca$.

【解】 $a^2+b^2+c^2-(ab+bc+ca) = \dfrac{1}{2}[2a^2+2b^2+2c^2-2(ab+bc+ca)]$

$$= \dfrac{1}{2}[(a-b)^2+(b-c)^2+(c-a)^2]$$

因 a、b、c 為實數，可知 $(a-b)^2 \geq 0$，$(b-c)^2 \geq 0$，$(c-a)^2 \geq 0$，所以，

$$\dfrac{1}{2}[(a-b)^2+(b-c)^2+(c-a)^2] \geq 0$$

故 $a^2+b^2+c^2 \geq ab+bc+ca$.

上式等號成立的充要條件為 $a=b=c$. ∎

隨堂練習 2 設 a 為正數，試證 $a+\dfrac{1}{a} \geq 2$.

答案：略

我們還常常利用下面的性質證明不等式.

1. 若 a、$b \in \mathbb{R}$，則 $a^2+b^2 \geq 2ab$（等號成立的充要條件是 $a=b$）.

2. 若 $a > 0$，$b > 0$，則 $\dfrac{a+b}{2} \geq \sqrt{ab}$，即，算術平均數 $\geq$ 幾何平均數（等號成立的充要條件是 $a=b$）.

3. 若 a_1，a_2，$\cdots$，$a_n > 0$，則 $\dfrac{a_1+a_2+\cdots+a_n}{n} \geq \sqrt[n]{a_1 a_1 \cdots a_n}$（等號成立的充要條件

是 $a_1 = a_2 = \cdots = a_n$).

【例題 4】 已知 $x > 0$, $y > 0$, $z > 0$，試證：$\dfrac{x}{y} + \dfrac{y}{z} + \dfrac{z}{x} \geq 3$.

【解】 因 $x > 0$, $y > 0$, $z > 0$，可得

$$\dfrac{\dfrac{x}{y} + \dfrac{y}{z} + \dfrac{z}{x}}{3} \geq \sqrt[3]{\dfrac{x}{y} \cdot \dfrac{y}{z} \cdot \dfrac{z}{x}} = 1$$

故 $\dfrac{x}{y} + \dfrac{y}{z} + \dfrac{z}{x} \geq 3$. ▣

【例題 5】 若 a、b、c 均為正數，試證：$(a+b)(b+c)(c+a) \geq 8abc$.

(提示：利用算術平均數 $\geq$ 幾何平均數，即 $\dfrac{a+b}{2} \geq \sqrt{ab}$.)

【解】 因 a、b、c 均為相異的正數，可得

$$\dfrac{a+b}{2} \geq \sqrt{ab}, \quad \dfrac{b+c}{2} \geq \sqrt{bc}, \quad \dfrac{c+a}{2} \geq \sqrt{ca}$$

則 $a+b \geq 2\sqrt{ab}, \quad b+c \geq 2\sqrt{bc}, \quad c+a \geq 2\sqrt{ca}$

故 $(a+b)(b+c)(c+a) \geq 8\sqrt{a^2b^2c^2} = 8abc.$ ▣

我們可以利用某些已經證明過的不等式（如上面所給的性質）作為基礎，再運用不等式的性質推導出所要證明的不等式，這種證明的方法稱為綜合法.

【例題 6】 設 a、b、c、d 均非負數，試證：

$$\dfrac{a+b+c+d}{4} \geq \sqrt[4]{abcd}.$$

【解】 因為 $\dfrac{a+b}{2} \geq \sqrt{ab}$, $\dfrac{c+d}{2} \geq \sqrt{cd}$

$$\therefore \dfrac{\dfrac{a+b}{2} + \dfrac{c+d}{2}}{2} \geq \sqrt{\left(\dfrac{a+b}{2}\right) \cdot \left(\dfrac{c+d}{2}\right)}$$

$$\Rightarrow \frac{a+b+c+d}{4} \geq \sqrt{\left(\frac{a+b}{2}\right) \cdot \left(\frac{c+d}{2}\right)}$$

$$\Rightarrow \left(\frac{a+b+c+d}{4}\right)^2 \geq \frac{a+b}{2} \cdot \frac{c+d}{2} \geq \sqrt{ab} \cdot \sqrt{cd} = \sqrt{abcd}$$

$$\therefore \frac{a+b+c+d}{4} \geq \sqrt[4]{abcd} \ .$$

【例題 7】 設 $x>0$，$y>0$，且 $6x+5y=8$，試求 xy 的最大值，此時 x 與 y 之值各為多少？

【解】 因 $x>0$，$y>0$

所以， $8 = 6x+5y \geq 2\sqrt{6x \cdot 5y}$

於 $6x=5y=4$ 時 "$=$" 成立，即

$$4 \geq \sqrt{30xy} \Leftrightarrow 16 \geq 30xy \Leftrightarrow xy \leq \frac{8}{15}$$

故 $x=\dfrac{2}{3}$，$y=\dfrac{4}{5}$ 時，xy 有最大值 $\dfrac{8}{15}$．

【例題 8】 設 xy 為整數，且 $xy=8$，試求 x^2+y^2 的最小值．

【解】 因 $$\frac{x^2+y^2}{2} \geq \sqrt{x^2 y^2}$$

故 $x^2+y^2 \geq 2\sqrt{(xy)^2} \Rightarrow x^2+y^2 \geq 2|xy| \Rightarrow x^2+y^2 \geq 16$

故 x^2+y^2 的最小值為 16．

隨堂練習 3　設 $x>0$，$y>0$，求 $\left(4x-\dfrac{1}{y}\right)\left(9y-\dfrac{1}{x}\right)$ 的最小值．

答案：-1．

證明不等式時，有時可以由所求證的不等式出發，分析出使這個不等式成立的條件，將證明這個不等式轉化為判定這些條件是否具備的問題．如果能夠肯定這些條件都已具備，那麼就可以斷定原不等式成立，這種證明方法通常稱為分析法．

【例題 9】 試證：$\sqrt{2}+\sqrt{7}<\sqrt{3}+\sqrt{6}$．

【解】 方法 1：為了要證明
$$\sqrt{2}+\sqrt{7}<\sqrt{3}+\sqrt{6}$$
只需證明
$$(\sqrt{2}+\sqrt{7})^2<(\sqrt{3}+\sqrt{6})^2$$
展開得 $\qquad 9+2\sqrt{14}<9+2\sqrt{18}$

即 $\qquad 2\sqrt{14}<2\sqrt{18}$

$$\sqrt{14}<\sqrt{18}$$

$$14<18$$

因為 $14<18$ 成立，所以
$$\sqrt{2}+\sqrt{7}<\sqrt{3}+\sqrt{6}$$
成立．

方法 2：因 $14<18$，可得
$$\sqrt{14}<\sqrt{18}, \; 2\sqrt{14}<2\sqrt{18}$$
$$9+2\sqrt{14}<9+2\sqrt{18}$$
$$(\sqrt{2}+\sqrt{7})^2<(\sqrt{3}+\sqrt{6})^2$$
所以 $\qquad \sqrt{2}+\sqrt{7}<\sqrt{3}+\sqrt{6}$． ∎

隨堂練習 4　已知 a、b 與 c 均為正數，且 $a<b$，試證：
$$\frac{a+c}{b+c}>\frac{a}{b}．$$

答案：略

習題 6-1

1. 已知 $x > 1$，比較 x^3 與 $x^2 - x + 1$ 的大小．

2. 比較 $(x+5)(x+7)$ 與 $(x+6)^2$ 的大小．

3. 比較 $(2a+1)(a-3)$ 與 $(a-6)(2a+7)+45$ 的大小．

4. 已知 $a > 0$, $b > 0$, 且 $a \neq b$, 試證：$a^4 + b^4 > a^3 b + ab^3$．

5. 試證：若 $a > 0$, $b > 0$, $c > 0$, 則 $a^3 + b^3 + c^3 \geq 3abc$（等號成立的充要條件是 $a = b = c$）．

6. 已知 $a > 0$, $b > 0$, 且 $a \neq b$, 試證：$a^5 + b^5 > a^3 b^2 + a^2 b^3$．（提示：$a^3 - b^3 = (a-b)(a^2 + ab + b^2)$．）

7. 設 $a > 0$, $b > 0$, 試證：$\dfrac{a+b}{2} \geq \sqrt{ab} \geq \dfrac{2ab}{a+b}$（即，算術平均數 ≥ 幾何平均數 ≥ 調和平均數）．

8. 設 a、b、c 為正數，試證：$\dfrac{1}{a} + \dfrac{1}{b} + \dfrac{1}{c} \geq \dfrac{9}{a+b+c}$．

9. 設 x、y 與 z 均為正數，試證：$(x+y+z)^3 \geq 27xyz$．

10. 已知 a、b、c 均為相異的正數，試證：$a + b + c > \sqrt{ab} + \sqrt{bc} + \sqrt{ca}$．

11. 已知 $x > 0$, $y > 0$, 試證：$\dfrac{x}{y} + \dfrac{y}{x} \geq 2$．

12. 試證：當 $x > 0$ 時，$x + \dfrac{16}{x}$ 的最小值為 8．

13. 求函數 $f(x) = 3x^2 + \dfrac{1}{2x^2}$ 的最小值．

14. 求函數 $f(x) = x^2 + \dfrac{9}{x^2} + 4$ 的最小值．

15. 設 a、$b \in \mathbb{R}$，試證明 $a^2 + b^2 > a + b - 1$．

16. 設 $a > 0$, $b > 0$, 試證明 $(a+b)(a^3 + b^3) \geq (a^2 + b^2)^2$．

17. 設 α、$\beta \in \mathbb{R}$, 若 $\alpha\beta > 1$, 試證：$\alpha^2 + \beta^2 > 2$．

6-2　一元一次不等式

一個不等式在經過移項化簡之後，凡是可寫成形如下列的不等式，稱為**一元一次不等式**：

$$ax+b>0$$
$$ax+b\geq 0$$
$$ax+b<0$$
$$ax+b\leq 0$$

其中 a、b 均是實數，且 $a\neq 0$.

我們都知道，如果兩個不等式的解集合相等，那麼這兩個不等式就稱為**同解不等式**. 一個不等式變形為另一個不等式時，如果這兩個不等式是同解不等式，那麼這種變形就稱為不等式的**同解變形**.

1. 設 $a>0$.

$$ax+b>0 \Leftrightarrow x>-\frac{b}{a}, \text{ 解集合為 } A=\left\{x\middle|x>-\frac{b}{a}\right\}.$$

$$ax+b\geq 0 \Leftrightarrow x\geq -\frac{b}{a}, \text{ 解集合為 } A=\left\{x\middle|x\geq -\frac{b}{a}\right\}.$$

如圖 6-1 所示.

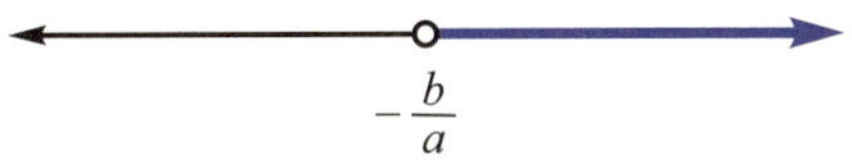

(1) $A=\left\{x\middle|x>-\frac{b}{a}\right\}$，其中 "○" 表示解集合不包含點 $-\frac{b}{a}$.

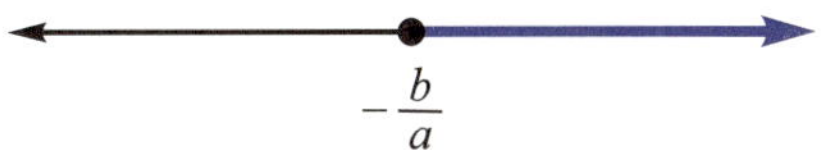

(2) $A=\left\{x\middle|x\geq -\frac{b}{a}\right\}$，其中 "●" 表示解集合包含點 $-\frac{b}{a}$.

圖 6-1

2. 設 $a<0$.

$$ax+b>0 \Leftrightarrow x<-\frac{b}{a}, \text{ 解集合為 } A=\left\{x\middle|x<-\frac{b}{a}\right\}.$$

$$ax+b \geq 0 \Leftrightarrow x \leq -\frac{b}{a}, \quad 解集合為 \ A = \left\{ x \,\middle|\, x \leq -\frac{b}{a} \right\}.$$

如圖 6-2 所示．

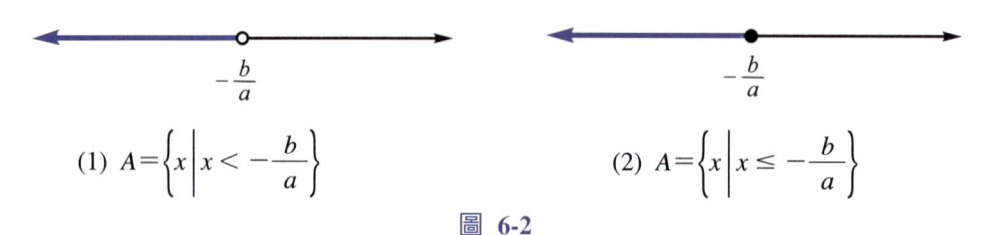

(1) $A = \left\{ x \,\middle|\, x < -\frac{b}{a} \right\}$ (2) $A = \left\{ x \,\middle|\, x \leq -\frac{b}{a} \right\}$

圖 6-2

對於一元一次不等式

$$ax+b < 0$$

的解亦可以同樣方式討論，其解集合為

$$A = \left\{ x \,\middle|\, x < -\frac{b}{a} \right\}, \quad 當 \ a > 0；$$

或

$$A = \left\{ x \,\middle|\, x > -\frac{b}{a} \right\}, \quad 當 \ a < 0.$$

如圖 6-3 所示．

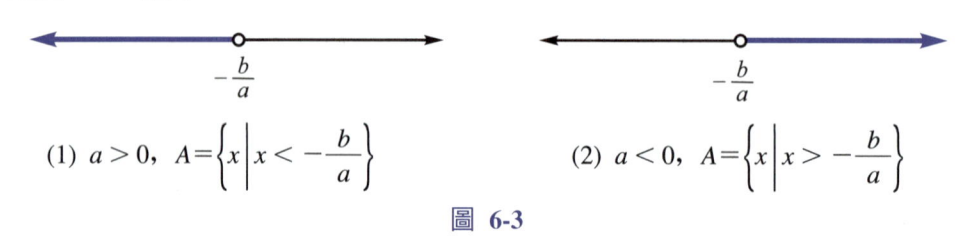

(1) $a > 0$, $A = \left\{ x \,\middle|\, x < -\frac{b}{a} \right\}$ (2) $a < 0$, $A = \left\{ x \,\middle|\, x > -\frac{b}{a} \right\}$

圖 6-3

同理，我們可探討一元一次不等式 $ax+b \leq 0$ 的解集合為

$$A = \left\{ x \,\middle|\, x \leq -\frac{b}{a} \right\}, \quad 當 \ a > 0；$$

或

$$A = \left\{ x \,\middle|\, x \geq -\frac{b}{a} \right\}, \quad 當 \ a < 0.$$

【例題 1】 解不等式 $-4x+28 \geq 0$.

【解】 $28 \geq 4x \Rightarrow x \leq 7.$ ∎

【例題 2】 解不等式 $2(x+1)+\dfrac{x-2}{3}>\dfrac{7}{2}x-1$.

【解】 兩邊乘以 6，可得
$$12(x+1)+2(x-2)>21x-6$$
$$14x+8>21x-6$$
移項整理，
$$-7x>-14$$
$$x<2$$

故解集合為 $A=\{x\,|\,x<2\}$，圖形如圖 6-4 所示.

圖 6-4

【例題 3】 求解 $|2x-1|\geq 5$.

【解】 (1) 當 $x\geq\dfrac{1}{2}$
$$|2x-1|=2x-1\geq 5\Rightarrow 2x\geq 6\Rightarrow x\geq 3.$$
(2) 當 $x<\dfrac{1}{2}$
$$|2x-1|=-(2x-1)\geq 5\Rightarrow 2x-1\leq -5\Rightarrow 2x\leq -4\Rightarrow x\leq -2.$$
由 (1)、(2) 可得 $x\leq -2$ 或 $x\geq 3$.

【例題 4】 求解 $5\leq|2x-1|+|x+3|<8$.

【解】 分成 $x\geq\dfrac{1}{2}$，$-3<x<\dfrac{1}{2}$，$x\leq -3$ 等三個情形討論：

(1) 當 $x\geq\dfrac{1}{2}$ 時，
$$5\leq|2x-1|+|x+3|<8\Rightarrow 5\leq(2x-1)+(x+3)<8$$
$$\Rightarrow 5\leq 3x+2<8\Rightarrow 3\leq 3x<6$$
$$\Rightarrow 1\leq x<2$$

但 $x \geq \dfrac{1}{2}$，故 $1 \leq x < 2$.

(2) 當 $-3 < x < \dfrac{1}{2}$ 時，

$$5 \leq |2x-1| + |x+3| < 8 \Rightarrow 5 \leq (1-2x) + (x+3) < 8$$
$$\Rightarrow 5 \leq -x+4 < 8$$
$$\Rightarrow 1 \leq -x < 4$$
$$\Rightarrow -4 < x \leq -1$$

但 $-3 < x < \dfrac{1}{2}$，故 $-3 < x \leq -1$.

(3) 當 $x \leq -3$ 時，

$$5 \leq |2x-1| + |x+3| < 8 \Rightarrow 5 \leq (1-2x) - (x+3) < 8$$
$$\Rightarrow 5 \leq -2-3x < 8$$
$$\Rightarrow 7 \leq -3x < 10$$
$$\Rightarrow -\dfrac{10}{3} < x \leq -\dfrac{7}{3}$$

但 $x \leq -3$，故 $-\dfrac{10}{3} < x \leq -3$.

由 (1)、(2)、(3) 可得 $1 \leq x < 2$ 或 $-\dfrac{10}{3} < x \leq -1$. ∎

【例題5】 解不等式 $|3-2x| \leq |x+4|$，並作解集合之圖形.

【解】 $|3-2x| \leq |x+4| \Rightarrow \sqrt{(3-2x)^2} \leq \sqrt{(x+4)^2}$
$\Rightarrow (3-2x)^2 \leq (x+4)^2$
$\Rightarrow 9 - 12x + 4x^2 \leq x^2 + 8x + 16$
$\Rightarrow 3x^2 - 20x - 7 \leq 0$
$\Rightarrow (x-7)(3x+1) \leq 0$
$\Rightarrow -\dfrac{1}{3} \leq x \leq 7$

故解集合為 $\left\{x \mid -\dfrac{1}{3} \leq x \leq 7\right\} = \left[-\dfrac{1}{3},\ 7\right]$，如圖 6-5 所示.

圖 6-5

【例題 6】 解不等式

$$\begin{cases} 2(1+2x) < 3(3+x) \\ \dfrac{1}{3}(x-1) > \dfrac{x}{2} - \dfrac{1}{5} \end{cases}$$

【解】 將原式整理為

$$\begin{cases} x-7 < 0 \\ 5x+4 < 0 \end{cases} \Rightarrow \begin{cases} x < 7 \quad \cdots\cdots\cdots\cdots\cdots\cdots\cdots ① \\ x < -\dfrac{4}{5} \quad \cdots\cdots\cdots\cdots\cdots ② \end{cases}$$

如圖 6-6 所示 ① 與 ② 之交集，故 $x < -\dfrac{4}{5}$.

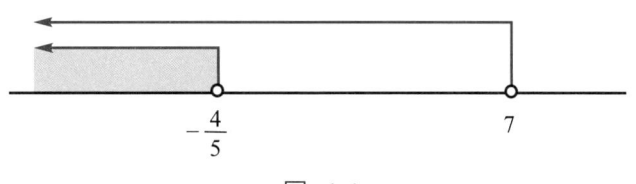

圖 6-6

隨堂練習 5　$|x+2| \leq 1$.

答案：$-3 \leq x \leq -1$.

隨堂練習 6　解 $|3x-1| < x+2$，並作解集合之圖形.

答案：$x \in \left(-\dfrac{1}{4},\ \dfrac{3}{2}\right)$.

習題 6-2

試解下列各不等式.

1. $2x-11 > 5-3x$

2. $\dfrac{2}{3}(x+3) < \dfrac{4}{5}(2x+5)$

3. $\dfrac{1}{3}(x-6)+5 < \dfrac{1}{4}(2-3x)$

4. $|x+2| > \dfrac{3x+14}{5}$

5. $3(x+5)-\dfrac{2}{3} \geq 2x-\dfrac{3}{2}$

6. $\dfrac{5x+7}{5}-\dfrac{x+7}{5} > \dfrac{3x+2}{3}-\dfrac{2}{7}x$

7. $2 \leq |x-1| \leq 5$

8. $|5-|x-1|| \leq 3$

9. $||x-2|-3| > 1$

10. $|2x-1|+|x-5|-|x-7|=15$

11. $|x+1|+3x \leq |7x-4|$

12. $|x-3|+1 > 2|2-5x|+15$

試解下列不等式組.

13. $\begin{cases} 2x+1 < 7 \\ 3x-1 > 2 \end{cases}$

14. $\begin{cases} \dfrac{x}{2}+\dfrac{1}{3} > \dfrac{x}{4}+\dfrac{1}{5} \\ |x| \leq 2 \end{cases}$

15. $\begin{cases} x+1 < 2x-4 \\ 3x-2 > 1 \end{cases}$

16. $\begin{cases} x-1 < 0 \\ 2x+5 > 0 \\ 3x-6 < 0 \end{cases}$

6-3　一元二次不等式

我們在第 1 章與第 5 章中已分別介紹過一元二次方程式與二次函數. 現在我們要來討論如何解一元二次不等式.

設 a、b、c 均為實數, 且 $a \neq 0$, 則形如

$$ax^2+bx+c > 0$$
$$ax^2+bx+c \geq 0$$
$$ax^2+bx+c < 0$$

$$ax^2+bx+c \leq 0$$

的式子，稱為一元二次不等式.

若 α 為一實數，以 $x=\alpha$ 代入 x 的二次不等式中，能使不等式成立，則實數 α 稱為此二次不等式的一解；一元二次不等式有解時，常有無限多個解，不能一一列舉，於是所有這些解所成的集合，稱為一元二次不等式的解集合.

【例題 1】 解不等式 $x^2-7x+12>0$.

【解】 由原不等式可得

$$(x-3)(x-4)>0$$

將 $x-3$ 與 $x-4$ 看作兩個數，其乘積大於 0，必定兩數均大於 0，或兩數均小於 0. 再利用下表討論上式的解：

x 的範圍	$x<3$	$3<x<4$	$4<x$
$x-3$	−	+	+
$x-4$	−	−	+
$(x-3)(x-4)$	+	−	+

故此不等式的解為

$$x<3 \text{ 或 } x>4$$

或　　　　　　　　$x \in (-\infty, 3) \cup (4, \infty)$

以圖形表示即得圖 6-7 中的色線條的部分，但不含端點.

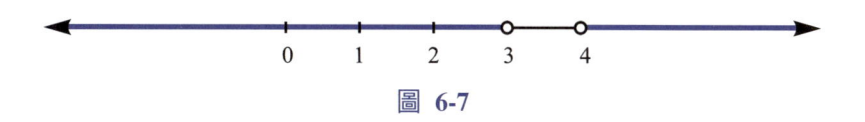

圖 6-7

【例題 2】 解 $x^2-2x-3<0$.

【解】 由原不等式可得

$$(x+1)(x-3)<0$$

將 $x+1$ 與 $x-3$ 看作兩個數，它們的乘積小於 0，則它們必定為異號. 再利用下表討論上式的解：

x 的範圍	$x<-1$	$-1<x<3$	$3<x$
$x+1$	$-$	$+$	$+$
$x-3$	$-$	$-$	$+$
$(x+1)(x-3)$	$+$	$-$	$+$

故此不等式的解為

$$-1<x<3$$

或 $\qquad x\in(-1,\ 3)$

若以圖形表示，則為圖 6-8 中的色線條的部分，但不含端點．

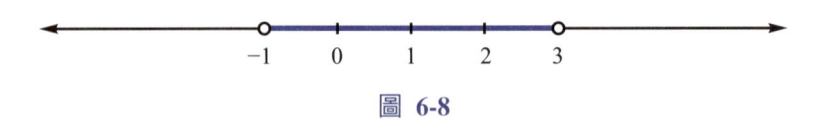

圖 6-8

隨堂練習 7 解一元二次不等式 $2x^2+x-3<0$．

答案：$x\in\left(-\dfrac{3}{2},\ 1\right)$．

一元二次不等式的解與二次函數有密切的關係，設 $f(x)=ax^2+bx+c\ (a>0)$，其圖形為開口向上且最低點為 $\left(-\dfrac{b}{2a},\ f\left(-\dfrac{b}{2a}\right)\right)$ 的拋物線，其中 $f\left(-\dfrac{b}{2a}\right)=\dfrac{4ac-b^2}{4a}$．

設 $a\neq 0$，

$$f(x)=ax^2+bx+c=0 \Leftrightarrow f(x)=a\left(x+\dfrac{b}{2a}\right)^2+\dfrac{4ac-b^2}{4a}=0$$

$$\Leftrightarrow f(x)=a\left(x+\dfrac{b}{2a}\right)^2-\dfrac{b^2-4ac}{4a}=0$$

$$\Leftrightarrow a\left(x+\dfrac{b}{2a}\right)^2=\dfrac{b^2-4ac}{4a}$$

$$\Leftrightarrow x+\dfrac{b}{2a}=\pm\sqrt{\dfrac{b^2-4ac}{4a^2}}$$

$$\Leftrightarrow x = -\frac{b}{2a} \pm \frac{\sqrt{b^2-4ac}}{2a}$$

$$\Leftrightarrow x = \frac{-b \pm \sqrt{\Delta}}{2a} \tag{6-3-1}$$

故二次方程式 $f(x)=ax^2+bx+c=0$ 的二根分別為 $\alpha = \dfrac{-b+\sqrt{\Delta}}{2a}$ 與 $\beta = \dfrac{-b-\sqrt{\Delta}}{2a}$．現就 $\Delta > 0$、$\Delta = 0$ 與 $\Delta < 0$ 分別討論一元二次不等式的解．

1. 設 $a > 0$，$\Delta > 0$．$f(x)=ax^2+bx+c=a(x-\alpha)(x-\beta) > 0 \Leftrightarrow (x-\alpha)(x-\beta) > 0 \Leftrightarrow x < \alpha$ 或 $x > \beta$ (設 $\alpha < \beta$)．由圖 6-9 所示，亦可得知，$ax^2+bx+c \geq 0 \Leftrightarrow x \leq \alpha$ 或 $x \geq \beta$ (設 $\alpha < \beta$)，又知 $ax^2+bx+c \leq 0 \Leftrightarrow \alpha \leq x \leq \beta$．

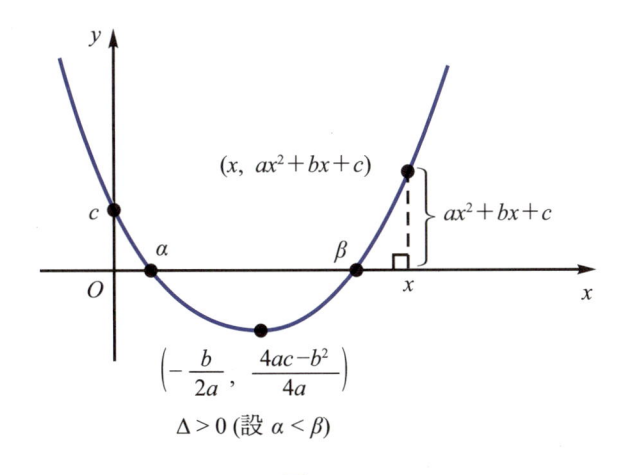

圖 6-9

2. 設 $a > 0$，$\Delta = 0$．$f(x)=ax^2+bx+c=a(x-\alpha)^2 > 0 \Leftrightarrow (x-\alpha)^2 > 0 \Leftrightarrow x \in \mathbb{R}$ 且 $x \neq \alpha$．由圖 6-10 所示，亦可得知，$ax^2+bx+c > 0 \Leftrightarrow x \in \mathbb{R}$ 且 $x \neq \alpha$．又，$f(x)=ax^2+bx+c < 0$ 在 $a > 0$，$\Delta = 0$ 時，可化為

$$f(x) = a\left(x+\frac{b}{2a}\right)^2 < 0 \tag{6-3-2}$$

但當 $a > 0$ 時，$a\left(x+\dfrac{b}{2a}\right)^2 \geq 0$，因此無法找到實數 x 滿足式 (6-3-2)，故

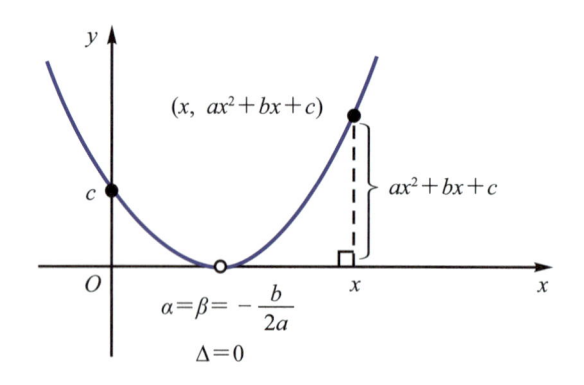

圖 6-10

當 $a>0$，$\Delta=0$ 時，不等式 $ax^2+bx+c<0$ 無解.

3. 設 $a>0$，$\Delta<0$. $f(x)=ax^2+bx+c>0$ 可化為

$$f(x)=a\left(x+\frac{b}{2a}\right)^2+\frac{4ac-b^2}{4a} \geq \frac{4ac-b^2}{4a} > 0$$

因此，$f(x)=ax^2+bx+c>0 \Leftrightarrow x \in \mathbb{R}$. 由圖 6-11 所示，亦可得知，$ax^2+bx+c>0 \Leftrightarrow x \in \mathbb{R}$.

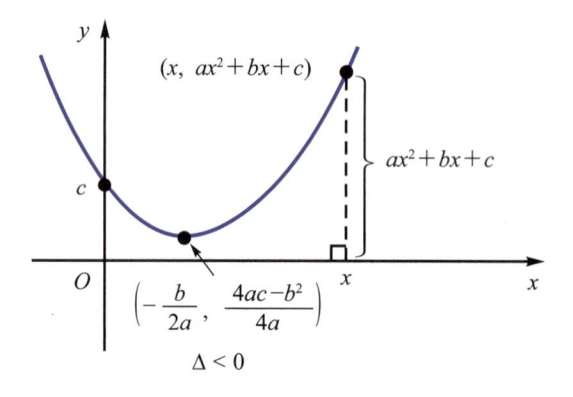

圖 6-11

又，$f(x)=ax^2+bx+c<0$ 可化為

$$f(x)=a\left(x+\frac{b}{2a}\right)^2-\frac{b^2-4ac}{4a}<0 \qquad (6\text{-}3\text{-}3)$$

若 $a>0$，$\Delta<0$，則式 (6-3-3) 不等號的左邊恆大於 0，故找不到實數 x 滿足式

(6-3-3)，此時不等式 $ax^2+bx+c<0$ 無解.

綜合以上所論，二次不等式的解法如下：

設 $a>0$. 將不等式化為標準式：

$\qquad ax^2+bx+c>0$ ……………………………………………………①

或 $\qquad ax^2+bx+c<0$ ……………………………………………………②

1. 若上式可分解因式，則將不等式變為：

$\qquad a(x-\alpha)(x-\beta)>0$ …………………………………………………①′

或 $\qquad a(x-\alpha)(x-\beta)<0$ …………………………………………………②′

$\hfill$(此處設 $\alpha<\beta$)

可得①式的解為 $x<\alpha$ 或 $x>\beta$，②式的解為 $\alpha<x<\beta$.

2. 若上式不會（或不能）分解因式，則當 $\Delta>0$ 時，先求出 $ax^2+bx+c=0$ 的二根 α、β ($\alpha<\beta$)，可得①式的解為 $x<\alpha$ 或 $x>\beta$，②式的解為 $\alpha<x<\beta$.

【例題 3】 試解下列各一元二次不等式，並作解集合之圖形.

(1) $x^2-5x+6 \geq 0$ 　　(2) $-2x^2+8x-8<0$

(3) $-8+x-4x^2>0$ 　　(4) $x^2-x+1>0$

【解】 (1) $\Delta=b^2-4ac=(-5)^2-4\cdot1\cdot6=25-24=1>0$

故方程式 $x^2-5x+6=0$ 有兩相異實根.

$x^2-5x+6\geq0 \Leftrightarrow (x-2)(x-3)\geq0 \Leftrightarrow x\leq2$ 或 $x\geq3$.

此不等式的解集合為 $x\in(-\infty,\ 2]\cup[3,\ \infty)$，如圖 6-12 所示.

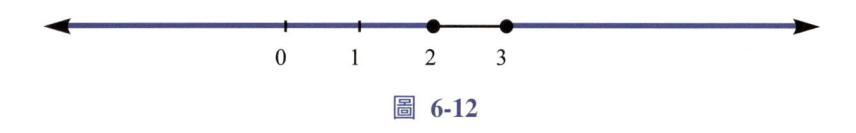

圖 6-12

(2) $-2x^2+8x-8<0 \Leftrightarrow x^2-4x+4>0 \Leftrightarrow (x-2)^2>0 \Leftrightarrow x\in\mathbb{R},\ x\neq2$. 此不等式的解集合為 $\{x\,|\,x\neq2\}$，如圖 6-13 所示.（注意：本題 $\Delta=0$.）

圖 6-13

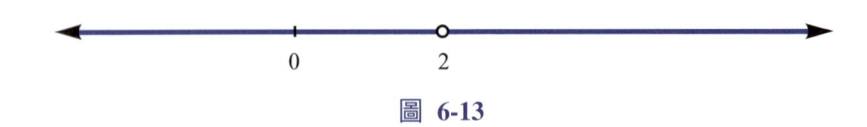

(3) 原式變為 $4x^2-x+8<0$．因 $4x^2-x+8=4\left(x-\dfrac{1}{8}\right)^2+\dfrac{127}{16}>0$ 恆成立，故 $4x^2-x+8<0$ 無解．

(4) $x^2-x+1=\left(x-\dfrac{1}{2}\right)^2+\dfrac{3}{4}>0$ 恆成立，即 $x^2-x+1>0$ 的解為任意實數． ■

隨堂練習 8 試解一元二次不等式 $3x^2-10x+3\le 0$．

答案：$x\in\left[\dfrac{1}{3},\ 3\right]$．

【例題 4】 試解聯立不等式組 $\begin{cases} x^2+2x-3\le 0 \\ x^2-x-6\ge 0 \end{cases}$．

【解】 (1) 先求 $x^2+2x-3\le 0$ 之解

$$x^2+2x-3\le 0$$
$$\Rightarrow (x+3)(x-1)\le 0$$
$$\Rightarrow -3\le x\le 1$$

(2) 再求 $x^2-x-6\ge 0$ 之解

$$x^2-x-6\ge 0$$
$$\Rightarrow (x-3)(x+2)\ge 0$$
$$\Rightarrow x\ge 3 \text{ 或 } x\le -2$$

此聯立不等式組之解應同時滿足 (1) 與 (2)，亦即

$$-3\le x\le -2.$$
■

隨堂練習 9 試解聯立不等式組 $\begin{cases} x^2+2x-3<0 \\ 2x^2-7x-4\ge 0 \end{cases}$．

答案：$x \in \left(-3, -\dfrac{1}{2}\right]$.

【例題 5】 設 x 的二次方程式 $x^2+2mx+3m^2+2m-4=0$ (m 為實數) 有兩實數根，求 m 的範圍.

【解】 原方程式有兩實根 $\Rightarrow \Delta = b^2-4ac = (2m)^2-4 \cdot 1 \cdot (3m^2+2m-4) \geq 0$
$\Rightarrow m^2+m-2 \leq 0 \Rightarrow (m+2)(m-1) \leq 0$

故 $-2 \leq m \leq 1$. ■

【例題 6】 設決定 k 的值使方程式

$$2x^2+(k-9)x+(k^2+3k+4)=0$$

有 (1) 等根；(2) 相異的實根；(3) 共軛複數根.

【解】 判別式 $\Delta = (k-9)^2 - 4 \times 2 \times (k^2+3k+4)$
$= -7(k-1)(k+7)$

(1) $\Delta = 0$，$k = 1$ 或 $k = -7$，方程式有兩等根；

(2) $\Delta > 0$，即 $-7 < k < 1$，方程式有兩相異實根；

(3) $\Delta < 0$，即 $k < -7$，或 $k > 1$，方程式有兩共軛複數根. ■

習題 6-3

試解下列各一元二次不等式.

1. $x^2+2x+2 > 0$
2. $x^2+x+1 < 0$
3. $16x^2-22x-3 \leq 0$
4. $x^2+4x+4 > 0$
5. $(x-1)(x-4) < x-5$
6. $9x^2-12x+4 \leq 0$
7. $x^2-2x+5 > 0$
8. $2\sqrt{3}\,x-3x^2-1 < 0$
9. $|x^2-3x| > 4$
10. $|x^2+2x-4| \leq 4$
11. $|x^2-4| < 3|x|$
12. $x^2+x \geq |3x+3|$
13. $|x^2-x-2| > x+1$
14. $3-2x < x^2 < 2x+3$

15. 設 x、x^2-1、$2x+1$ 表三角形的三邊長，求 x 的範圍.

16. 試解：$\log(6x-x^2) \leq 1 + \log(5-x)$.

17. 設二次方程式 $ax^2+(a-3)x+a=0$ 有實根，試求實數 a 的範圍.

18. 試就 $k \neq -3$，$(k+3)x^2-4kx+2k-1=0$ 中 k 的值，討論二根為實數或虛數.

6-4 二元一次不等式

設 a、b、$c \in \mathbb{R}$，且 $a^2+b^2 \neq 0$，則型如下列的不等式，稱為**二元一次不等式**.

$$ax+by+c > 0$$
$$ax+by+c < 0$$
$$ax+by+c \geq 0$$
$$ax+by+c \leq 0$$

(6-4-1)

求式 (6-4-1) 的解以圖解方式為宜. 就 xy-平面上的點 (x_0, y_0)，若以 $x=x_0$ 及 $y=y_0$ 代入式 (6-4-1) 能使不等式 (6-4-1) 成立，則稱點 (x_0, y_0) 為式 (6-4-1) 的解. 所有滿足式 (6-4-1) 的解所成的集合稱為不等式 (6-4-1) 的解集合.

在 xy-平面上，直線 L 的方程式為 $ax+by+c=0$，它將坐標平面分割成三部分：

$$\Gamma_+ = \{(x, y) \mid ax+by+c > 0\}$$
$$\Gamma_- = \{(x, y) \mid ax+by+c < 0\}$$
$$L = \{(x, y) \mid ax+by+c = 0\}.$$

茲將它們圖形的位置，詳述如下：

1. 當 $b>0$ 時，$L: y = -\dfrac{a}{b}x - \dfrac{c}{b}$，此時不等式 $ax+by+c>0$ 或 $y > -\dfrac{a}{b}x - \dfrac{c}{b}$ 的圖形表示 L 的上側部分. 同理，當 $b>0$，則 $ax+by+c<0$ 或 $y < -\dfrac{a}{b}x - \dfrac{c}{b}$ 表示 L 的下側部分. 如圖 6-14 所示.

第 6 章　不等式及其應用　**163**

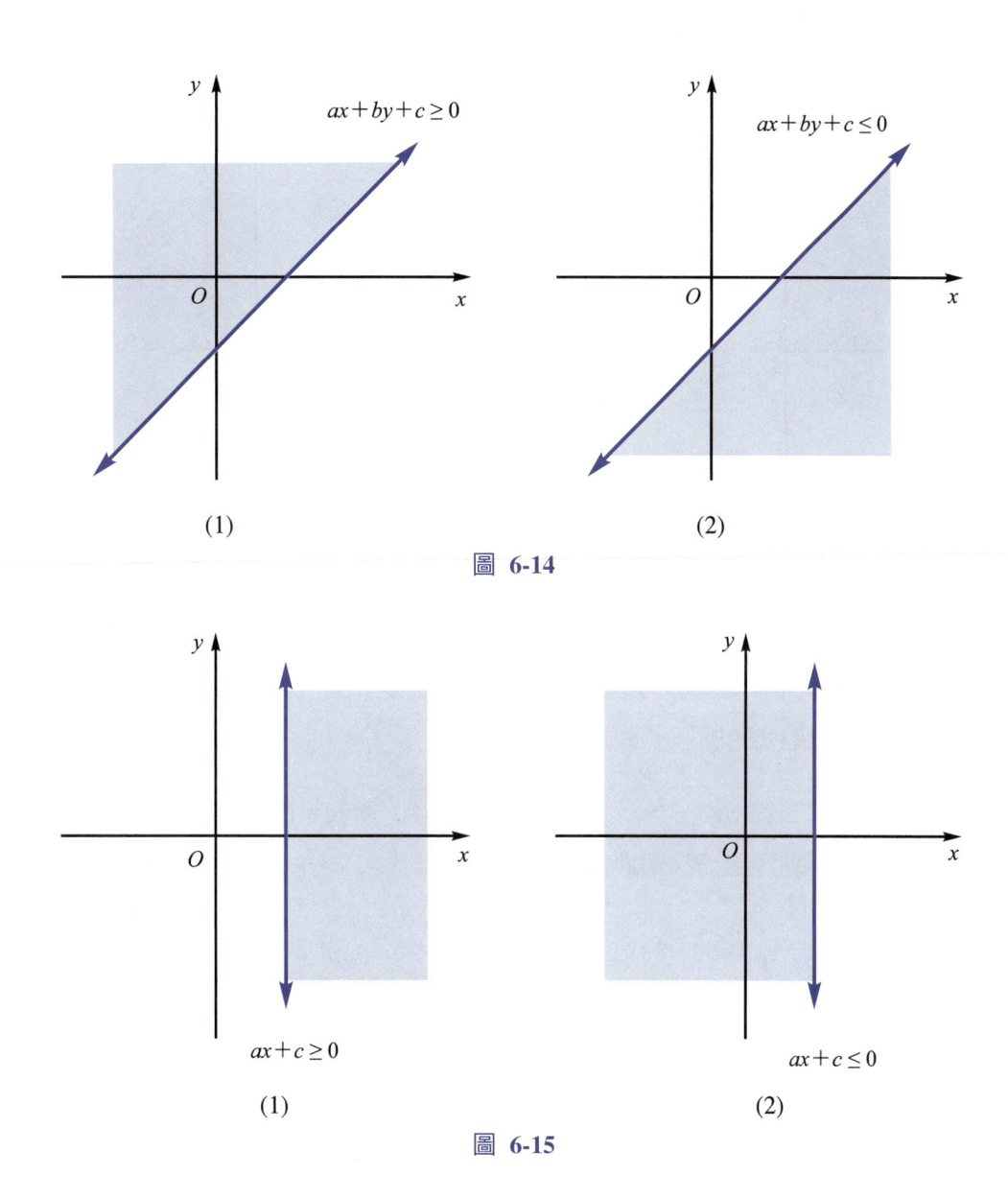

(1) $ax+by+c \geq 0$

(2) $ax+by+c \leq 0$

圖 **6-14**

(1) $ax+c \geq 0$

(2) $ax+c \leq 0$

圖 **6-15**

2. 當 $b=0$ 時，$L：x=-\dfrac{c}{a}\ (a \neq 0)$，此時不等式 $x > -\dfrac{c}{a}$ 與 $x < -\dfrac{c}{a}$ 的圖形分別表示 L 的右方部分與左方部分．如圖 6-15 所示．

3. 當 $a=0$ 時，$L：y=-\dfrac{c}{b}\ (b \neq 0)$，此時不等式 $y > -\dfrac{c}{b}$ 與 $y < -\dfrac{c}{b}$ 的圖形分別表示 L 的上方部分與下方部分．如圖 6-16 所示．

圖 6-16

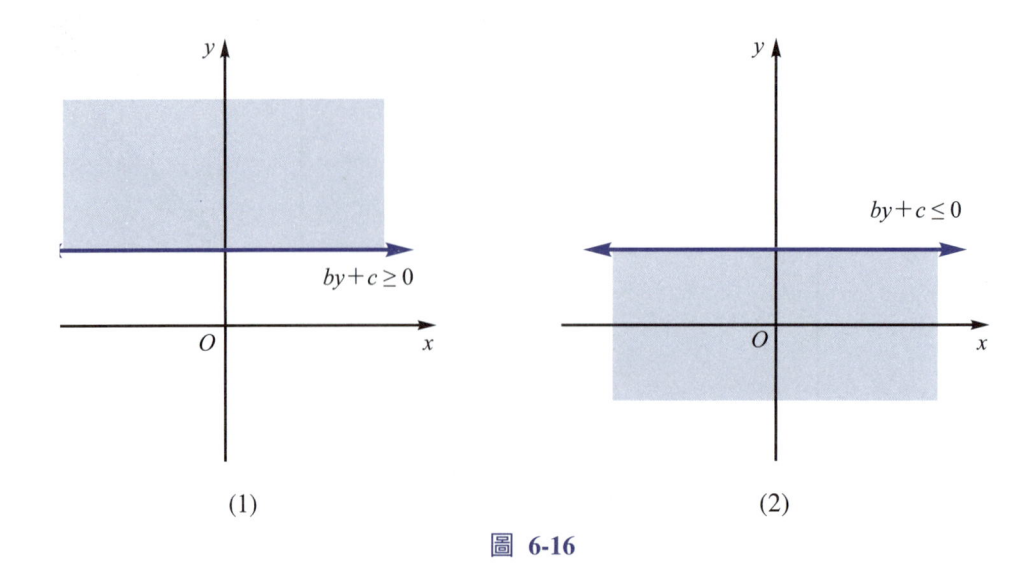

註：當不等式為 ≥ 或 ≤ 型時，其圖形為半平面且包含直線 $ax+by+c=0$；若不等式為 >0 或 <0 型時，其圖形為一半平面但不含直線 $ax+by+c=0$ (此時將直線繪成虛線，表示不等式的圖形不含此直線).

欲判斷不等式 $ax+by+c>0$ 或 $ax+by+c<0$ 所表示的區域是在直線 $ax+by+c=0$ 的哪一側，通常可用某一側的一固定點的坐標代入 $ax+by+c$：

1. 若其值大於 0，則該側的區域就是由 $ax+by+c>0$ 所確定.
2. 若其值小於 0，則該側的區域就是由 $ax+by+c<0$ 所確定.

如果已知兩點 $P(x_1, y_1)$、$Q(x_2, y_2)$ 及直線 $L：ax+by+c=0$，我們可有下列的性質：

1. P 與 Q 在 L 的反側 $\Leftrightarrow (ax_1+by_1+c)(ax_2+by_2+c)<0$.
2. P 與 Q 在 L 的同側 $\Leftrightarrow (ax_1+by_1+c)(ax_2+by_2+c)>0$.

【例題 1】 已知兩點 $A(2, 5)$ 與 $B(4, -1)$. 試判斷 A 與 B 在直線 $L：2x-y+6=0$ 的同側或反側？

【解】 以 $A(2, 5)$ 代入方程式等號的左邊，可得 $4-5+6=5>0$. 以 $B(4, -1)$ 代入方程式等號的左邊，可得 $8+1+6=15>0$. A、B 的坐標均使 $2x-y+6>0$，故 A 與 B 在 L 的同側. ∎

【例題 2】 圖示下列各不等式的解.
(1) $3x-2y+12<0$，(2) $3x+y-5 \geq 0$.

【解】 (1) 作直線 $3x-2y+12=0$ (以虛線表示). 以原點 $(0, 0)$ 代入 $3x-2y+12$，可得 $0-0+12>0$，故原點不在 $3x-2y+12<0$ 所表示的區域內. 如圖 6-17 所示.

(2) 作直線 $3x+y-5=0$ (以實線表示). 以原點 $(0, 0)$ 代入 $3x+y-5$，可得 $0+0-5<0$，故原點不在 $3x+y-5 \geq 0$ 所表示的區域內. 如圖 6-18 所示. ∎

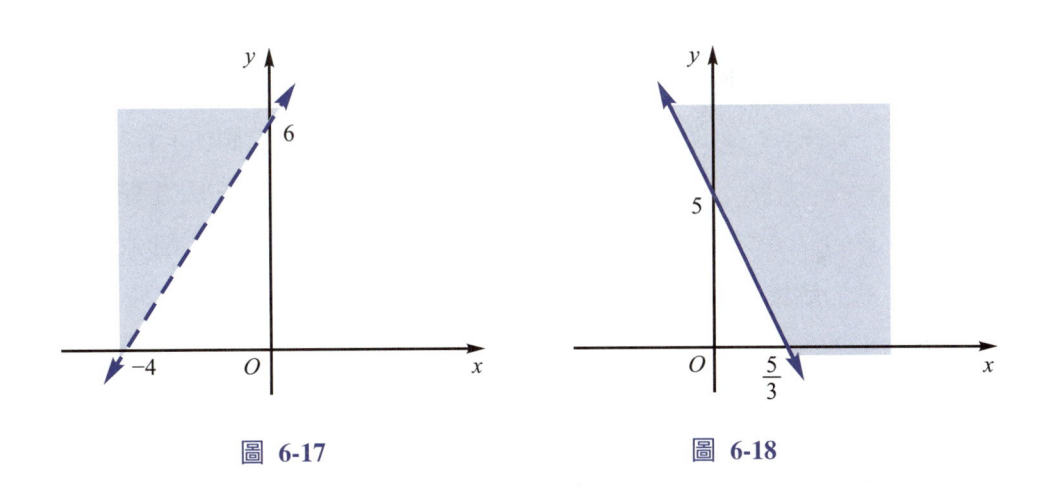

圖 6-17

圖 6-18

隨堂練習 10 圖示二元一次不等式 $4x+5y \geq -20$ 之解.

答案：略

對於聯立不等式而言，其解集合為各個不等式之解集合的交集，見下面例子.

【例題 3】 圖示下列各聯立不等式的解.

(1) $\begin{cases} x-3y-9<0 \\ 2x+3y-6>0 \end{cases}$

(2) $\begin{cases} -2x+y \geq 2 \\ x-3y \leq 6 \\ x<1 \end{cases}$

圖 6-19

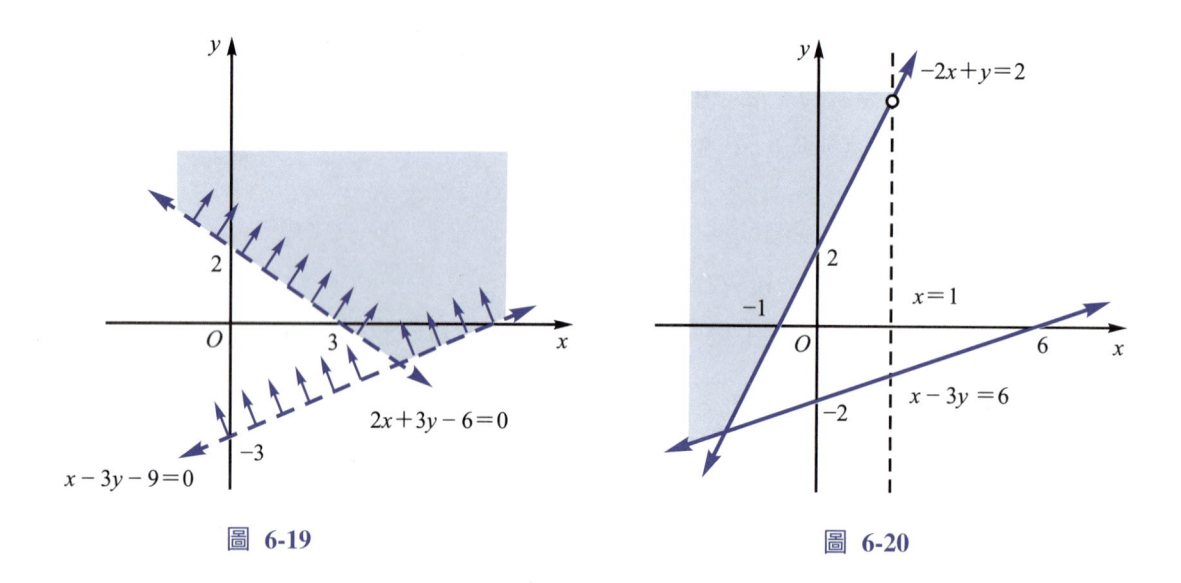

圖 6-20

【解】 (1) 不等式 $x-3y-9<0$ 的解為直線 $x-3y-9=0$ 的左上側，不等式 $2x+3y-6>0$ 的解為直線 $2x+3y-6=0$ 的右上側，而兩者的共同部分，就是原聯立不等式的解，如圖 6-19 所示．

(2) $-2x+y \geq 2$ 的解集合為直線 $-2x+y=2$ 的左上側加上直線 $-2x+y=2$ 本身．$x-3y \leq 6$ 的解集合為直線 $x-3y=6$ 的左上側加上直線 $x-3y=6$ 本身．$x<1$ 的解集合為直線 $x=1$ 的左側．所求聯立不等式的解集合為上述三個解集合的交集，如圖 6-20 所示． ■

【例題 4】 作不等式組

$$\begin{cases} 2x+y-2<0 \\ x-y>0 \\ 2x+3y+9>0 \end{cases}$$

的圖形．

【解】 $2x+y-2<0$ 的解集合為 $2x+y-2=0$ 的左下側部分，$x-y>0$ 的解集合為 $x-y=0$ 的右下側部分，$2x+3y+9>0$ 的解集合為 $2x+3y+9=0$ 的右上側部分，所以，陰影部分的圖形即為所求，如圖 6-21 所示．

第 6 章　不等式及其應用　　167

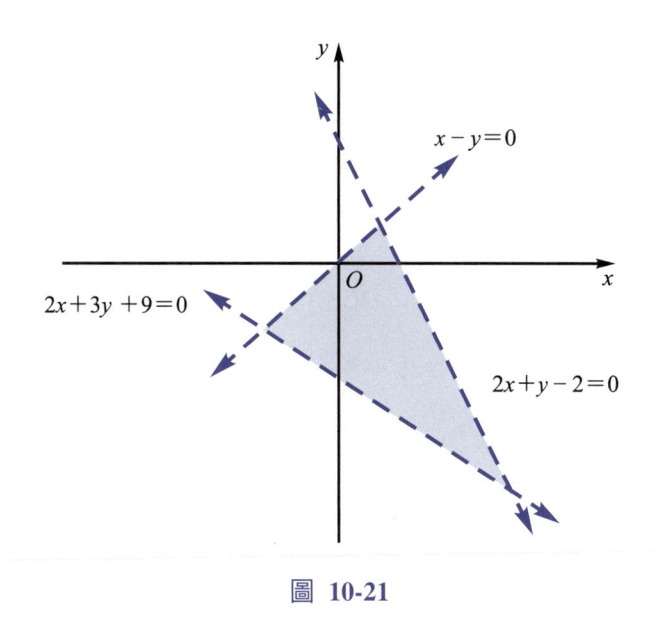

圖 10-21

隨堂練習 11　作不等式組 $\begin{cases} 4x-3y \geq 6 \\ x+y \geq 1 \\ 0 \leq x \leq 3 \\ 0 \leq y \leq 2 \end{cases}$ 的圖形.

答案：略

習題 6-4

1. 已知兩點 $A(-5,3)$ 與 $B(2,-1)$，試判斷 A 與 B 在直線 $x+3y-1=0$ 的同側或反側？

圖示下列各不等式的解.

2. $2x+3y-6<0$
3. $5x+y \geq 1$
4. $-x+3y+3 \leq 0$

作下列各不等式的圖形.

5. $|2x+3y| \leq 6$
6. $|x-2y+1| \geq 2$
7. $(2x-y+1)(x+2y-3) \leq 0$
8. $(x-2)(x+y-3) > 0$

圖示下列各聯立不等式的解.

9. $\begin{cases} x+y+1 \geq 0 \\ -x+3y+3 \leq 0 \end{cases}$

10. $\begin{cases} x+y \leq 5 \\ x-2y \geq 3 \end{cases}$

11. $\begin{cases} -2x+y \geq 2 \\ x-3y \leq 6 \\ x < -1 \end{cases}$

12. $\begin{cases} x-y < 3 \\ x+2y < 0 \\ 2x+y > -6 \end{cases}$

13. $\begin{cases} x-2y+1 \leq 0 \\ x+y-5 \leq 0 \\ 2x-y-1 \geq 0 \end{cases}$

14. $\begin{cases} x-y \geq 1 \\ x+y \leq 5 \\ x \leq 4 \\ y \geq 0 \end{cases}$

15. 試作不等式 $|x+y| \geq |2x-y+1|$ 的圖形.

6-5 二元線性規劃

　　當我們在做決策時，經常要在有限的資源，如人力、物力及財力等的條件下，做出最適當的決定，以使所做的決策能獲得最佳的利用．譬如，在工廠的生產決策中，我們希望能獲得最大利潤或花費最小成本．線性規劃就是利用數學方法解決此種決策問題的一種簡單而又挺好的工具．所以，線性規劃是一種計量的決策工具，主要是用於研究經濟資源的分配問題，藉以決定如何將有限的經濟資源作最有效的調配與運用，以求發揮資源的最高效能，俾能以最低的代價，獲取最高的效益．因此，如何將一個決策問題轉換成線性規劃問題，以及如何求解線性規劃問題將是一個非常重要的工作.

　　許多線性規劃問題皆與二元一次聯立不等式有關，而聯立不等式的解答往往相當的多．在 xy-平面上，由某些直線所圍成區域內的每一點 (x, y) 若適合題意，則稱為該問題的**可行解**，而該區域稱為該問題的**可行解區域**.

　　對於一個線性規劃問題，我們如何將該問題用數學式子來表示呢？先看看下面的例子.

　　某製帽公司擬推出甲、乙二款男士帽子，其可用資源之資料及每種產品每頂帽子所需消耗之機器時間如下表：

第 6 章 不等式及其應用

機器類別	每頂產品所需耗用之機器小時數		可用機器時數 (時／月)
	產品甲	產品乙	
機器 A	2	4	100
機器 B	5	3	215

若已知甲、乙產品每頂帽子的利潤分別為 100 元、150 元，試求各產品每月應各生產多少數量，公司才可獲得最大利潤？

設 x、y 分別代表產品甲、乙每月之生產量．對機器 A 而言，其限制式應為：

$$2x+4y \leq 100 \tag{6-5-1}$$

對機器 B 而言，其限制式應為：

$$5x+3y \leq 215 \tag{6-5-2}$$

又因產量無負值，故

$$x, y \geq 0, \ x、y \text{ 是整數} \tag{6-5-3}$$

而我們的目的乃在上面之限制條件下，求利潤 $z=100x+150y$ 的最大值．

這是一個典型二元線性規劃的例子，其中式 (6-5-1)、(6-5-2) 稱為**限制條件**，式 (6-5-3) 稱為**非負條件**，而 z 稱為**目標函數**．滿足限制條件與非負條件的所有點所成的集合，稱為**可行解區域**．由此一例子得知，二元線性規劃問題，其解法如下：

1. 依題意列出限制式及目標函數．
2. 根據限制式畫出限制區域 (稱為**可行解區域**)．
3. 找出滿足目標函數的最適當解 (稱為**最佳解**)．

今舉實例說明如下．

【例題 1】 設 $x \geq 0$，$y \geq 0$，$2x+y \leq 8$，$2x+3y \leq 12$，求 $x+y$ 的最大值．

【解】 原不等式組的可行解區域 (陰影部分) 如圖 6-22 所示．設 $x+y=k$，則直線 $x+y=k$ 與 $x+y=0$ 平行．當 x-截距愈大時，k 值愈大，而由圖可知，直線 $x+y=k$ 通過點 $(3, 2)$ 時，x-截距最大，故 $x=3$，$y=2$ 時，k 有最大值，因而 $k=3+2=5$．

圖 6-22

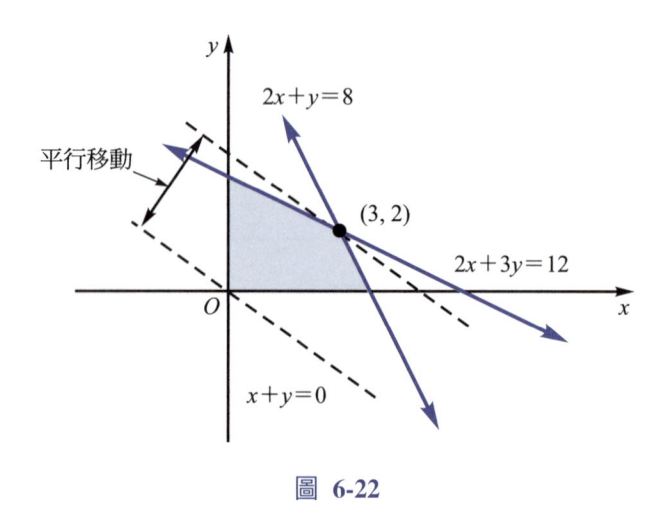

【例題 2】 某農民有田 40 畝，欲種甲、乙兩種作物，甲作物的成本每畝需 500 元，乙作物的成本每畝需 2000 元，收成後，甲作物每畝獲利 2000 元，乙作物每畝獲利 6000 元，若該農民有資本 50000 元，試問甲、乙兩種作物各種幾畝，才可獲得最大利潤？

【解】 設甲作物種 x 畝，乙作物種 y 畝，則

$$\begin{cases} x+y \leq 40 \\ 500x+2000y \leq 50000 \\ x \geq 0, \ y \geq 0 \end{cases}$$

即

$$\begin{cases} x+y \leq 40 \\ x+4y \leq 100 \\ x \geq 0, \ y \geq 0 \end{cases}$$

目標函數（最大利潤）為 $P=2000x+6000y=k$.

直線 $2000x+6000y=k$ 與直線 $x+3y=0$ 平行．在斜線區域（可行解區域）內，將直線 $2000x+6000y=k$ 向右平行移動，x-截距愈大時，k 值愈大．由圖 6-23 可知，當直線 $2000x+6000y=k$ 通過點 $(20, 20)$ 時，x-截距最大，故 k 有最大值．因此，甲、乙兩種作物各種 20 畝，可得最大利潤．

第 6 章　不等式及其應用

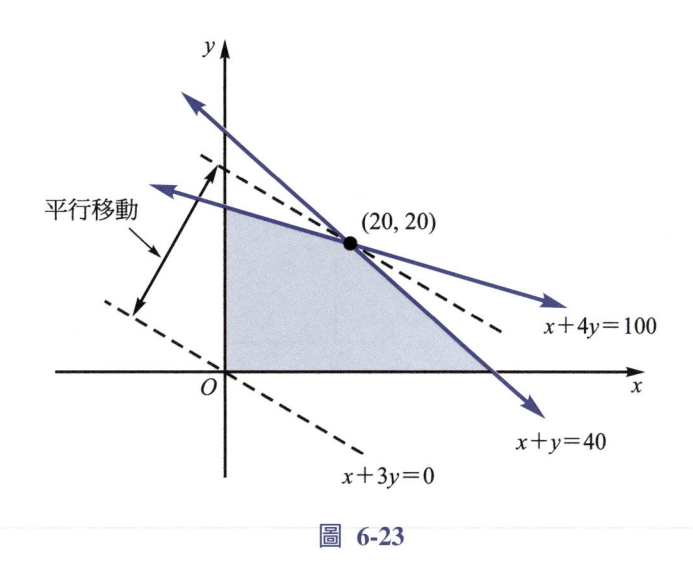

圖 6-23

由上面的例題，我們得知求二元線性規劃問題的解時，最佳解均發生在可行解區域的頂點，下面的定理可以告訴我們求最佳解的另一方法.

定理 6-1

設 A 與 B 為 xy-平面上相異兩點，若線性函數 $ax+by+c$ 在 $\overline{AB}$ 上取值，則其最大值及最小值必定發生在 $\overline{AB}$ 的端點 A、B.

定理 6-2

設 S 為一凸多邊形區域，若線性函數 $ax+by+c$ 在 S 上取值，則其最大值及最小值必定發生在 S 的頂點.

證：因 S 為凸多邊形區域，故對於 S 中任一點 P 而言，通過 P 的直線必定與 S 相交於邊上兩點 A、B. 如圖 6-24 所示. 依定理 6-1 知，線性函數 $ax+by+c$ 在 $\overline{AB}$ 上取值時，其最大值及最小值必定發生在 A、B 上. 但對於 A、B 所在的邊 $\overline{A_iA_{i+1}}$ 及 $\overline{A_kA_{k+1}}$ 而言，A、B 不會是發生最大值及最小值的點，除非 A、B 本身是頂點或最大值及最小值發生在 S 的整個邊 $\overline{A_iA_{i+1}}$ 及 $\overline{A_kA_{k+1}}$ 上. 所以，最大值及最小值必定發生在頂點.

圖 6-24

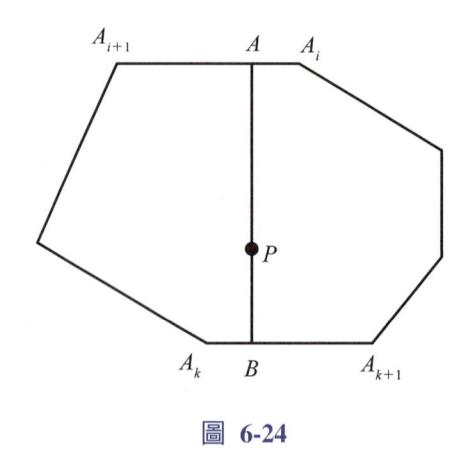

故由定理 6-2 知，最佳解發生在頂點，故將可行解區域的頂點代入目標函數比較結果，就可得到最佳解．

註：若將一多邊形的任一邊延長為直線，除了此邊上兩頂點外，其他頂點均在此直線的同側，則稱該多邊形為凸多邊形．

【例題 3】 在 $x \geq 0$，$y \geq 0$，$x+2y-2 \leq 0$，$2x+y-2 \leq 0$ 的條件下，求

(1) $5x+y$ 的最大值與最小值．

(2) $x+5y$ 的最大值與最小值．

(3) x^2+y^2 的最大值與最小值．

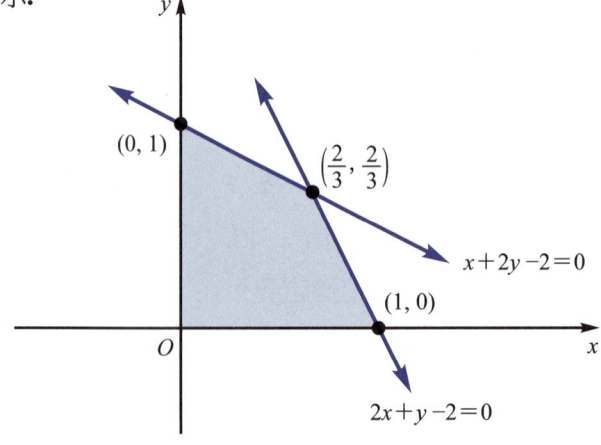

【解】 可行解區域 $x \geq 0$，$y \geq 0$，$x+2y-2 \leq 0$，$2x+y-2 \leq 0$ 的圖形如圖 6-25 所示．

圖 6-25

(1)

(x, y)	$5x+y$
$(0, 0)$	0	←最小
$(1, 0)$	5	←最大
$\left(\dfrac{2}{3}, \dfrac{2}{3}\right)$	4
$(0, 1)$	1

故 $5x+y$ 的最大值為 5，最小值為 0．

(2)

(x, y)	$x+5y$
$(0, 0)$	0	←最小
$(1, 0)$	0
$\left(\dfrac{2}{3}, \dfrac{2}{3}\right)$	4
$(0, 1)$	5	←最大

故 $x+5y$ 的最大值為 5，最小值為 0．

(3) 對於可行解區域內的任一點 $P(x, y)$，可得 $\overline{OP}^2 = x^2+y^2$，所以欲求 x^2+y^2 的最大值與最小值，就是相當於求 $\overline{OP}$ 的最大值與最小值．今以原點 O 為圓心，當半徑漸漸增加時，可發現圓弧通過點 $(1, 0)$，$\left(\dfrac{2}{3}, \dfrac{2}{3}\right)$ 或 $(0, 1)$ 時，$\overline{OP}$ 的值會最大．

在 $(x, y)=(0, 0)$ 時，$\overline{OP}$ 為最小，即 x^2+y^2 有最小值 0；

在 $(x, y)=(0, 1)$ 或 $(1, 0)$ 時，$\overline{OP}$ 為最大，即 x^2+y^2 有最大值 1． ◼

隨堂練習 12 在 $2x-3y+4 \geq 0$，$3x+4y-11 \geq 0$，$5x+y-24 \leq 0$ 的條件下，求

(1) $\dfrac{y}{x}$ 的最大值與最小值， (2) $\dfrac{x+1}{y+2}$ 的最大值與最小值．

答案：(1) 最大值為 2，最小值為 $-\dfrac{1}{5}$，

(2) 最大值為 6，最小值為 $\dfrac{1}{2}$.

隨堂練習 13 利用圖解法求下列線性規劃問題的最大值及最佳解.

目標函數： $f(x, y) = 2x + 3y$

受限制條件：$\begin{cases} 2x + 2y \leq 8 \\ x + 2y \leq 5 \\ x \geq 0 \\ 0 \leq y \leq 2 \end{cases}$

答案：目標函數之最大值為 9，最佳解為 (3, 1).

【例題 4】 某工廠生產甲、乙兩種產品，已知甲產品每噸需用 9 噸的煤，4 瓩的電，3 個工作日（一個工人工作一天等於 1 個工作日）；乙產品每噸需用 4 噸的煤，5 瓩的電，10 個工作日．又知甲產品每噸可獲利 7 萬元，乙產品每噸可獲利 12 萬元，且每天供煤最多 360 噸，用電最多 200 瓩，勞動人數最多 300 人．試問每天生產甲、乙兩種產品各多少噸，才能獲利最高？又最大利潤是多少？

【解】

	煤	電	工作日	利 潤
甲	9 噸	4 瓩	3 個	7 萬元
乙	4 噸	5 瓩	10 個	12 萬元
限 制	360 噸	200 瓩	300 個	

設每天生產甲產品 x 噸，乙產品 y 噸，則

$\begin{cases} 9x + 4y \leq 360 \\ 4x + 5y \leq 200 \\ 3x + 10y \leq 300 \\ x \geq 0,\ y \geq 0 \end{cases}$

利潤為 $(7x+12y)$ 萬元.

可行解區域如圖 6-26 所示.

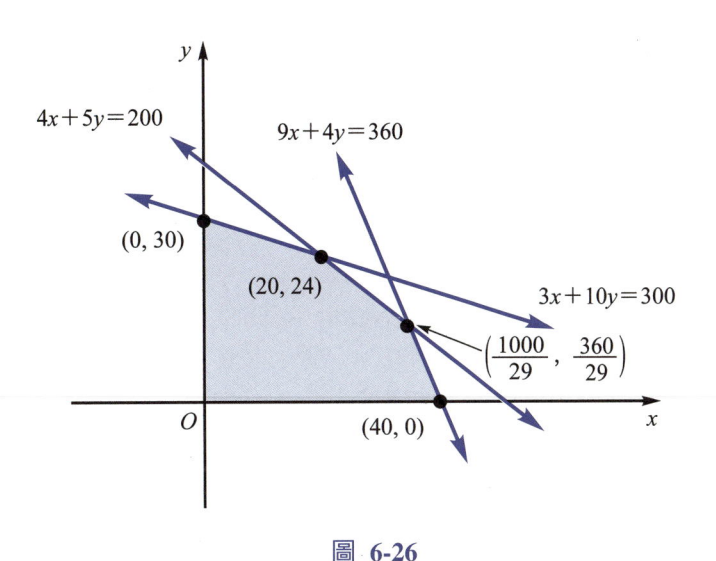

圖 6-26

(x, y)	$7x+12y$
$(0, 0)$	0
$(40, 0)$	280
$\left(\dfrac{1000}{29}, \dfrac{360}{29}\right)$	$\dfrac{11320}{29}$
$(20, 24)$	428 ← 最大
$(0, 30)$	360

故每天生產甲產品 20 噸, 乙產品 24 噸, 可獲最大利潤 428 萬元.

我們知道求此類二元線性規劃問題的解時, 可先畫出其可行解區域, 然後由可行解區域的頂點所對應之目標函數值的大小, 找到最佳解. 在比較可行解區域的頂點所對應的目標函數值去找最佳解時, 要注意有時符合題意的解僅限於可行解區域內的格子點 (即, 可行解的 x 與 y 值必須是整數). 此時, 如果有的頂點並非格子點, 則它就不符合題意, 不是我們所要找的解. 今舉兩例說明其解法.

【例題 5】 欲將兩種大小不同的鋼板，截成甲、乙、丙三種規格，各種鋼板可截得這三種規格的件數如下表所示：

	甲規格	乙規格	丙規格
第一種鋼板	2	1	1
第二種鋼板	1	2	3

若欲得甲、乙、丙三種規格的成品各 15、16、27 件，試問這兩種鋼板各多少片，可使需用到的鋼板總數最少？

【解】 設第一種鋼板用 x 片，第二種鋼板用 y 片，則

$$\begin{cases} 2x+y \geq 15 \\ x+2y \geq 16 \\ x+3y \geq 27 \\ x \geq 0,\ y \geq 0 \end{cases}$$

鋼板總數：$k=x+y$.

如圖 6-27，在點 $\left(\dfrac{18}{5},\ \dfrac{39}{5}\right)$ 斜線附近的點代入 $k=x+y$.

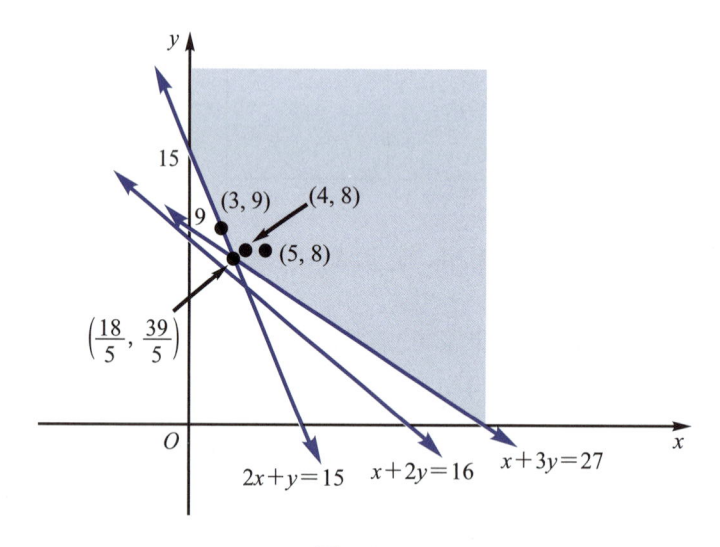

圖 6-27

(x, y)	$k=x+y$
(3, 9)	12
(4, 8)	12
(5, 8)	13

故第一種、第二種鋼板分別用 3 片及 9 片，或 4 片及 8 片，可使鋼板總片數最少為 12. ◪

【例題 6】甲種維他命丸每粒含 5 個單位維他命 A、9 個單位維他命 B，乙種維他命丸每粒含 6 個單位維他命 A、4 個單位維他命 B. 假設每人每天最少需要 29 個單位維他命 A 及 35 個單位維他命 B，又已知甲種維他命丸每粒 5 元，乙種維他命丸每粒 4 元，則每天吃這兩種維他命丸各多少粒，才能使消費最少且能從其中攝取足夠的維他命 A 及 B？

【解】

	甲 種 維他命丸	乙 種 維他命丸	每人每天 最少需要量
維他命 A	5 單位	6 單位	29 單位
維他命 B	9 單位	4 單位	35 單位
價　　格	5 元	4 元	

設每天吃甲種維他命丸 x 粒，乙種維他命丸 y 粒，則

$$\begin{cases} 5x+6y \geq 29 \\ 9x+4y \geq 35 \\ x \geq 0, \ y \geq 0 \\ x \text{、} y \text{ 是整數} \end{cases}$$

可行解區域如圖 6-28 所示，

圖 6-28

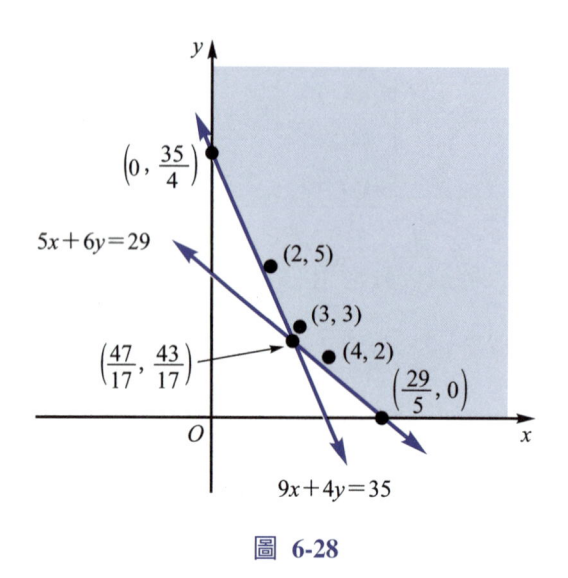

消費為 $P = 5x + 4y$ (元)

(x, y)	$5x + 4y$
$\left(\dfrac{29}{5}, 0\right)$	29
$\left(\dfrac{47}{17}, \dfrac{43}{17}\right)$	$\dfrac{407}{17} \approx 24$
$\left(0, \dfrac{35}{4}\right)$	35

因 x、y 必須是整數，故考慮點 $\left(\dfrac{47}{17}, \dfrac{43}{17}\right)$ 鄰近點 (3, 3)、(4, 2) 及 (2, 5).

(x, y)	$5x + 4y$	
(3, 3)	27	← 最小
(4, 2)	28	
(2, 5)	30	

故每天吃甲種維他命丸 3 粒，乙種維他命丸 3 粒，才能使消費最少且能從其中攝取足夠的維他命 A 及 B．

隨堂練習 14 已知 A、B 兩種藥丸，A 丸每粒 20 元，含 α 成分 5 毫克，β 成分 2 毫克；B 丸每粒 15 元，含 α 成分 3 毫克，β 成分 3 毫克．今某人至少需服用 α 成分 20 毫克，β 成分 10 毫克，試問 A、B 兩種藥丸各服多少粒，費用才最經濟？

答案：A 丸服 3 粒，B 丸服 2 粒，費用最經濟．

習題 6-5

1. 設 $y \geq 2x$, $y \leq 3x$, $x+y \leq 5$，求 $3x+2y$ 的最大值．

2. 設 $x \geq 0$, $y \geq 0$, $2x+y \leq 12$, $x+2y \leq 12$，求 $3x+4y$ 的最大值與最小值．

3. 在 $4x-y-7 \leq 0$, $3x-4y+11 \geq 0$, $x+3y-5 \geq 0$ 的條件下，求 $2x-3y$ 的最大值與最小值．

4. 在 $y \geq |x-2|$, $x-3y+6 \geq 0$ 的條件下，求下列的最大值與最小值．
   (1) $y+3$ (2) $x+2y$

5. 某工廠用 P、Q 兩種原料生產 A、B 兩種產品，生產 A 產品 1 噸，需 P 原料 2 噸，Q 原料 4 噸；而生產 B 產品 1 噸，需 P 原料 6 噸，Q 原料 2 噸．該工廠每月的原料分配為 P 原料 200 噸，Q 原料 100 噸，而 A 產品每噸可獲利 30 萬元，B 產品每噸可獲利 20 萬元．試問工廠每月生產 A、B 產品各幾噸，可得最大利潤？又最大利潤為多少？

6. 甲食品含蛋白質 6%、脂肪 4% 及碳水化合物 45%；乙食品含蛋白質 18%、脂肪 8% 及碳水化合物 9%。甲食品每 100 克是 12 元，乙食品每 100 克是 20 元，若某人一天最少需要蛋白質 90 克、脂肪 48 克及碳水化合物 216 克，試問他必須購買甲、乙食品各多少克才有足夠的需要量且又最省錢？一天至少要花多少錢？

7. 某農夫有一塊菜圃，最少須施氮肥 5 公斤、磷肥 4 公斤及鉀肥 7 公斤．已知農會出售甲、乙兩種肥料，甲種肥料每公斤 10 元，其中含氮 20%、磷 10%、鉀 20%；乙種肥料每公斤 14 元，其中含氮 10%、磷 20%、鉀 20%．試問他向農會購買甲、乙兩種肥料各多少公斤加以混合施肥，才能使花費最少而又有足量的氮、磷及鉀肥？

8. 在 $4x-y-7 \leq 0$，$3x-4y+11 \geq 0$，$x+3y-5 \geq 0$ 的條件下，求

   (1) x^2+y^2 的最大值與最小值.

   (2) $(x-1)^2+(y-4)^2$ 的最大值與最小值.

   (3) $\dfrac{x}{y}$ 的最大值與最小值.

9. 在 $|x|+|y| \leq 1$ 的條件下，求下列的最大值與最小值.

   (1) $y-2x$　　　　　　　　(2) xy

10. 在 $x \geq 0$，$y \geq 0$，$3x+2y-12 \leq 0$，$x+y-2 \geq 0$ 的條件下，求下列的最大值與最小值.

    (1) x^2+y^2　　　　　　　(2) $\dfrac{y+2}{2x+1}$

11. 某家貨運公司有載重 4 噸的 A 型貨車 7 輛，載重 5 噸的 B 型貨車 4 輛，及 9 名司機，今受託每天至少要運送 30 噸的煤，試問這家公司有多少種調度車輛的方法？又設 A 型貨車開一趟需要費用 500 元，B 型貨車需要費用 800 元，則怎樣才能最節省？

12. 某商人有 A、B 兩倉庫，各有存量 40 單位與 50 單位，今同時從甲、乙兩地接到訂單，甲地需 30 單位，乙地需 40 單位. 已知每單位的運費如下：

	甲地	乙地
A 倉庫	10 元	12 元
B 倉庫	14 元	15 元

    試求最低運費.

13. 欲在面積為 72000 平方公尺的建築用地上，以不超過 6900 萬元的費用建甲、乙兩種國宅. 甲種國宅每戶 160 平方公尺，造價 24 萬元；乙種國宅每戶 240 平方公尺，造價 15 萬元. 試問甲、乙國宅各建幾戶時，總戶數為最多？

14. 已知 A、B 兩種藥丸，A 丸每粒 20 元，含 α 成分 5 毫克，β 成分 2 毫克，B 丸每粒 15 元，含 α 成分 3 毫克，β 成分 3 毫克. 今某人至少需服用 α 成分 20 毫克，β 成分 10 毫克，試問 A、B 兩種藥丸各服多少粒，費用才最經濟？

指數與對數及其運算

本章學習目標

- 7-1 指數與其運算
- 7-2 指數函數與其圖形
- 7-3 對數與其運算
- 7-4 常用對數
- 7-5 對數函數與其圖形

7-1 指數與其運算

指數符號是十七世紀法國數學家笛卡兒所提出的,在天文學、物理學、生物學及統計學常常會用到.

有關數字的計算,經常需要將某一個數字連續自乘若干次,其結果就是這個數字的連乘積. 例如:

$$2\times 2\times 2\times 2\times 2\times 2=64$$

為 2 的連乘積,此一連乘積為了書寫方便,常記作

$$2\times 2\times 2\times 2\times 2\times 2=2^6.$$

定義 7-1

> 對於每一個實數 a,以記號 "a^n" 代表 a 自乘 n 次的乘積,即
> $$\underbrace{a\cdot a\cdot a\cdots\cdot a}_{\text{共 } n \text{ 個}}=a^n$$
> 讀作 "a 的 n 次方",或 "a 的 n 次冪".
> 此時,a^n 稱為**指數式**,其中 a 叫做**底數**,n 叫做**指數**.

一般而言,"a^2" 讀作 "a 的**平方**",而 "a^3" 讀作 "a 的**立方**".

定理 7-1 指數律

> 設 $a\neq 0, b\neq 0, a、b\in\mathbb{R}, m、n\in\mathbb{N}$,則指數的運算有下列的性質,稱為**指數律**:
> (1) $a^m\cdot a^n=a^{m+n}$
> (2) $(a^m)^n=a^{mn}$
> (3) $(a\cdot b)^n=a^n\cdot b^n$
> (4) $\dfrac{a^m}{a^n}=a^{m-n}$ ($a\neq 0, m>n$)
> (5) $\left(\dfrac{a}{b}\right)^n=\dfrac{a^n}{b^n}$ ($b\neq 0$)

證：(1) $a^m \cdot a^n = \underbrace{(a \cdot a \cdot a \cdots \cdot a)}_{m \text{ 個}} \cdot \underbrace{(a \cdot a \cdot a \cdots \cdot a)}_{n \text{ 個}}$

$= \underbrace{a \cdot a \cdot a \cdots \cdot a \cdot a \cdot a \cdots \cdot a}_{m+n \text{ 個}}$

$= a^{m+n}.$

(2) $(a^m)^n = \underbrace{a^m \cdot a^m \cdots \cdot a^m}_{n \text{ 個}} = \underbrace{\underbrace{a \cdot a \cdots \cdot a}_{m \text{ 個}} \cdot \underbrace{a \cdot a \cdots \cdot a}_{m \text{ 個}} \cdots \underbrace{a \cdot a \cdots \cdot a}_{m \text{ 個}}}_{n \text{ 個}}$

$= \underbrace{a \cdot a \cdot a \cdots \cdot a}_{m \cdot n \text{ 個}}$

$= a^{mn}.$

(3)、(4) 與 (5) 留給讀者自行證明.

在上述指數律中的指數，均限定為正整數，我們亦可將指數推廣到整數、有理數，甚至於實數，並使指數律仍然成立，現在討論如何定義整數指數，才能使指數律仍然成立.

設 a 是一個不等於 0 的實數，n 是一個正整數，欲使

$$a^0 \cdot a^n = a^{0+n} = a^n$$

成立，必須規定 $a^0 = 1.$

又欲使

$$a^{-n} \cdot a^n = a^{-n+n} = a^0 = 1$$

成立，必須規定

$$a^{-n} = \frac{1}{a^n}$$

因此，對整數指數，我們有下面定義：

定義 7-2

設 a 是一個不等於 0 的實數，n 是正整數，我們規定
(1) $a^0 = 1$
(2) $a^{-n} = \dfrac{1}{a^n}$.

依照上述定義，我們可以證明在整數系 $\mathbb{Z}$ 中，指數律仍然成立.

【例題 1】 求 (1) $(\sqrt{2})^0$，(2) π^0.

【解】 (1) $(\sqrt{2})^0 = 1$.
(2) $\pi^0 = 1$. ∎

【例題 2】 求 (1) 10^{-3}，(2) $(-2)^{-3}$，(3) $\left(\dfrac{1}{2}\right)^{-2}$，(4) $\left(\dfrac{2}{3}\right)^{-3}$，(5) $\left(-\dfrac{1}{3}\right)^{-3}$.

【解】 (1) $10^{-3} = \dfrac{1}{10^3} = \dfrac{1}{1000}$.

(2) $(-2)^{-3} = \dfrac{1}{(-2)^3} = \dfrac{1}{-2^3} = \dfrac{1}{-8} = -\dfrac{1}{8}$.

(3) $\left(\dfrac{1}{2}\right)^{-2} = \dfrac{1}{\left(\dfrac{1}{2}\right)^2} = \dfrac{1}{\dfrac{1}{2^2}} = \dfrac{1}{\dfrac{1}{4}} = 4$.

(4) $\left(\dfrac{2}{3}\right)^{-3} = \dfrac{1}{\left(\dfrac{2}{3}\right)^3} = \dfrac{1}{\dfrac{2^3}{3^3}} = \dfrac{1}{\dfrac{8}{27}} = \dfrac{27}{8}$.

(5) $\left(-\dfrac{1}{3}\right)^{-3} = \dfrac{1}{\left(-\dfrac{1}{3}\right)^3} = \dfrac{1}{-\left(\dfrac{1}{3}\right)^3} = \dfrac{1}{-\dfrac{1}{3^3}} = \dfrac{1}{-\dfrac{1}{27}} = \dfrac{27}{-1} = -27$. ∎

隨堂練習 1 試求下列各式的值.

(1) $(\sqrt{2}+3)^0$，(2) 4^{-3}，(3) $(\sqrt{2}+1)^{-2}$，(4) $3^3 \cdot 9^4$.

答案：(1) 1， (2) $\dfrac{1}{64}$， (3) $3-2\sqrt{2}$， (4) 3^{11}.

定理 7-2

設 a、b 是兩個實數，$ab \neq 0$，m、n 是兩個整數，則有

(1) $a^m \cdot a^n = a^{m+n}$
(2) $(a^m)^n = a^{mn}$
(3) $(ab)^m = a^m b^m$.

我們僅證明 (1) 式，其餘留給讀者自證．

證：(1) 若 m、n 均是正整數，則 $a^m \cdot a^n = a^{m+n}$ 成立．

(2) 設 $m > 0$，$n < 0$.

$n < 0 \Rightarrow -n > 0$

① $m > -n \Rightarrow a^m \cdot a^n = \dfrac{a^m}{a^{-n}} = a^{m-(-n)} = a^{m+n}$

② $m < -n \Rightarrow a^m \cdot a^n = \dfrac{a^m}{a^{-n}} = \dfrac{1}{a^{-n-m}} = \dfrac{1}{a^{-(n+m)}} = a^{m+n}$

綜上討論，可得

$$a^m \cdot a^n = a^{m+n}$$

對 $m < 0$，$n > 0$，同理可證．

(3) 若 $m < 0$，$n < 0$，則

$$a^m \cdot a^n = \dfrac{1}{a^{-m}} \cdot \dfrac{1}{a^{-n}} = \dfrac{1}{a^{-(m+n)}} = a^{m+n}$$

由 (1)、(2)、(3)，證得 $a^m \cdot a^n = a^{m+n}$.

【例題 3】 化簡 $(3^2 \cdot 3^{-3})^{-2} + (3^5 + 5^4)^0$.

【解】 $(3^2 \cdot 3^{-3})^{-2} + (3^5 + 5^4)^0 = (3^{2-3})^{-2} + 1 = (3^{-1})^{-2} + 1$
$= 3^{(-1) \cdot (-2)} + 1 = 3^2 + 1$
$= 10$.

隨堂練習 2 試化簡下列各式：

(1) $[a^4 \cdot (a^{-3})^2]^5$

(2) $(2-\sqrt{3})^6(2+\sqrt{3})^8$

(3) $(\sqrt{3}+\sqrt{2})^{-3}(\sqrt{3}-\sqrt{2})$

答案：(1) $\dfrac{1}{a^{10}}$，(2) $7+4\sqrt{3}$，(3) $(\sqrt{3}-\sqrt{2})^4$．

定理 7-3

設 $a \in \mathbb{R}$，$a > 1$，m、$n \in \mathbb{Z}$，$m > n$，則 $a^m > a^n$．

在討論過整數指數的意義之後，現在我們將整數指數的意義，推廣到有理數系 $\mathbb{Q}$ 中，使指數律仍然成立，並討論我們應如何定義有理數指數，才能使指數律仍然成立．

定義 7-3

設 a 是一個正實數，m 與 n 是兩個整數，且 $n > 0$．我們規定

(1) $a^{1/n} = \sqrt[n]{a}$

(2) $a^{m/n} = \sqrt[n]{a^m} = (\sqrt[n]{a})^m$．

依照上述定義，可以證明在有理數系 $\mathbb{Q}$ 中，指數律仍然成立．

【例題 4】 求 (1) $10000^{1/4}$，(2) $\left(\dfrac{1}{1000}\right)^{1/3}$，(3) $\left(\dfrac{4}{9}\right)^{1/2}$．

【解】 (1) $10000^{1/4} = \sqrt[4]{10000} = 10$．

(2) $\left(\dfrac{1}{1000}\right)^{1/3} = \sqrt[3]{\dfrac{1}{1000}} = \dfrac{1}{\sqrt[3]{1000}} = \dfrac{1}{10}$．

(3) $\left(\dfrac{4}{9}\right)^{1/2} = \sqrt{\dfrac{4}{9}} = \dfrac{\sqrt{4}}{\sqrt{9}} = \dfrac{2}{3}$．

【例題 5】 求 (1) $1000^{2/3}$, (2) $\left(\dfrac{1}{32}\right)^{3/5}$, (3) $\left(\dfrac{9}{4}\right)^{3/2}$.

【解】 (1) $10000^{2/3} = \left(\sqrt[3]{1000}\right)^2 = 10^2 = 100$.

(2) $\left(\dfrac{1}{32}\right)^{3/5} = \left(\sqrt[5]{\dfrac{1}{32}}\right)^3 = \left(\dfrac{1}{\sqrt[5]{32}}\right)^3 = \left(\dfrac{1}{2}\right)^3 = \dfrac{1}{2^3} = \dfrac{1}{8}$.

(3) $\left(\dfrac{9}{4}\right)^{3/2} = \left(\sqrt{\dfrac{9}{4}}\right)^3 = \left(\dfrac{\sqrt{9}}{\sqrt{4}}\right)^3 = \left(\dfrac{3}{2}\right)^3 = \dfrac{3^3}{2^3} = \dfrac{27}{8}$. ■

【例題 6】 求 (1) $100^{-1/2}$, (2) $\left(\dfrac{1}{8}\right)^{-2/3}$, (3) $\left(\dfrac{9}{4}\right)^{-3/2}$.

(1) $100^{-1/2} = \dfrac{1}{100^{1/2}} = \dfrac{1}{\sqrt{100}} = \dfrac{1}{10}$.

(2) $\left(\dfrac{1}{8}\right)^{-2/3} = \dfrac{1}{\left(\dfrac{1}{8}\right)^{2/3}} = \dfrac{1}{\left(\sqrt[3]{\dfrac{1}{8}}\right)^2} = \dfrac{1}{\left(\dfrac{1}{\sqrt[3]{8}}\right)^2} = \dfrac{1}{\left(\dfrac{1}{2}\right)^2}$

$= \dfrac{1}{\dfrac{1}{2^2}} = \dfrac{1}{\dfrac{1}{4}} = 4$.

(3) $\left(\dfrac{9}{4}\right)^{-3/2} = \dfrac{1}{\left(\dfrac{9}{4}\right)^{3/2}} = \dfrac{1}{\left(\sqrt{\dfrac{9}{4}}\right)^3} = \dfrac{1}{\left(\dfrac{\sqrt{9}}{\sqrt{4}}\right)^3} = \dfrac{1}{\left(\dfrac{3}{2}\right)^3}$

$= \dfrac{1}{\dfrac{3^3}{2^3}} = \dfrac{1}{\dfrac{27}{8}} = \dfrac{8}{27}$. ■

定理 7-4

設 a、b 是兩個正實數，r、s 是兩個有理數，則有
(1) $a^r \cdot a^s = a^{r+s}$
(2) $(a^r)^s = a^{rs}$
(3) $(ab)^r = a^r b^r$.

定理 7-5

設 $a \in \mathbb{R}$, $a > 1$, $m > n$, m、$n \in \mathbb{Q}$,則 $a^m > a^n$.

證:設 $m = \dfrac{q}{p}$, $n = \dfrac{s}{r}$,其中 p、q、r、$s \in \mathbb{Z}$,且 $p > 0$, $r > 0$.

$$m > n \Rightarrow \dfrac{q}{p} > \dfrac{s}{r}$$
$$\Rightarrow qr > ps$$
$$\Rightarrow a^{qr} > a^{ps}$$
$$\Rightarrow a^{qr/pr} > a^{ps/pr}$$
$$\Rightarrow a^{q/p} > a^{s/r}$$
$$\Rightarrow a^m > a^n.$$

定理 7-6

設 $a \in \mathbb{R}$, $0 < a < 1$, $m > n$, m、$n \in \mathbb{Q}$,則 $a^m < a^n$.

若 a 為任意正實數,r 為一無理數,我們亦可定義 a^r,只是它的定義比較繁複且超出課本範圍,故在此省略. 至此,對於任意的實數 a、r,且 $a > 0$,則 a^r 均有意義. 亦即 a^r 亦為實數. 例如,$2^{\sqrt{2}}$、2^{π} 等均為實數.

定理 7-7

設 a、b、r 與 s 均為任意實數,且 $a > 0$, $b > 0$,則下列性質成立.

(1) $a^r \cdot a^s = a^{r+s}$

(2) $(a^r)^s = a^{rs}$

(3) $a^r \cdot b^r = (ab)^r$

(4) $\left(\dfrac{a}{b}\right)^r = \dfrac{a^r}{b^r} = a^r b^{-r}$

(5) $\dfrac{a^r}{a^s} = a^{r-s}$

定理 7-8

(1) 設 $a \in \mathbb{R}$, $a > 1$, $m > n$, m、$n \in \mathbb{R}$, 則 $a^m > a^n$.

(2) 設 $a \in \mathbb{R}$, $0 < a < 1$, $m > n$, m、$n \in \mathbb{R}$, 則 $a^m < a^n$.

【例題7】 (1) $(2^{\sqrt{3}})^{\sqrt{3}}$, (2) $(\sqrt{2}^{\sqrt{2}})^{\sqrt{2}}$.

【解】 (1) $(2^{\sqrt{3}})^{\sqrt{3}} = 2^{\sqrt{3} \times \sqrt{3}} = 2^3 = 8$.

(2) $(\sqrt{2}^{\sqrt{2}})^{\sqrt{2}} = (\sqrt{2})^{\sqrt{2} \times \sqrt{2}} = (\sqrt{2})^2 = \sqrt{2} \times \sqrt{2} = 2$. ■

【例題8】 若 $3^{2x-1} = \dfrac{1}{27}$, 試求 x 之值.

【解】 因 $3^{2x-1} = \dfrac{1}{27} = \dfrac{1}{3^3} = 3^{-3}$

所以, $2x - 1 = -3$

$2x = -2$

故 $x = -1$. ■

【例題9】 試解 $4^{3x^2} = 2^{10x+4}$.

【解】 $4^{3x^2} = (2^2)^{3x^2} = 2^{6x^2}$, 可得 $2^{6x^2} = 2^{10x+4}$.

於是, $6x^2 = 10x + 4$

即, $6x^2 - 10x - 4 = 0$

$3x^2 - 5x - 2 = 0$

$(3x + 1)(x - 2) = 0$

所以, $x = -\dfrac{1}{3}$ 或 $x = 2$. ■

隨堂練習3 試解方程式 $9^x + 3 = 4 \cdot 3^x$.

答案：$x = 0$ 或 $x = 1$.

對於一些很大或很小數字的運算，我們可以用科學記號的表示法來表示．所謂科學記號，就是將每個正數 a，寫成 10 的 n 次乘冪乘以只含個位數的小數的乘積，稱為科學記號，亦即

$$a = b \times 10^n \quad (\text{其中 } n \in \mathbb{Z}，1 \leq b < 10)$$

例如：$4538 = 4.538 \times 10^3$，$0.00453 = 4.53 \times 10^{-3}$．

【例題 10】 試寫出下列各數的科學記號．
    (1) 0.051364
    (2) 4325.48
    (3) 396000

【解】 (1) $0.051364 = 5.1364 \times 10^{-2}$
    (2) $4325.48 = 4.32548 \times 10^3$
    (3) $396000 = 3.96 \times 10^5$．   ◼

【例題 11】 試將下列用科學記號所表示的數化為原來的形式．
    (1) 3.6×10^6
    (2) 4.18×10^{-6}
    (3) 2×10^5

【解】 (1) $3.6 \times 10^6 = 3600000$
    (2) $4.18 \times 10^{-6} = 0.00000418$
    (3) $2 \times 10^5 = 200000$．   ◼

隨堂練習 4 試用科學記號表示下列各題的結果．

(1) $\dfrac{(2 \times 10^4) \times (4 \times 10^{-6})}{16 \times 10^5}$

(2) $(5 \times 10^{-4}) \times (6 \times 10^{-5}) \times (2 \times 10^7)$

(3) 168.7×10^{-8}

答案：(1) 5×10^{-8}，(2) 6×10^{-1}，(3) 1.687×10^{-6}．

習題 7-1

化簡下列各式.

1. $1000(8^{-2/3})$

2. $3\left(\dfrac{9}{4}\right)^{-3/2}$

3. $(0.027)^{2/3}$

4. $2^3 \cdot 4^2$

5. $2^4 \cdot 32^4$

6. $\dfrac{9a^{4/3} \cdot a^{-1/2}}{2a^{3/2} \cdot 3a^{1/3}}$

7. $\dfrac{\sqrt{a^3} \cdot \sqrt[3]{b^2}}{\sqrt[6]{b^{-2}} \cdot \sqrt[4]{a^6}}$

8. $(3a^{-1/3} + a + 2a^{2/3}) \cdot (a^{1/3} - 2)$

9. $2(\sqrt{5})^{\sqrt{3}}(\sqrt{5})^{-\sqrt{3}}$

10. $\pi^{-\sqrt{3}} \cdot \left(\dfrac{1}{\pi}\right)^{\sqrt{3}}$

11. $(a^2 + b^{-2})(a^2 - b^{-2})$

12. $[a^3(a^{-2})^4]^{-1}$

13. $(a^{-3}b^2)^{-2}$

14. $\left(\dfrac{b^{3/2}}{a^{1/4}}\right)^{-2}$

15. $(3^{\sqrt{2}})^{\sqrt{2}}$

16. $36^{\sqrt{5}} \div 6^{\sqrt{20}}$

17. $10^{\sqrt{3}+1} \cdot 100^{-\sqrt{3}/2}$

18. $(a^{\frac{1}{\sqrt{2}}})^{\sqrt{2}} (b^{\sqrt{3}})^{\sqrt{3}}$

19. $32^{-0.4} + 36^{\sqrt{5}} \cdot 81^{0.75} \cdot 6^{-\sqrt{20}}$

20. $(2-\sqrt{3})^{-3} + (2+\sqrt{3})^{-3}$

21. $[a^2 \cdot (a^{-3})^2]^{-1}$

22. $(a^{-2})^3 \cdot a^4$

23. $(2^2 \cdot 2^{-1})^2 + (3^2 + 5^3)^0$

24. $(a^{-3} - b^{-3})(a^{-3} + b^{-3})$

25. $2^{b-c} \cdot 2^{c-b}$

26. $(a^2)^3 - (a^3)^2$

27. $(a - a^{-1})(a^2 + 1 + a^{-2})$

28. $a^{3/2} \cdot a^{1/6}$

29. $\sqrt{a} \cdot \sqrt[3]{a} \cdot \sqrt[8]{a}$　 $(a \geq 0)$

30. 設 $a > 0$, $b > 0$，試化簡下列各式：

    (1) $\dfrac{a^3 \cdot a^{-3/2}}{a^{3/4}}$，　(2) $(125\,a^{-3}b^9)^{-2/3}$

31. 化簡 $\dfrac{a^{-1/3} \cdot b^3}{a^{5/3} \cdot b^{-1/2}}$.

32. 設 $a > b > 0$，試化簡 $(a - 2\sqrt{ab} + b)^{1/2}$.

33. 若 $n+n^{-1}=5$，求 n^2+n^{-2}.

34. 試將 $\sqrt{9a^{-2}b^3}$、$\sqrt[3]{x^2y}$、$\sqrt[5]{a^{20}} \cdot \sqrt{a^{12}}$ 化成指數型式.

35. 設 x、y、z 為正數，$x^y=1$，$y^z=\dfrac{1}{2}$，$z^x=\dfrac{1}{3}$，求 xyz 之值.

36. 設 $a^{2x}=5$，求 $(a^{3x}+a^{-3x})\div(a^x+a^{-x})$ 的值.

37. 用科學記號表示下列各題的結果.
    (1) $(6\times 10^4)\times(8\times 10^{-1})$
    (2) $(0.5\times 10^6)\times(0.2\times 10^4)$
    (3) $(3\times 10^{-3})\div(60\times 10^{-7})$
    (4) 239.6×10^7

38. 令某正圓錐容器的底半徑為 r，高為 h，則其體積為 $V=\dfrac{1}{3}\pi r^2 h$（其中 π 為圓周率，約等於 3.14），若該容器的底半徑為 3.5×10^3 公分，高為 6.5×10^5 公分，試求該容器的體積.（答案取五位有效數字，第六位四捨五入.）

7-2 指數函數與其圖形

在前節中，我們已定義了有理指數，亦即，對任意 $a>0$，$r\in\mathbb{Q}$，a^r 是有意義的；同時，我們將指數的定義擴充至實數指數，同樣也會滿足指數律及一切性質.

設 $a>0$，對任意的實數 x，a^x 已有明確的定義，因此，若視 x 為自變數，則 $y=a^x$ 可視為一函數.

定義 7-4

若 $a>0$，$a\neq 1$，對任意實數 x，恰有一個對應值 a^x，因而 a^x 是實數 x 的函數，常記為

$$f : \mathbb{R} \to \mathbb{R}^+,\ f(x)=a^x,$$

則稱此函數為以 a 為底的指數函數.

在此定義中，$D_f = \{x \mid x \in \mathbb{R}\}$，$\mathbb{R}_f = \{y \mid y \in \mathbb{R}^+\}$ ($\mathbb{R}^+$ 表示正實數所成的集合).

【例題 1】 已知 e 為一無理數，其值約為 2.71828. 函數 $f(x) = e^x$，$x \in \mathbb{R}$，稱為自然指數函數. 今假設

$$f(x) = e^x + e^{-x}$$

試證：

(1) $f(x+y)f(x-y) = f(2x) + f(2y)$， (2) $[f(x)]^2 = f(2x) + 2$.

【解】 (1) $f(x+y)f(x-y) = [e^{x+y} + e^{-(x+y)}][e^{x-y} + e^{-(x-y)}]$

$= e^{x+y} \cdot e^{x-y} + e^{-(x+y)} \cdot e^{x-y} + e^{x+y} \cdot e^{-(x-y)}$

$\quad + e^{-(x+y)} \cdot e^{-(x-y)}$

$= e^{2x} + e^{-2y} + e^{2y} + e^{-2x}$

$= (e^{2x} + e^{-2x}) + (e^{2y} + e^{-2y})$

$= f(2x) + f(2y)$

(2) $[f(x)]^2 = (e^x + e^{-x})^2 = e^{2x} + 2 \cdot e^x \cdot e^{-x} + e^{-2x}$

$= e^{2x} + e^{-2x} + 2 = f(2x) + 2.$ ◻

關於指數函數 $f(x) = a^x$ ($a > 0$，$a \neq 1$，$x \in \mathbb{R}$) 的圖形，我們分別就下列三種情形來加以討論：

1. 當 $a = 1$ 時，$f(x) = 1$ 為常數函數，其圖形是通過點 $(0, 1)$ 的水平線，如圖 7-1 所示.

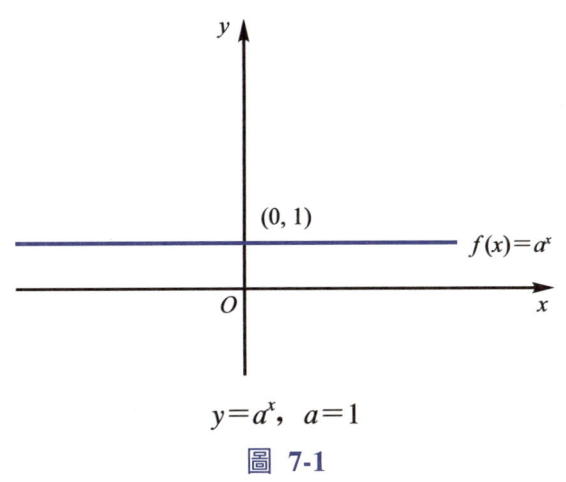

$y = a^x$，$a = 1$

圖 **7-1**

2. 當 $a > 1$ 時，若 $x_1 > x_2$，則 $a^{x_1} > a^{x_2}$，亦即，$a > 1$ 時，$f(x) = a^x$ 的圖形隨著 x 的增加而上升，且經過點 $(0, 1)$，如圖 7-2 所示.

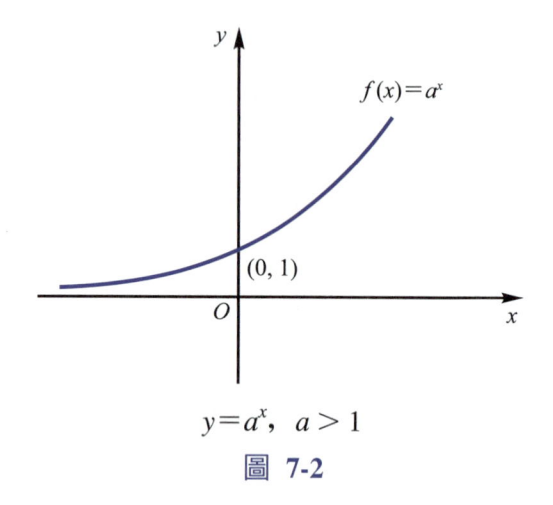

$y = a^x$, $a > 1$

圖 7-2

3. 當 $0 < a < 1$ 時，若 $x_1 > x_2$，則 $a^{x_1} < a^{x_2}$，亦即，$0 < a < 1$ 時，$f(x) = a^x$ 的圖形隨著 x 的增加而下降，且經過點 $(0, 1)$，如圖 7-3 所示.

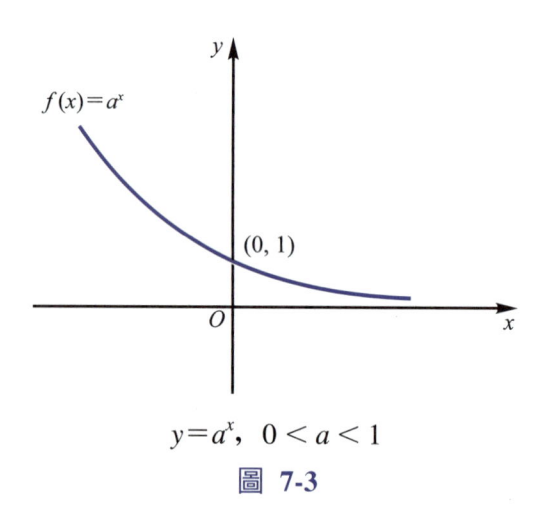

$y = a^x$, $0 < a < 1$

圖 7-3

【例題 2】 作 $y = f(x) = 2^x$ 的圖形.

【解】 依不同的 x 值列表如下：

x	-3	-2	-1	0	$\dfrac{1}{2}$	1	$\dfrac{3}{2}$	2	$\dfrac{5}{2}$	3
$y = 2^x$	$\dfrac{1}{8}$	$\dfrac{1}{4}$	$\dfrac{1}{2}$	1	$\sqrt{2}$	2	$2\sqrt{2}$	4	$4\sqrt{2}$	8

用平滑曲線將這些點連接起來，可得 $y=2^x$ 的圖形，如圖 7-4 所示．

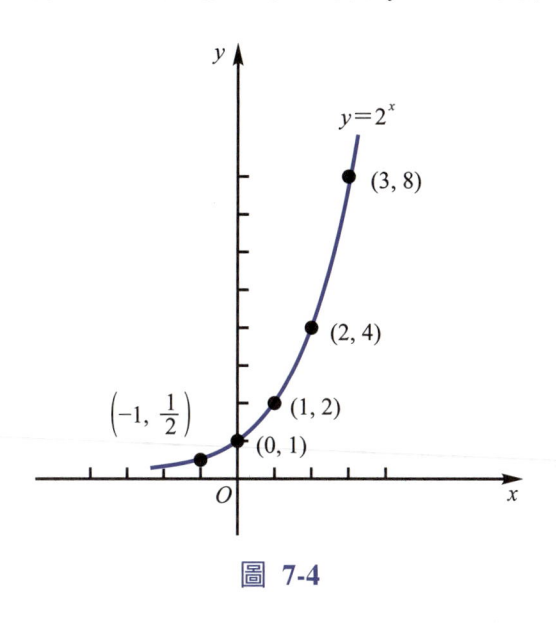

圖 7-4

【例題 3】 作 $y=f(x)=3^x$ 與 $y=f(x)=2^x$ 的圖形於同一坐標平面上，並加以比較．

【解】 (1) 依不同的 x 值列表如下：

x	-2	-1	0	$\dfrac{1}{2}$	1	$\dfrac{3}{2}$	2
$y=3^x$	$\dfrac{1}{9}$	$\dfrac{1}{3}$	1	$\sqrt{3}$	3	$3\sqrt{3}$	9

圖形如圖 7-5 所示．

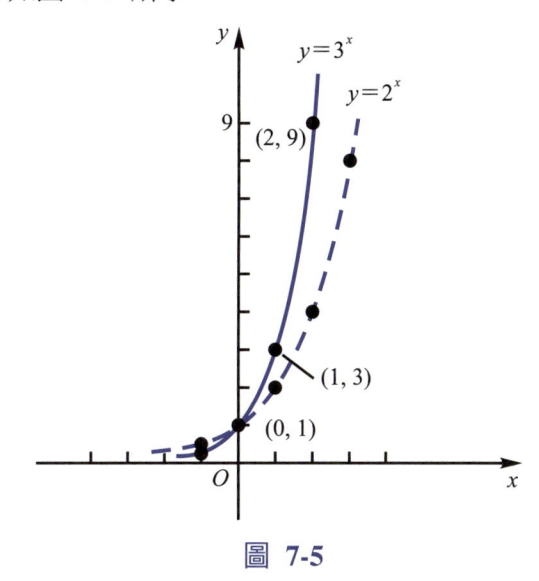

圖 7-5

(2) 討論：當 $x>0$ 時，$y=3^x$ 的圖形恆在 $y=2^x$ 的圖形的上方；當 $x<0$ 時，$y=3^x$ 的圖形恆在 $y=2^x$ 的圖形的下方．換句話說，當 $x>0$ 時，$3^x>2^x$；當 $x<0$ 時，$3^x<2^x$. ◻

隨堂練習 5　試比較 $8\sqrt{2}$，$4\sqrt[3]{4}$，$\sqrt[3]{256\sqrt{2}}$，$4^{\sqrt{3}}$，2^{π} 的大小．

答案：$4\sqrt[3]{4}<\sqrt[3]{256\sqrt{2}}<2^{\pi}<4^{\sqrt{3}}<8\sqrt{2}$．

【例題 4】　作 $y=f(x)=\left(\dfrac{1}{2}\right)^x$ 的圖形．

【解】　(1) 依不同的 x 值列表如下：

x	-2	$-\dfrac{3}{2}$	-1	$-\dfrac{1}{2}$	0	1	2	3
$y=\left(\dfrac{1}{2}\right)^x$	4	$2\sqrt{2}$	2	$\sqrt{2}$	1	$\dfrac{1}{2}$	$\dfrac{1}{4}$	$\dfrac{1}{8}$

圖形如圖 7-6 所示．

(2) 討論：如果我們將 $y=2^x$ 與 $y=\left(\dfrac{1}{2}\right)^x$ 的圖形畫在同一坐標平面上，如圖 7-7 所示，我們發現這兩個圖形對稱於 y-軸，這是因為 $y=\left(\dfrac{1}{2}\right)^x=2^{-x}$. 所以，當點 (x, y) 在 $y=2^x$ 的圖形上時，點 $(-x, y)$ 就在 $y=\left(\dfrac{1}{2}\right)^x$ 的圖形上，反之亦然．此外，連接點 (x, y) 與點 $(-x, y)$ 的線段被 y-軸垂直平分，所以，點 (x, y) 與點 $(-x, y)$ 對稱於 y-軸．因此，$y=2^x$ 的圖形與 $y=\left(\dfrac{1}{2}\right)^x$ 的圖形對稱於 y-軸．也就是說，只要將 $y=2^x$ 的圖形對 y-軸作鏡射，即得 $y=\left(\dfrac{1}{2}\right)^x$ 的圖形．

圖 7-6　　　　　　　　　　　　　圖 7-7

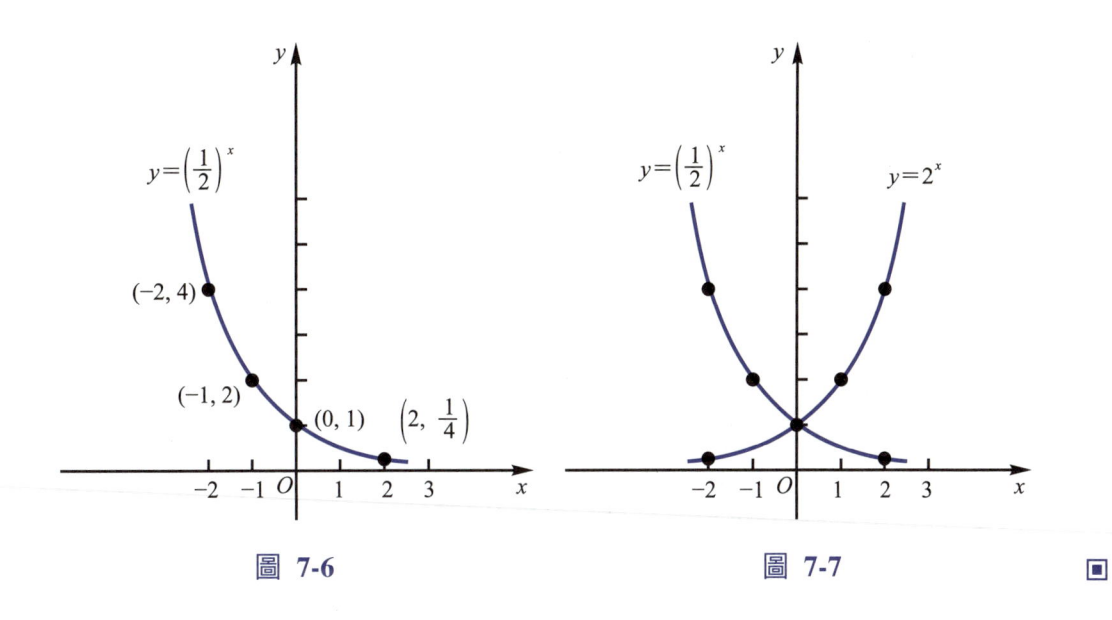

習題 7-2

1. 已知 $4^x = 5$，求下列各值.

　　(1) 2^x　　　(2) 2^{-x}　　　(3) 8^x　　　(4) 8^{-x}

解下列各指數方程式.

2. $8^{x^2} = (8^x)^2$　　　　　**3.** $5^{x-2} = \dfrac{1}{125}$　　　　　**4.** $3^{2x-1} = 243$

5. $\dfrac{2^{x^2+1}}{2^{x-1}} = 16$　　　**6.** $(\sqrt{2})^x = 32 \cdot 2^{-2x}$　　**7.** $2^{3x+1} = \dfrac{1}{32}$

8. $10^x - 5^x - 2^x + 1 = 0$

9. $6^x - 4 \cdot 3^x - 3 \cdot 2^x + 12 = 0$

10. $2^{2x+1} + 2^{3x} = 5 \cdot 2^{x+4}$

11. 試解下列各指數不等式.

　　(1) $8^x \leq 4$　　(2) $(\sqrt{3})^x > 27$　　(3) $2^{2x} - 5 \cdot 2^{x-1} + 1 < 0$

12. 若 $f(x) = 2^x$，$g(x) = 3^x$，求 $f(g(2))$ 與 $g(f(2))$.

13. 設 $2^x + 2^{-x} = 3$，求下列各值.

　　(1) $|2^x - 2^{-x}|$　　　(2) $4^x + 4^{-x}$　　　(3) $8^x + 8^{-x}$

14. 試比較下列各組數的大小.

    (1) $\sqrt{6}$, $\sqrt[3]{15}$, $\sqrt[4]{25}$　　(2) $a=5^{999}$, $b=2^{3330}$

15. 若 $(\sqrt{2})^{3x-1}=\dfrac{\sqrt{32}}{2^x}$, 則 x 之值為何？

16. 若 $4^{3x^2}=2^{10x+4}$, 則 x 之值為何？

7-3　對數與其運算

　　我們在前面已介紹過指數的概念，就是對於正實數 a 與任意實數 n，給予符號 a^n 明確的意義. 現在，我們利用這種概念再介紹一個新的符號如下：

定義 7-6

> 給予一個不等於 1 的正實數 a，對於正實數 b，如果存在一個實數 c，滿足下列關係：
> $$a^c=b$$
> 則稱 c 是以 a 為底 b 的**對數**，b 稱為**真數**. 以符號
> $$c=\log_a b$$
> 表示.

註：(1) 如果 $\log_a b=c$，那麼 $a^c=b$，即

$$a^c=b \Leftrightarrow c=\log_a b$$

(2) 討論指數 a^c 時，a 必須大於 0，所以規定對數時，我們也設 $a>0$.

(3) 因為 $a>0$，所以 a^c 恆為正，因此只有正數的對數才有意義. 0 和負數的對數都沒有意義，即對數的真數恆為正.

(4) 對任意實數 c，$1^c=1$. 在 $a^c=b$ 中，當 $a=1$ 時，b 非要等於 1 不可，而 c 可以是任意的實數，所以，以 1 為底的對數沒有意義，即，對數的底恆為正但不等於 1.

【例題 1】
$$3^5 = 243 \Leftrightarrow \log_3 243 = 5$$
$$4^{1/4} = \sqrt{2} \Leftrightarrow \log_4 \sqrt{2} = \frac{1}{4}$$
$$3^{-1} = \frac{1}{3} \Leftrightarrow \log_3 \frac{1}{3} = -1.$$

【例題 2】 求下列各式中的 x.

(1) $\log_{1/4} 64 = x$ (2) $\log_8 \frac{1}{2} = x$

(3) $\log_{\sqrt{5}} x = -4$ (4) $\log_{16} x = -0.75$

(5) $\log_x 5 = \frac{1}{2}$ (6) $\log_x \frac{1}{2} = -\frac{1}{3}$

【解】 (1) 因 $64 = \left(\frac{1}{4}\right)^x$，即 $2^6 = 2^{-2x}$. 可得 $x = -3$，故 $\log_{1/4} 64 = -3$.

(2) 因 $\frac{1}{2} = 8^x$，即 $2^{-1} = 2^{3x}$. 可得 $x = -\frac{1}{3}$，故 $\log_8 \frac{1}{2} = -\frac{1}{3}$.

(3) $x = (\sqrt{5})^{-4} = \frac{1}{(\sqrt{5})^4} = \frac{1}{25}$.

(4) $x = (16)^{-0.75} = (16)^{-3/4} = \frac{1}{8}$.

(5) 因 $5 = x^{1/2}$，故 $x = 25$.

(6) 因 $\frac{1}{2} = x^{-1/3}$，可得 $\frac{1}{8} = x^{-1}$，故 $x = 8$.

由對數的定義，我們可得下述的性質：

定理 7-11

若真數與底相同，則對數等於 1，即 $\log_a a = 1$.

證：因 $c = \log_a a^c$，當 $c = 1$ 時，$1 = \log_a a^1 = \log_a a$，故 $\log_a a = 1$.

定理 7-12

若真數為 1，則對數等於 0，即 $\log_a 1 = 0$.

證：因 $c = \log_a a^c$，當 $c = 0$ 時，$0 = \log_a a^0 = \log_a 1$，故 $\log_a 1 = 0$.

定理 7-13

若 $a \neq 1$，$a > 0$，r、$s > 0$，則

(1) $\log_a rs = \log_a r + \log_a s$

(2) $\log_a \dfrac{r}{s} = \log_a r - \log_a s$

(3) $\log_a \dfrac{1}{s} = -\log_a s$

(4) $\log_a r^s = s \log_a r$，$\log_{a^s} r = \dfrac{1}{s} \log_a r$

證：(1) 令 $x = \log_a r$，$y = \log_a s$，由定義可得 $a^x = r$，$a^y = s$.

利用指數律，$rs = a^x \cdot a^y = a^{x+y}$

故 $\log_a rs = x + y = \log_a r + \log_a s$.

(2) 令 $x = \log_a r$，$y = \log_a s$，由定義可得 $a^x = r$，$a^y = s$.

因 $\dfrac{r}{s} = \dfrac{a^x}{a^y} = a^{x-y}$

故 $\log_a \dfrac{r}{s} = x - y = \log_a r - \log_a s$.

(3) 於 (2) 中取 $r = 1$，可得

$$\log_a \dfrac{1}{s} = \log_a 1 - \log_a s = 0 - \log_a s = -\log_a s.$$

(4) 令 $x = \log_a r$，則 $a^x = r$，可得 $a^{xs} = r^s$，故 $\log_a r^s = xs = s \log_a r$.

令 $x = \log_a r$，則 $a^x = r$，可得 $a^{sx} = (a^s)^x = r^s$，$\log_{a^s} r^s = x$，

即 $$s \log_{a^s} r = x$$

故 $\log_{a^s} r = \dfrac{x}{s} = \dfrac{1}{s} \log_a r.$

定理 7-14

> 設 $a \neq 1$, $a > 0$, $b \neq 1$, $b > 0$, 則 $\log_a r = \dfrac{\log_b r}{\log_b a}$.

證：令 $A = \log_b r$, $B = \log_b a$, 則 $b^A = r$, $b^B = a.$

$$a^{A/B} = (b^B)^{A/B} = b^A = r$$

由定義, $$\log_a r = \dfrac{A}{B} = \dfrac{\log_b r}{\log_b a}$$

此定理中的式子稱為**換底公式**.

定理 7-15

> 設 a 為不等於 1 的正實數，b 為任意正實數，c 為任意實數，則
> $$a^{\log_a b} = b, \quad \log_a (a^c) = c.$$

證：(1) 令 $c = \log_a b$, 則 $a^c = b$, 故 $a^{\log_a b} = b.$

(2) $a^c = a^c \Leftrightarrow \log_a a^c = c.$

【例題 3】 試求下列各題之值.

(1) $3^{\log_3 243}$ (2) $\log_3 (3^5)$ (3) $3^{\log_3 1/3}$ (4) $\log_3 (3^{-1}).$

【解】 (1) $3^{\log_3 243} = 243$

(2) $\log_3 (3^5) = 5$

(3) $3^{\log_3 1/3} = \dfrac{1}{3}$

(4) $\log_3 (3^{-1}) = -1.$

隨堂練習 6 求下列對數之值：

(1) $\log_5 25\sqrt{5}$，　(2) $\log_{0.1} 100$，　(3) $\log_{\frac{2}{5}} \frac{25}{4}$．

答案：(1) $\frac{5}{2}$，(2) -2，(3) -2．

推論 1

設 $a \neq 1$，$a > 0$，p、$q \in \mathbb{R}$，$p \neq 0$，則 $\log_{a^p} a^q = \frac{q}{p}$．

證：由定理 7-14，設 $b \neq 1$，$b > 0$，則

$$\log_{a^p} a^q = \frac{\log_b a^q}{\log_b a^p} = \frac{q \log_b a}{p \log_b a} = \frac{q}{p}．$$

推論 2

設 $a \neq 1$，$b \neq 1$，$a > 0$，$b > 0$，則 $\log_a b \cdot \log_b a = 1$．

證：由定理 7-14，令 $r = b$，

則 $$\log_a r = \frac{\log_b r}{\log_b a} = \frac{\log_b b}{\log_b a} = \frac{1}{\log_b a}$$

故 $\log_a b \cdot \log_b a = 1$．

【例題 4】 已知 $\log_{10} 2 = 0.3010$，求 $\log_{10} 8$、$\log_{10} \sqrt[5]{2}$、$\log_2 5$ 的值．

【解】 $\log_{10} 8 = \log_{10} 2^3 = 3 \log_{10} 2 = 3 \times 0.3010 = 0.9030$

$\log_{10} \sqrt[5]{2} = \log_{10} 2^{1/5} = \frac{1}{5} \log_{10} 2 = \frac{1}{5} \times 0.3010 = 0.0602$

$\log_2 5 = \log_2 \frac{10}{2} = \log_2 10 - \log_2 2 = \frac{\log_{10} 10}{\log_{10} 2} - 1$

$= \frac{1}{0.3010} - 1 \approx 2.3223．$

【例題 5】 試化簡下列各式：

(1) $\log_2 (\log_2 49) + \log_2 (\log_7 2)$

(2) $\log_{10} \dfrac{4}{7} - \dfrac{4}{3} \log_{10} \sqrt{8} + \dfrac{2}{3} \log_{10} \sqrt{343}$

【解】 (1) $\log_2 (\log_2 49) + \log_2 (\log_7 2)$

$= \log_2 (\log_2 49 \cdot \log_7 2) = \log_2 \left(\dfrac{\log 49}{\log 2} \cdot \dfrac{\log 2}{\log 7} \right)$

$= \log_2 \left(\dfrac{2 \log 7}{\log 2} \cdot \dfrac{\log 2}{\log 7} \right) = \log_2 2$

$= 1.$

(2) $\log_{10} \dfrac{4}{7} - \dfrac{4}{3} \log_{10} \sqrt{8} + \dfrac{2}{3} \log_{10} \sqrt{343}$

$= \log_{10} \dfrac{4}{7} - \log_{10} (2^{3/2})^{4/3} + \log_{10} (7^{3/2})^{2/3}$

$= \log_{10} \dfrac{4}{7} - \log_{10} 4 + \log_{10} 7$

$= \log_{10} 4 - \log_{10} 7 - \log_{10} 4 + \log_{10} 7$

$= 0$ ◼

【例題 6】 化簡 $(\log_2 3 + \log_4 9)(\log_3 4 + \log_9 2)$.

【解】 $(\log_2 3 + \log_4 9)(\log_3 4 + \log_9 2)$

$= \left(\dfrac{\log_{10} 3}{\log_{10} 2} + \dfrac{2 \log_{10} 3}{2 \log_{10} 2} \right) \left(\dfrac{2 \log_{10} 2}{\log_{10} 3} + \dfrac{\log_{10} 2}{2 \log_{10} 3} \right)$

$= \dfrac{4 \log_{10} 3}{2 \log_{10} 2} \cdot \dfrac{5 \log_{10} 2}{2 \log_{10} 3}$

$= 5.$ ◼

隨堂練習 7 化簡 $\log_{\sqrt{2}} 1 + \log_2 \dfrac{4\sqrt{3}}{3} + \log_4 6$.

答案：$\dfrac{5}{2}$.

隨堂練習 8 設 a、b、c 與 d 均為正數，且 a、b、c 不等於 1，試證 $\log_a b \cdot \log_b c \cdot \log_c d = \log_a d$.

答案：略.

【例題 7】 解不等式 $\log_{\frac{1}{2}}(3x+1) - 2 > 0$.

【解】 $\log_{\frac{1}{2}}(3x+1) > 2 \Rightarrow \log_{\frac{1}{2}}(3x+1) > \log_{\frac{1}{2}}\dfrac{1}{4}$,

以 $\dfrac{1}{2}$ 為底的對數函數，圖形是下降的，即真數愈大時，對數值愈小，故

$3x+1 < \dfrac{1}{4}$.

又，真數應為正數，故 $0 < 3x+1 < \dfrac{1}{4}$.

所以，$-1 < 3x < -\dfrac{3}{4}$，得 $-\dfrac{1}{3} < x < -\dfrac{1}{4}$. ∎

隨堂練習 9 試解對數方程式 $\log_2(x+1) + \log_2(x-2) = 2$.

答案：$x = 3$.

習題 7-3

試求下列對數的值.

1. $\log_2 64$
2. $\log_{\sqrt{3}} 81$
3. $\log_{32} 2$

求下列各式中的 x 值.

4. $\log_3 x = -4$
5. $\log_x 144 = 2$
6. $10^{-\log_2 x} = \dfrac{1}{\sqrt{1000}}$

7. $\log_{10} \sqrt{100000} = x$

8. $2^{\log_{10} 5^x} = 32$

9. $5^x + 5^{x+1} = 10^x + 10^{x+1}$

10. $\log_{25} x = -\dfrac{3}{2}$

11. $\log_x \dfrac{1}{\sqrt{5}} = \dfrac{1}{4}$

12. $\log_{2\sqrt{2}} 32 \cdot \sqrt[3]{4} = x$

13. $\log_3 (\log_{1/2} x) = 2$

14. 設 $\log_{10} 2 = 0.3010$，求 $\log_{10} 40$、$\log_{10} \sqrt{5}$ 與 $\log_2 \sqrt{5}$ 的值.

化簡下列各式.

15. $\log_2 \dfrac{1}{16} + \log_5 125 + \log_3 9$

16. $\log_{10} \dfrac{50}{9} - \log_{10} \dfrac{3}{70} + \log_{10} \dfrac{27}{35}$

17. $\dfrac{1}{2} \log_6 15 + \log_6 18\sqrt{3} - \log_6 \dfrac{\sqrt{5}}{4}$

18. $\log_{10} 4 - \log_{10} 5 + 2 \log_{10} \sqrt{125}$

19. $\dfrac{1}{2} \log_{10} \dfrac{16}{125} + \log_{10} \dfrac{125}{3\sqrt{8}} - \log_{10} \dfrac{5}{3}$

20. 設 $\log_{10} 2 = 0.3010$，$\log_{10} 3 = 0.4771$，試比較下列各組數的大小.

    (1) $\log_{10} 20$，$\log_{10} \dfrac{25}{4}$，$\log_{10} \dfrac{1}{4}$，$\log_{10} \dfrac{128}{5}$

    (2) $6^{\sqrt{8}}$，$8^{\sqrt{6}}$

21. 試證 $\log_a \dfrac{x + \sqrt{x^2 - 1}}{x - \sqrt{x^2 - 1}} = 2 \log_a (x + \sqrt{x^2 - 1})$.

試解下列的對數方程式.

22. $\log (3x+4) + \log (5x+1) = 2 + \log 9$

23. $2 \log_2 x - 3 \log_x 2 + 5 = 0$

24. $\log_3 (x^2 - 2x) = \log_3 (-x+2) + 1$

25. $x^{\log_{10} x} = 10^6 x$

7-4 常用對數

由於我們習慣用十進位制，而以 10 為底的對數，在計算時較為方便，故稱為**常用對數**. $\log_{10} a$ 常簡寫成 $\log a$，即將底數省略不寫. 常用對數的值可以寫成整數部分 (稱為**首數**) 與正純小數部分或 0 (稱為**尾數**) 的和，亦即，常用對數可表示為

$$\log a = k + b \text{ (其中 } a > 0, k \text{ 為整數}, 0 \leq b < 1)$$

此時，k 稱為對數 $\log a$ 的首數，b 稱為對數 $\log a$ 的尾數，而尾數規定恆介於 0 與 1 之間.

首數的定法

我們由對數的性質得知：

1. 真數大於或等於 1：

$$10^0 = 1 \qquad \log 1 = 0$$
$$10^1 = 10 \qquad \log 10 = 1$$
$$10^2 = 100 \qquad \log 100 = 2$$
$$10^3 = 1000 \qquad \log 1000 = 3$$
$$\vdots$$

由以上可知，若正實數 a 的整數部分為 n 位數，則 $(n-1) \leq \log a < n$，故其首數為 $n-1$.

例如：$\log 78$ 的首數為 1.

$\log 378$ 的首數為 2.

$\log 5438.43$ 的首數為 3.

$\log 77456.43$ 的首數為 4.

2. 真數小於 1：

$$10^{-1} = \frac{1}{10} = 0.1 \qquad \log 0.1 = -1$$

$$10^{-2} = \frac{1}{100} = 0.01 \qquad\qquad \log 0.01 = -2$$

$$10^{-3} = \frac{1}{1000} = 0.001 \qquad\qquad \log 0.001 = -3$$

$$10^{-4} = \frac{1}{1000} = 0.0001 \qquad\qquad \log 0.0001 = -4$$

由以上可知，若正純小數 a 在小數點以後第 n 位始出現非零的數，則 $-n \leq \log a < -n+1$，故其首數為 $-n$.

例如：$\log 0.01 < \log 0.035 < \log 0.1$，可得

$$-2 < \log 0.035 < -1$$

故 $\log 0.035 = -2 + 0.5441$. 為了方便起見，寫成 $\log 0.035 = \bar{2}.5441$，其首數為 -2，可記為 $\bar{2}$.

同理得知：

$\log 0.69$ 的首數為 $\bar{1}$

$\log 0.093$ 的首數為 $\bar{2}$ (因小數後有一個 0)

$\log 0.00541$ 的首數為 $\bar{3}$ (因小數後有二個 0)

$\log 0.00085$ 的首數為 $\bar{4}$ (因小數後有三個 0)

3. 設 $a = p \times 10^n$，其中 $1 \leq p < 10$，而 n 為整數，則

$$\log a = \log(p \times 10^n) = n + \log p \text{ (此處 } 0 \leq \log p < 1\text{)}$$

$\log a$ 的首數為 n，尾數為 $\log p$. "$n + \log p$" 稱為 $\log a$ 的標準式. 若 $1 < p < 10$，則 $\log p$ 的值可由常用對數表查出，即對數的尾數可由對數表求出.

【例題 1】 若已知 $\log 2 = 0.3010$，求 $\log 20$、$\log 2000$ 與 $\log 0.0002$ 的值.

【解】 $\log 20 = \log(2 \times 10) = \log 2 + \log 10 = 0.3010 + 1 = 1.3010$

$\log 2000 = \log(2 \times 10^3) = \log 2 + 3 \log 10 = 0.3010 + 3 = 3.3010$

$\log 0.0002 = \log(2 \times 10^{-4}) = \log 2 + (-4)\log 10$

$\qquad\qquad = 0.3010 - 4 = -3.6990.$ ∎

【例題 2】 求 log 5436.2 的首數.

【解】 首數為 4－1＝3. ∎

【例題 3】 求 log 0.0325 的首數.

【解】 首數為 －(1＋1)＝－2，常記為 $\bar{2}$. ∎

【例題 4】 若 log a＝－3.0706，求首數與尾數.

【解】 log a＝－3.0706＝－4＋4－3.0706＝－4＋0.9294＝$\bar{4}$.9294

故知 log a 的首數為 －4，即 $\bar{4}$，尾數為 0.9294. ∎

下面將介紹如何查對數表. 本書的對數表稱（見附表 1）為四位常用對數表，意指以本表查一數的對數之尾數，取到小數點以下四位的近似值. 本表適用於查三位數字的對數之尾數.

【例題 5】 求 log 32.8 的值.

【解】 log 32.8 之真數的整數部分有二位數，故其首數為 1，尾數則可利用附表 1 的常用對數表查得. 常用對數表於首行為 N 之行找 32 所在之列，再找行首為 8 之行，其交點數為 5159，可得尾數為 0.5159，故 log 32.8＝1.5159.

N	0	1	2	3	4	5	6	7	8	9
									⋮	
30	4771	4786	4800	4814	4829	4843	4857	4871	4886	4900
									⋮	
31	4914	4928	4942	4955	4969	4983	4997	5011	5024	5038
									⋮	
32	5051	5065	5079	5092	5105	5119	5132	5145	5159	5172

∎

【例題 6】 若 log a＝－1.5171，求 a 的值.

【解】 將 log a 表為標準式，

$$\log a = -1.5171 = -2 + 2 - 1.5171 = \bar{2} + 0.4829$$

log a 的尾數為 0.4829，由對數表知其為 log 304 的尾數．又因首數為 -2，而小數點後第二位以前均為 0 且第二位不是 0，故 $a=0.0304$． ∎

對於以任意正實數為底的指數值，例如 $e^{1.8}$ 或 3.5^7，以及對數值，例如 ln 1.1 或 log 1.9，均可利用計算器求得其值．現以 CASIO 3600 型計算器來說明計算器的使用方法．

註：以無理數 e（其值大約 $2.71828\cdots$）為底 a 的對數 $\log_e a$ 常記為 ln a，稱為**自然對數**．

【例題 7】 利用計算器求 $e^{1.8}$ 的值．

【解】 先在數字鍵上按 1.8，然後按 $\boxed{\text{SHIFT}}$ 鍵，最後再按功能鍵 $\boxed{e^x}$，即可顯示出 $e^{1.8}$ 的值為 6.04965． ∎

【例題 8】 利用計算器求 3.5^7 的值．

【解】 先在數字鍵上按 3.5，再按功能鍵 $\boxed{x^y}$，然後按數字鍵 7，之後再按等號"="，即可顯示出 3.5^7 的值為 6433.93． ∎

【例題 9】 利用計算器求 ln 120.5 與 log 120.5 的值．

【解】 先在數字鍵上按 120.5，再按功能鍵 $\boxed{\text{ln}}$，即可顯示出 ln 120.5 的值為 4.79165．同理，在數字鍵上按 120.5，再按功能鍵 $\boxed{\text{log}}$，則求得 log 120.5 的值為 2.08098． ∎

習題 7-4

1. 求下列各數的首數與尾數．

(1) log 51600   (2) log 0.00457   (3) log 43.1

2. 已知 $\log 0.0375 = \bar{2}.5740$，試求下列各對數的首數與尾數．

(1) log 3.75   (2) log 37500   (3) log 0.0000375

3. 已知 $\log x = -2.5714$，試求下列各數的首數與尾數.

   (1) $\log x$ (2) $\log \dfrac{x}{1000}$ (3) $\log \dfrac{1000}{x}$

4. 查表求出下列各真數 x 至三位小數 (以下四捨五入).

   (1) $\log x = 0.4823$ (2) $\log x = 1.8547$ (3) $\log x = -1 + 0.3417$

5. 2^{50} 是幾位數？

6. 若已知 $\log 2 = 0.3010$，$\log 3 = 0.4771$，則

   (1) 12^{10} 為幾位數？

   (2) 設 $n \in \mathbb{N}$，若 12^n 為 16 位數，則 n 之值為何？

7. 若 x 為整數且 $\log(\log x) = 2$，則 x 為幾位數？

8. 將 3^{100} 以科學記號表示：$3^{100} = a \times 10^m$，其中 $1 \leq a < 10$，$m \in \mathbb{Z}$，則 m 之值為何？又 a 的整數部分為多少？

9. 若 $\log x$ 與 $\log 555$ 的尾數相同且 $10^{-3} < x < 10^{-2}$，則 x 之值為何？

10. 設 $\left(\dfrac{50}{49}\right)^n > 100$，試問 n 的最小整數值為何？

11. 如果我們把 5^{-30} 表為小數時，從小數點後第幾位起開始出現不為 0 的數字？

12. 已知半徑為 r 的球，其體積為 $\dfrac{4}{3}\pi r^3$，如果有一球之半徑為 0.875 公尺，試利用計算器求其體積.

13. 設 $\log 2 = 0.3010$，$\log 3 = 0.4771$，$\log 5 = 0.6990$，若 $3^{10} < 5^n < 3^{11}$，試求自然數 n 之值為何？

利用計算器求下列各值.

14. $e^{3.8}$ 15. $(3.5)^8$

16. $\log 114.58$ 17. $\ln 19.77$

18. $\log \sqrt[3]{0.00293}$ 19. $\dfrac{725 \times 492 \times 3670}{872 \times 975}$

7-5　對數函數與其圖形

對於對數符號有了認識，現在我們就函數觀點來講對數函數.
設 $a>0$, $a\neq 1$, y 表實數，則

$$a^y = x \Leftrightarrow y = \log_a x$$

$x=a^y$ 與 $y=\log_a x$，兩個方程式實際上是一體的兩面；一個是以 y 表 x，一個是以 x 表 y. 有這種關係的方程式，我們稱它為同義方程式 (或等價方程式).

定義 7-7

若 $a>0$, $a\neq 1$, $x>0$，則函數 $f: x \to \log_a x$ 稱為以 a 為底的對數函數，其定義域為 $D_f = \{x \mid x>0\}$，值域為 $R_f = \{y \mid y \in I\!R\}$.

指數函數與對數函數有下列二個關係式：

$$a^{\log_a x} = x, \text{ 對每一 } x \in I\!R^+ \text{ 成立}.$$
$$\log_a a^x = x, \text{ 對每一 } x \in I\!R \text{ 成立}.$$

註：若 a 換成 e，$\log_a x = \ln x$ 稱為自然對數函數，上述關係亦成立.

對數函數 $y=\log_a x$ 的圖形與指數函數 $y=a^x$ 的圖形對稱於直線 $y=x$，如圖 7-8 所示.

討論：(1) 由圖 7-8(1) 知，當 $a>1$ 時，若 $x_1 > x_2 > 0$，則 $\log_a x_1 > \log_a x_2$，亦即 $a>1$ 時，$f(x)=\log_a x$ 的圖形隨 x 增加而上升，且通過點 $(1, 0)$.

(2) 由圖 7-8(2) 知，當 $0<a<1$ 時，若 $x_1 > x_2 > 0$，則 $\log_a x_1 < \log_a x_2$，亦即 $0<a<1$ 時，$f(x)=\log_a x$ 的圖形隨 x 增加而下降，且通過點 $(1, 0)$.

定理 7-16

設 $a>0$, 且 $a\neq 1$, $x>0$，則 $\log_a x = y \Leftrightarrow a^y = x$.

圖 7-8　(1) $a>1$　(2) $0<a<1$

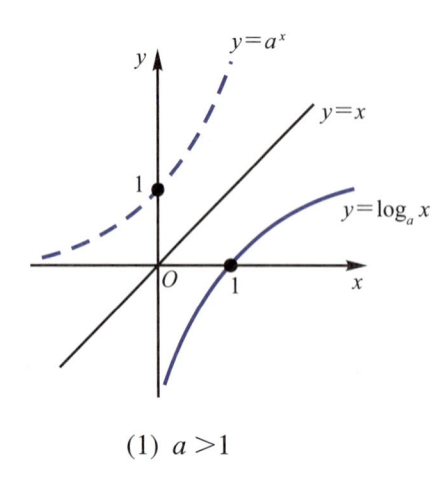

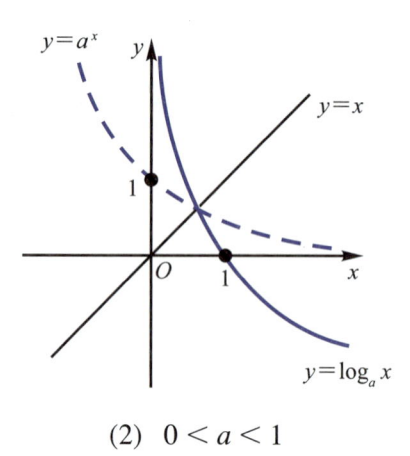

證：(1) 若 $\log_a x = y$，則 $a^{\log_a x} = a^y$ ($y \in \mathbb{R}$)，但 $a^{\log_a x} = x$，故 $x = a^y$．
　　(2) 若 $a^y = x$，則 $\log_a a^y = \log_a x$ ($x > 0$)，但 $\log_a a^y = y$，故 $y = \log_a x$．
　　由 (1) 與 (2) 得證．

定理 7-17

設 $f(x) = \log_a x$ ($a > 0$, $a \neq 1$, $x > 0$)，則

(1) $f(x_1 x_2) = f(x_1) + f(x_2)$　　　($x_1 > 0$, $x_2 > 0$)

(2) $f\left(\dfrac{x_1}{x_2}\right) = f(x_1) - f(x_2)$　　　($x_1 > 0$, $x_2 > 0$)

證：(1) $f(x_1 x_2) = \log_a (x_1 x_2) = \log_a x_1 + \log_a x_2 = f(x_1) + f(x_2)$

　　(2) $f\left(\dfrac{x_1}{x_2}\right) = \log_a \left(\dfrac{x_1}{x_2}\right) = \log_a x_1 - \log_a x_2 = f(x_1) - f(x_2)$．

【例題 1】　設 $f(x) = \log_2 x$，試求當 $x = 1, 2, 3, \dfrac{1}{2}, \dfrac{1}{3}$ 時，$f(x)$ 的值為何？

【解】　　$f(1) = \log_2 1 = 0$

　　　　　$f(2) = \log_2 2 = 1$

　　　　　$f(3) = \log_2 3 = \dfrac{\log_{10} 3}{\log_{10} 2} = \dfrac{0.4771}{0.3010} \approx 1.5850$

$$f\left(\frac{1}{2}\right)=\log_2\frac{1}{2}=\log_2 1-\log_2 2=0-1=-1$$

$$f\left(\frac{1}{3}\right)=\log_2\frac{1}{3}=\log_2 1-\log_2 3=0-\frac{\log_{10} 3}{\log_{10} 2}\approx -1.5850.$$ ∎

【例題 2】 試利用例題 1 中的數據，描出 $f(x)=\log_2 x$ 的圖形.

【解】 將例題 1 中所得結果列表如下：

x	$\frac{1}{3}$	$\frac{1}{2}$	1	2	3
$f(x)=\log_2 x$	-1.5850	-1	0	1	1.5850

圖形如圖 7-9 所示.

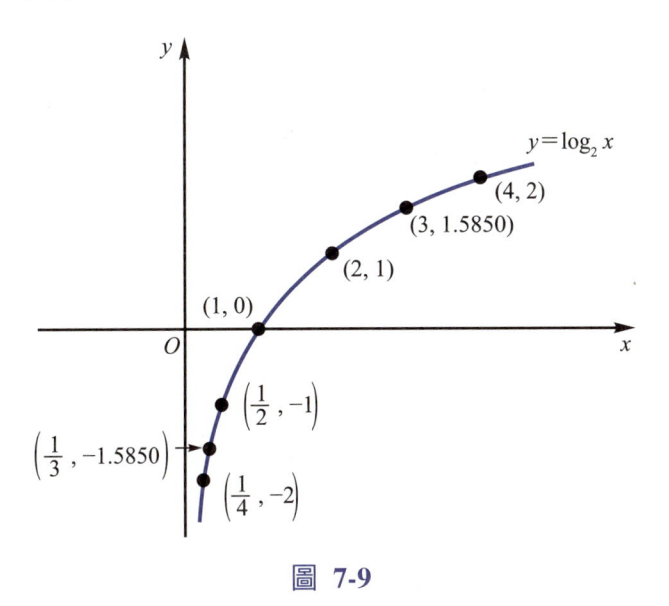

圖 7-9 ∎

隨堂練習 10 描繪 $y=\log_{1/2} x$ 的圖形.

答案：略

【例題 3】 試將 $y=2^x$ 與 $y=\log_2 x$ 的圖形畫在同一坐標平面上.

【解】 我們已畫過指數函數 $y=2^x$ 的圖形，將它對直線 $y=x$ 作鏡射，作法如下：

我們在 $y=2^x$ 的圖形上選取一些點，例如 $\left(-2,\frac{1}{4}\right)$, $\left(-1,\frac{1}{2}\right)$,

(0，1)，(1，2)，(2，4)，分別以這些點為端點作一線段，使直線 $y=x$ 為其垂直平分線，再將這些線段的另外端點以平滑的曲線連接起來，就可得 $y=\log_2 x$ 的圖形，如圖 7-10 所示．

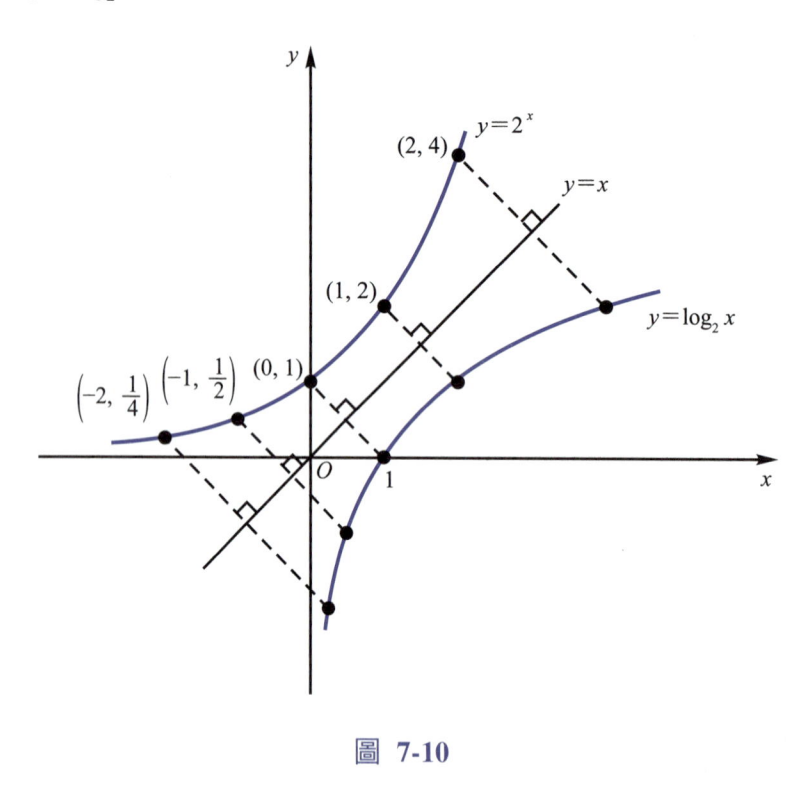

圖 7-10

隨堂練習 11 方程式 $x-1=\log_2 x$ 有幾個解？請說明其理由．

答案：有二個解．

習題 7-5

1. 設 $f(x)=\log_3 x$，求 $f(1)$、$f(2)$、$f(3)$、$f\left(\dfrac{1}{2}\right)$ 與 $f\left(\dfrac{1}{3}\right)$ 的值．

2. 試將 $y=\left(\dfrac{1}{2}\right)^x$ 與 $y=\log_{1/2} x$ 的圖形畫在同一坐標平面上．

3. 設 $f(x)=2^x$，$g(x)=\log_2 x$，試求 $f(g(x))$ 和 $g(f(x))$ 的值．

試利用 $y=\log_2 x$ 之圖形為基礎，作下列各函數之圖形.

4. $y=\log_2(-x)$
5. $y=|\log_2 x|$
6. $y=\log_2|x|$
7. $y=-\log_2(-x)$

試利用函數圖形之交點，判斷下列方程式之實根個數.

8. $x-1=\log_2 x$
9. $\log_2|x|=x-2$
10. $x=|\log_2 x|$
11. $|\log_2 x|=x-1$

試確定下列各函數之定義域.

12. $f(x)=\log_{10}(1-x)$
13. $f(x)=\log_e(4-x^2)$
14. $f(x)=\sqrt{x}\,\log_e(x^2-1)$
15. $f(x)=\log\log\log\log x$
16. 設 $f(x)=\left(\dfrac{1}{3}\right)^x$, $g(x)=\log_{1/3} x$, 求 $f(g(x))$ 與 $g(f(x))$.

數列與級數

本章學習目標

8-1　有限數列

8-2　有限級數

8-3　特殊有限級數求和法

8-1　有限數列

一、數　列

如果我們將某班同學期中考試各科之平均成績按照座號抄列如下：

$$80,\ 82,\ 74,\ 92,\ 68,\ 91,\ \cdots$$

則這一連串之數字即是所謂的數列，通常我們用

$$a_1,\ a_2,\ a_3,\ \cdots,\ a_n$$

來表示數列，其中 $a_1,\ a_2,\ a_3,\ \cdots,\ a_n$，都稱為此數列的項，並分別稱為第 1 項，第 2 項，$\cdots$，第 n 項；其中第 1 項與第 n 項又分別稱為首項與末項，當 n 為有限數時，則稱此數列為有限數列.

嚴格來說，有限數列是指以自然數（或其部分集合）為定義域的一個函數.
例如，函數

$$a:k \rightarrow a_k,\quad k=1,\ 2,\ 3,\ \cdots,\ n$$

是由

$$a:k \rightarrow k^2+1$$

所定義，則此函數將自然數與實數形成下面的對應：

$$a:1 \rightarrow 1^2+1=2=a_1$$
$$a:2 \rightarrow 2^2+1=5=a_2$$
$$a:3 \rightarrow 3^2+1=10=a_3$$
$$\vdots$$
$$a:n \rightarrow n^2+1=a_n$$

此函數 $a:k \rightarrow a_k$, $k=1,\ 2,\ \cdots,\ n$ 即是所謂的有限數列，或者說，依此方式所得到的一連串數字

$$2,\ 5,\ 10,\ \cdots,\ n^2+1$$

即是所謂的有限數列，它可記為

$$\{k^2+1\}_{k=1}^{n}$$

若已知一數列組成的規則，或根據一數列的已知項，尋得它的規則，則可依此規則，求得此數列的每一項.

例如，數列 $\left\{\dfrac{k+1}{3k+2}\right\}_{k=1}^{n}$ 之前 4 項為

$$a_1=\dfrac{2}{5},\ a_2=\dfrac{3}{8},\ a_3=\dfrac{4}{11},\ a_4=\dfrac{5}{14}$$

但有時，一數列的規則並不明顯，也不能根據它的已知的項，尋出它的規則，例如，

$$\dfrac{1}{2},\ \dfrac{6}{5},\ \dfrac{3}{8},\ \dfrac{4}{7},\ \dfrac{3}{10},\ \cdots$$

因此，讀者應特別注意，在數列的表示法中 a_n 為數列之通項，但如果不能尋找出數列之規則，a_n 就不表示通項，即不能表示任何一項，它只能表示第 n 項 (n 為一固定數).

【例題 1】 求數列 $\left\{\dfrac{k+1}{k^2+1}\right\}_{k=1}^{n}$ 的前 6 項.

【解】 分別將 $k=1$，2，3，4，5，6 代入，即得

$$a_1=\dfrac{2}{2}=1,\ a_2=\dfrac{3}{5},\ a_3=\dfrac{4}{10},\ a_4=\dfrac{5}{17},\ a_5=\dfrac{6}{26},\ a_6=\dfrac{7}{37}.\quad\square$$

【例題 2】 $f(k)=k^2$，$g(k)=f(k)+1$，求 $\{g(k)\}_{k=1}^{n}$ 的前 3 項與通項.

【解】 $g(k)=f(k)+1=k^2+1$

分別以 $k=1$，2，3，$\cdots$，n 代入上式

$$g(1)=1^2+1=2\qquad\text{第 1 項}$$
$$g(2)=2^2+1=5\qquad\text{第 2 項}$$
$$g(3)=3^2+1=10\qquad\text{第 3 項}$$
$$\vdots\qquad\qquad\qquad\vdots$$
$$g(n)=n^2+1\qquad\text{第 }n\text{ 項}\qquad\square$$

【例題 3】 試求下列有限數列之通項.

$$1^2 \times 51,\ 2^2 \times 49,\ 3^2 \times 47,\ \cdots,\ 21^2 \times 11$$

【解】 令 $b_1 = 51,\ b_2 = 49,\ b_3 = 47,\ \cdots,\ b_{21} = 11$,

則 $b_k = 51 + (k-1)(-2) = 53 - 2k$

故通項為 $a_n = n^2(53 - 2n),\ n = 1,\ 2,\ 3,\ \cdots,\ 21$. ∎

隨堂練習 1 根據下面數列的一般項公式，寫出前 5 項.

$$\left\{ \frac{2k}{k+2} \right\}_{k=1}^{n}$$

答案：$\dfrac{2}{3},\ \dfrac{4}{4},\ \dfrac{6}{5},\ \dfrac{8}{6},\ \dfrac{10}{7}$.

隨堂練習 2 試求下列有限數列之通項.

$$1,\ -\frac{1}{3},\ \frac{1}{5},\ -\frac{1}{7}$$

答案：$a_n = (-1)^{n-1} \cdot \dfrac{1}{2n-1}$.

二、等差數列

若一個 n 項的有限數列

$$a_1,\ a_2,\ a_3,\ \cdots,\ a_n$$

除首項外，它的任意一項 a_{k+1} 與其前 1 項 a_k 的差，恆為一常數 d，即

$$a_{k+1} - a_k = d$$

或 $a_{k+1} = a_k + d \quad (1 \leq k \leq n-1)$

則此數列稱為等差數列，也稱為算術數列，通常以符號 A.P. 表示，而常數 d 稱為公差. 例如，數列

1. $1,\ 3,\ 5,\ 7,\ 9,\ 11,\ \cdots,\ (2n-1)$
2. $20,\ 11,\ 2,\ -7,\ -16,\ -25,\ \cdots,\ (-9n+29)$

數列 **1.**，除首項 "1" 外，其中任意一項與它的前一項的差是

$$3-1=2$$
$$5-3=2$$
$$7-5=2$$
$$9-7=2$$
$$\cdots\cdots$$

其中的差都是 2，故知此數列為一等差數列，公差是 2，首項是 1，通項是 $(2n-1)$.

數列 **2.**，除首項「20」外，其中任意一項與它的前一項的差是

$$11-20=-9$$
$$2-11=-9$$
$$-7-2=-9$$
$$\cdots\cdots\cdots$$

其中的差都是 -9，故知此數列是一等差數列，公差是 -9，首項是 20，通項是 $-9n+29$.

若一個 n 項的等差數列

$$a_1,\ a_2,\ a_3,\ a_4,\ \cdots,\ a_n$$

的公差是 d，首項 $a_1=a$，則有

$$a_1=a$$
$$a_2=a_1+d=a+d$$
$$a_3=a_2+d=a+d+d=a+2d$$
$$a_4=a_3+d=a+2d+d=a+3d$$
$$\cdots\cdots\cdots\cdots\cdots\cdots\cdots$$

由觀察不難發現此等差數列第 1 項，第 2 項，第 3 項，…，其中公差 d 的係數依序增加 1，但恆比它所在的項數少 1，故若用 l_n 表示第 n 項 a_n，則可寫成

$$l_n=a+(n-1)d \tag{8-1-1}$$

式 (8-1-1) 即是等差數列的通項，也就是等差數列的規則，由此，若等差數列的<u>首項</u>是 a，<u>公差</u>是 d，則它的一般形式可寫成

$$a,\ a+d,\ a+2d,\ a+3d,\ \cdots,\ a+(n-1)d$$

對一個等差數列，若

1. 已知首項 a 與公差 d，則可由式 (8-1-1) 計算出此等差數列的任意一項.
2. 已知任意兩項，設第 r 項是 p，第 s 項是 q，則由式 (8-1-1) 可知

$$\begin{cases} p=a+(r-1)d \\ q=a+(s-1)d \end{cases}$$

解此方程組，可求得首項 a 與公差 d，因此，可決定此數列的任意一項.

【例題 4】 設某等差數列的首項是 3，公差是 5，求它的第 20 項與通項.

【解】 首項 $a=3$，公差 $d=5$，則第 20 項是

$$l_{20}=3+(20-1)\times 5=3+95=98$$

通項是
$$l_n=3+(n-1)\times 5=5n-2$$

■

隨堂練習 3　若有一等差數列的第 10 項為 15，第 20 項為 45，求公差 d 及 a_{30}.

答案：$d=3$，$a_{30}=75$.

三、調和數列

已知一個 n 項的數列

$$a_1,\ a_2,\ a_3,\ \cdots,\ a_n$$

而且每一項皆不為 0，若 $\dfrac{1}{a_1},\ \dfrac{1}{a_2},\ \dfrac{1}{a_3},\ \cdots,\ \dfrac{1}{a_n}$ 成等差數列，則稱數列 $a_1,\ a_2,\ a_3,\ \cdots,\ a_n$ 為調和數列，常以符號 H.P. 表示. 例如，數列

$$1,\ \frac{1}{3},\ \frac{1}{5},\ \frac{1}{7},\ \frac{1}{9},\ \cdots$$

$$\frac{1}{20},\ \frac{1}{11},\ \frac{1}{2},\ \frac{-1}{7},\ \cdots$$

都是調和數列.

【例題 5】 已知一數列 $\dfrac{1}{5}, \dfrac{3}{14}, \dfrac{3}{13}, \dfrac{1}{4}, \dfrac{3}{11}, \cdots, \dfrac{3}{2}, 3$.

(1) 說明此數列為調和數列的理由.
(2) 求此數列的第 n 項.

【解】 (1) 將數列 $\dfrac{1}{5}, \dfrac{3}{14}, \dfrac{3}{13}, \dfrac{1}{4}, \dfrac{3}{11}, \cdots, \dfrac{3}{2}, 3$ 的各項予以顛倒，可得新數列如下：

$$5, \dfrac{14}{3}, \dfrac{13}{3}, 4, \dfrac{11}{3}, \cdots, \dfrac{2}{3}, \dfrac{1}{3}$$

而此數列為一等差數列，公差為 $-\dfrac{1}{3}$，故原數列為調和數列.

(2) 原數列 $\dfrac{1}{5}, \dfrac{3}{14}, \dfrac{3}{13}, \dfrac{1}{4}, \cdots, \dfrac{3}{2}, 3$ 成 H.P.

新數列 $5, \dfrac{14}{3}, \dfrac{13}{3}, 4, \cdots, \dfrac{2}{3}, \dfrac{1}{3}$ 成 A.P.

此新數列的第 n 項為

$$a_n = a_1 + (n-1)d = 5 + (n-1)\left(-\dfrac{1}{3}\right) = \dfrac{16-n}{3}$$

故原數列的第 n 項為 $\dfrac{3}{16-n}$. ■

隨堂練習 4 已知 $1、m、4、n$ 是調和數列，求 $m、n$ 之值.

答案：$m = \dfrac{8}{5}$, $n = -8$.

四、等比數列

已知一個 n 項的數列，

$$a_1, a_2, a_3, \cdots, a_n$$

其中每一項都不是 0，除首項外，它的任意一項 a_{k+1} 與其前一項 a_k 的比值，恆為一常數 r，即

$$\frac{a_{k+1}}{a_k}=r$$

或

$$a_{k+1}=ra_k \quad (1 \leq k < n)$$

則稱此數列為等比數列，也稱為幾何數列，常用符號 G.P. 表示，其中常數 r 稱為公比。例如，數列

$$\frac{1}{2},\ \frac{1}{3},\ \frac{2}{9},\ \frac{4}{27},\ \cdots,\ \frac{1}{2}\left(\frac{2}{3}\right)^{n-1}$$

上述數列，除首項 "$\frac{1}{2}$" 外，其中任一項與其前一項之比為

$$\frac{1}{3}:\frac{1}{2}=\frac{2}{3},\ \frac{2}{9}:\frac{1}{3}=\frac{2}{3},\ \frac{4}{27}:\frac{2}{9}=\frac{2}{3},\ \cdots$$

故知此數列為等比數列，它的公比是 $\frac{2}{3}$，首項是 $\frac{1}{2}$，通項是 $\frac{1}{2}\left(\frac{2}{3}\right)^{n-1}$，共有 n 項．

若一個 n 項的等比數列

$$a_1,\ a_2,\ a_3,\ \cdots,\ a_n\ (a_k \neq 0,\ k=1,\ 2,\ 3,\ \cdots,\ n)$$

的公比是 $r \neq 0$，首項 $a_1=a \neq 0$，則

$$a_1=a=ar^0,$$
$$a_2=a_1r=ar^1,$$
$$a_3=a_2r=ar^2,$$
$$a_4=a_3r=ar^3,$$
$$\cdots\cdots\cdots$$

觀察此等比數列的第 1 項，第 2 項，第 3 項，第 4 項，⋯中，公比 r 的指數依序增加 1，但恆比它所在的項數少 1，若以 l_n 表第 n 項 a_n，則可寫成

$$l_n=ar^{n-1}$$

(8-1-2)

對一個等比數列，若

1. 已知首項 a 與公比 r，則可由式 (8-1-2) 計算出此等比數列之任意一項.

2. 已知任意兩項，設第 k 項為 p，第 h 項為 q，$k < h$，則由式 (8-1-2) 可得

$$\begin{cases} p = ar^{k-1} \\ q = ar^{h-1} \end{cases}$$

解此方程組，常可求得首項 a 與公比 r，因而，可決定此數列之任意一項.

【例題 6】 設有一等比數列，其首項是 $\sqrt{2}$，公比是 $\sqrt{3}$，求其第 30 項與通項.

【解】 首項 $a = \sqrt{2}$，公比 $r = \sqrt{3}$，則

$$l_{30} = \sqrt{2}\,(\sqrt{3})^{30-1} = \sqrt{2}\,(\sqrt{3})^{29}$$

通項是 $l_n = \sqrt{2}\,(\sqrt{3})^{n-1}$. ∎

隨堂練習 5　已知一等比數列的第 3 項為 9，第 7 項為 $\dfrac{1}{9}$，求其第 10 項.

答案：$a_{10} = \dfrac{1}{243}$ 或 $-\dfrac{1}{243}$.

五、中項問題的計算

1. 等差中項

在兩數 a、b 之間，插入一數 A，使 a、A、b 三數成等差數列，則 A 為 a、b 的等差中項，即

$$A - a = b - A$$

$$\Rightarrow A = \frac{a+b}{2}$$

2. 調和中項

若任意三數成調和數列，則其中間的數，稱為其餘兩數的調和中項.

在兩數 a、b 之間，插入一數 H，使 a、H、b 成調和數列，則 H 為 a、b 的調和中項，即

$$\frac{1}{H} - \frac{1}{a} = \frac{1}{b} - \frac{1}{H}$$

$$\Rightarrow H = \frac{2ab}{a+b}$$

3. 等比中項

若在兩數之間，插入一個數，使此三數成等比數列，則插入的數稱為原兩數的<u>等比中項</u>.

在兩數 a、b 之間 $(ab>0)$，插入一數 G，使 a、G、b 成等比數列，則 G 為 a、b 的等比中項，即

$$G:a=b:G$$
$$\Rightarrow G^2 = ab$$
$$\Rightarrow G = \pm\sqrt{ab}$$

因此，a 與 b 之等比中項為 $\sqrt{ab}$ 與 $-\sqrt{ab}$，其中 $\sqrt{ab}$ 也稱為 a 與 b 的<u>幾何平均數</u>.

【例題 7】 設 b 為 a、c 的等差中項，a 為 b 與 c 的等比中項，求 $a:b:c$（但 $a \neq b$，$b \neq c$）.

【解】 由題意得知，

$$\begin{cases} b = \dfrac{a+c}{2} & \cdots\cdots ① \\ a^2 = bc & \cdots\cdots ② \end{cases}$$

由 ①、② 消去 c，得

$$a^2 = b(2b-a)$$
$$\Rightarrow a^2 + ab - 2b^2 = 0$$
$$\Rightarrow (a+2b)(a-b) = 0$$

但 $a \neq b$，可知 $a+2b=0$，故 $a=-2b$，$c=4b$.

因此，$a:b:c = -2:1:4$.

隨堂練習 6 已知 a、b 兩數之等差中項為 4，調和中項為 $\dfrac{15}{4}$，求 a、b 兩數.

答案：$a=5$，$b=3$ 或 $a=3$，$b=5$.

習題 8-1

1. 求下列數列的前 5 項.

   (1) $\{1-(-1)^k\}_{k=1}^n$ (2) $\{\sqrt{k+1}\}_{k=1}^n$ (3) $\left\{\dfrac{3k-2}{2k+1}\right\}_{k=1}^n$

2. 試寫出下列遞迴數列之前四項.

   (1) $a_1=-3$，$a_{k+1}=(-1)^{k+1}\cdot(2a_k)$，$k$ 為自然數.

   (2) $a_1=2$，$a_{k+1}=2k+a_k$，k 為自然數.

3. 設數列 $\{a_n\}$，$a_1=3$，$2a_{n+1}a_n+4a_{n+1}-a_n=0$，試求 a_2，a_3，a_4.

4. 試寫出下列數列的一般項 a_n，n 為自然數.

   (1) -1，4，-9，16，-25，36，$\cdots$

   (2) -2，4，-8，16，-32，64，$\cdots$

   (3) 1，$\sqrt{3}$，$\sqrt{5}$，$\sqrt{7}$，$\sqrt{9}$，$\sqrt{11}$，$\cdots$

   (4) 1，6，11，16，21，$\cdots$

5. 已知 2、m、8、n 為等差數列，求 m、n 之值.

6. 一等差數列之前兩項 $a_1=5$、$a_2=8$，求此數列的第 4 項 a_4、第 11 項 a_{11} 與一般項 a_n.

7. 設 $f(k)=k^2-3k+2$，$f(k+1)-f(k)=g(k)$，求 $\{g(k)\}_{k=1}^n$ 的前 3 項與通項.

8. 試判別下列數列是否為等比數列，如果是，則求其公比.

   (1) 1，$-\dfrac{1}{2}$，$\dfrac{1}{4}$，$-\dfrac{1}{8}$，$\cdots$

   (2) $1\dfrac{1}{2}$，$4\dfrac{1}{2}$，$13\dfrac{1}{2}$，$40\dfrac{1}{2}$，$\cdots$

   (3) 7，1，$\dfrac{1}{7}$，$\dfrac{1}{49}$，$\dfrac{1}{343}$，$\cdots$

(4) 1, 3, 9, 15, 18, 21, 24, …

9. 已知 2、m、4、n 為等比數列，求 m、n 之值.

10. 已知一等比數列 $\{a_k\}_{k=1}^n$ 之第 3 項 $a_3=3$，第 5 項 $a_5=12$，求此數列之第 6 項 a_6.

11. 設 a、x、y、b 為等差數列，a、u、v、b 為調和數列，試證 $xv=yu=ab$.

試寫出一數列的第 n 項 a_n，使前四項如下.

12. 2×5, 4×10, 8×20, 16×40

13. $\dfrac{1}{2}$, $-\dfrac{2}{5}$, $\dfrac{3}{8}$, $-\dfrac{4}{11}$, …

14. $-\dfrac{2}{3}$, $\dfrac{7}{4}$, $-\dfrac{8}{11}$, $\dfrac{16}{15}$, …

15. 數列 2, 4, 2, 4, 2, 4, …，依此規則，試求通項 a_n.

16. 若有一數列 $\{a_n\}$ 合乎 $a_1+2a_2+3a_3+\cdots+na_n=n^2+3n+1$，試求通項 a_n 及 a_{40}.

17. 設 α_1、α_2、α_3、α_4 四正數成等比級數，若 $\alpha_1+\alpha_2=8$，$\alpha_3+\alpha_4=72$，則公比是多少？

18. 設有三數成等比數列，其和為 28，平方和為 336，試求此數列.

19. 若有一等比數列 x, $2x+2$, $3x+3$, …，試求第 4 項.

20. 設有三實數成等比數列，公比 r 大於 1，其和為 14，積為 64，求此三數.

21. 若有一等差數列 $\{a_n\}$，已知 $a_m=a$, $a_n=b$ ($m\neq n$)，求 a_{m+n}（用 m、n、a、b 表之）.

8-2 有限級數

已知 n 項的數列

$$a_1, a_2, a_3, \cdots, a_n \tag{8-2-1}$$

其中的每一項都是實數，若以符號"+"將此 n 項依次連結起來，寫成下式

$$a_1+a_2+a_3+\cdots+a_n \tag{8-2-2}$$

式 (8-2-2) 稱為對應於有限數列 $\{a_k\}_{k=1}^n$ 的**有限級數**，此有限級數可用符號 "$\sum\limits_{k=1}^n a_k$" 表示，亦即：

$$\sum_{k=1}^n a_k = a_1 + a_2 + a_3 + \cdots + a_n \tag{8-2-3}$$

其中 a_k 表有限級數之第 k 項，符號 "$\sum$"（發音 sigma）稱為連加符號，$k \in \mathbb{N}$，連加符號下面的 $k=1$ 是表示自 1 開始依次連加到連加號上面的 n 為止．

【例題 1】 試用 "$\sum$" 符號表示下列各級數：

(1) $\dfrac{1}{3\times 4\times 5} + \dfrac{1}{4\times 5\times 6} + \dfrac{1}{5\times 6\times 7} + \cdots + \dfrac{1}{20\times 21\times 22}$

(2) $1\times 100 + 2\times 99 + 3\times 98 + \cdots + 99\times 2 + 100\times 1$

【解】 (1) 級數之第 k 項為

$$a_k = \frac{1}{k(k+1)(k+2)}$$

故級數可表為 $\sum\limits_{k=3}^{20} \dfrac{1}{k(k+1)(k+2)}$

(2) 此級數由 100 個項連加而得，故可設其為

$$\sum_{k=1}^{100} a_k = a_1 + a_2 + a_3 + \cdots + a_k$$

$a_1 = 1\times 100 = 1\times(100-1+1)$
$a_2 = 2\times 99 = 2\times(100-2+1)$
$a_3 = 3\times 98 = 3\times(100-3+1)$
$a_4 = 4\times 97 = 4\times(100-4+1)$
$\vdots$
$a_k = k(100-k+1)$

故級數可表為 $\sum\limits_{k=1}^{100} a_k = \sum\limits_{k=1}^{100} k(100-k+1)$． ■

連加符號 "$\sum$" 具有下列性質：

1. $\sum\limits_{k=1}^{n} c = c+c+c+\cdots+c$（共 n 個）$= nc$

2. $\sum\limits_{k=1}^{n} ca_k = ca_1+ca_2+\cdots+ca_n = c(a_1+a_2+\cdots+a_n) = c\sum\limits_{k=1}^{n} a_k$

3. $\sum\limits_{k=1}^{n}(a_k+b_k) = (a_1+b_1)+(a_2+b_2)+\cdots+(a_n+b_n)$
   $= (a_1+a_2+\cdots+a_n)+(b_1+b_2+\cdots+b_n)$
   $= \sum\limits_{k=1}^{n} a_k + \sum\limits_{k=1}^{n} b_k$

4. $\sum\limits_{k=1}^{n}(a_k-b_k) = \sum\limits_{k=1}^{n} a_k - \sum\limits_{k=1}^{n} b_k$

5. $\sum\limits_{k=1}^{n} a_k = (a_1+a_2+\cdots+a_m)+(a_{m+1}+a_{m+2}+\cdots+a_n)$
   $= \sum\limits_{k=1}^{m} a_k + \sum\limits_{k=m+1}^{n} a_k$，其中 $1<m<n$.

下面幾個有關連加符號 "$\sum$" 的公式則是常用的.

$$\sum_{k=1}^{n} k = 1+2+3+\cdots+n = \frac{n(n+1)}{2} \tag{8-2-4}$$

$$\sum_{k=1}^{n} k^2 = 1^2+2^2+3^2+\cdots+n^2 = \frac{n(n+1)(2n+1)}{6} \tag{8-2-5}$$

$$\sum_{k=1}^{n} k^3 = 1^3+2^3+3^3+\cdots+n^3 = \left[\frac{n(n+1)}{2}\right]^2 \tag{8-2-6}$$

證：式 (8-2-4) 可用 $(k+1)^2-k^2=2k+1$ 證明.

$$k=1 \qquad 2^2-1^2 = 2\cdot 1+1$$
$$k=2 \qquad 3^2-2^2 = 2\cdot 2+1$$

$$k=3 \qquad 4^2-3^2=2\cdot 3+1$$
$$\vdots \qquad \vdots$$
$$k=n \qquad (n+1)^2-n^2=2\cdot n+1$$

將上面 n 個等式的等號兩邊分別相加，則得

$$(n+1)^2-1=2\sum_{k=1}^{n}k+n$$

$$\Rightarrow 2\sum_{k=1}^{n}k=(n+1)^2-1-n=n^2+n$$

$$\Rightarrow \sum_{k=1}^{n}k=\frac{n(n+1)}{2}$$

式 (8-2-5) 可用 $(k+1)^3-k^3=3k^2+3k+1$ 證明．

$$k=1 \qquad 2^3-1^3=3\cdot 1^2+3\cdot 1+1$$
$$k=2 \qquad 3^3-2^3=3\cdot 2^2+3\cdot 2+1$$
$$k=3 \qquad 4^3-3^3=3\cdot 3^2+3\cdot 3+1$$
$$\vdots \qquad \vdots$$
$$k=n \qquad (n+1)^3-n^3=3\cdot n^2+3\cdot n+1$$

上面 n 個等式的等號兩邊分別相加，則得

$$(n+1)^3-1^3=3\sum_{k=1}^{n}k^2+3\sum_{k=1}^{n}k+n$$

$$\Rightarrow 3\sum_{k=1}^{n}k^2=(n+1)^3-1-3\sum_{k=1}^{n}k-n$$

$$=n^3+3n^2+3n+1-1-3\cdot\frac{n(n+1)}{2}-n$$

$$=\frac{2n^3+3n^2+n}{2}=\frac{n(n+1)(2n+1)}{2}$$

$$\Rightarrow \sum_{k=1}^{n}k^2=\frac{n(n+1)(2n+1)}{6}$$

式 (8-2-6) 留給讀者自證之.

【例題 2】 設級數 $1^2 \cdot 3 + 2^2 \cdot 5 + 3^2 \cdot 7 + \cdots + n^2 \cdot (2n+1)$
(1) 試以 $\sum$ 之記號表此級數.
(2) 求此級數之和的公式 S_n.

【解】 (1) $1^2 \cdot 3 + 2^2 \cdot 5 + 3^2 \cdot 7 + \cdots + n^2 \cdot (2n+1) = \sum_{k=1}^{n} k^2 \cdot (2k+1)$

(2) $S_n = \sum_{k=1}^{n} k^2 \cdot (2k+1) = \sum_{k=1}^{n} (2k^3 + k^2) = 2 \sum_{k=1}^{n} k^3 + \sum_{k=1}^{n} k^2$

$= 2 \cdot \dfrac{1}{4} n^2(n+1)^2 + \dfrac{1}{6} n \cdot (n+1)(2n+1)$

$= \dfrac{1}{6} n(n+1)(3n^2 + 5n + 1).$ ■

【例題 3】 試計算 $\sum_{k=1}^{n} k(4k^2 - 3)$.

【解】 $\sum_{k=1}^{n} k(4k^2 - 3) = \sum_{k=1}^{n} (4k^3 - 3k) = 4 \sum_{k=1}^{n} k^3 - 3 \sum_{k=1}^{n} k$

$= 4 \left[\dfrac{n(n+1)}{2} \right]^2 - 3 \dfrac{n(n+1)}{2} = \dfrac{n(n+1)[2n(n+1) - 3]}{2}$

$= \dfrac{n(n+1)(2n^2 + 2n - 3)}{2}.$ ■

【例題 4】 試計算 $\sum_{k=1}^{n} \dfrac{1}{\sqrt{k} + \sqrt{k+1}}$.

【解】 因為 $\dfrac{1}{\sqrt{k} + \sqrt{k+1}} = \dfrac{\sqrt{k+1} - \sqrt{k}}{(\sqrt{k+1} + \sqrt{k})(\sqrt{k+1} - \sqrt{k})}$

$= \dfrac{\sqrt{k+1} - \sqrt{k}}{k+1-k} = \sqrt{k+1} - \sqrt{k}.$

所以,

$$\sum_{k=1}^{n} \frac{1}{\sqrt{k}+\sqrt{k+1}} = \sum_{k=1}^{n} (\sqrt{k+1}-\sqrt{k})$$
$$= \sqrt{1+1}-\sqrt{1}+\sqrt{2+1}-\sqrt{2}+\sqrt{3+1}-\sqrt{3}$$
$$+\cdots+\sqrt{n+1}-\sqrt{n}$$
$$= \sqrt{n+1}-1. \qquad \blacksquare$$

隨堂練習 7 試求級數 $1 \cdot 4 + 2 \cdot 5 + 3 \cdot 6 + \cdots + 40 \cdot 43$ 之和.

答案：24,600.

隨堂練習 8 試求級數 $1 \cdot 2 \cdot 3 + 2 \cdot 3 \cdot 4 + 3 \cdot 4 \cdot 5 + \cdots + 100 \cdot 101 \cdot 102$ 之和.

答案：26,527,650.

習題 8-2

1. 觀察級數 $1 \cdot 1 + 2 \cdot 3 + 3 \cdot 5 + 4 \cdot 7 + \cdots$ 前 4 項的規則，依據此規則，試求出：

(1) 第 n 項.

(2) 以 "$\sum$" 表示出級數自第 1 項至第 100 項.

(3) 求級數自第 1 項至第 100 項之和.

2. 求有限級數 $1 \cdot 4 + 2 \cdot 5 + 3 \cdot 6 + \cdots + n(n+3)$ 之和.

3. 求 $\sum_{k=1}^{12} (7k-3)$ 之和.

4. 求 $\sum_{k=1}^{10} (k+2)^3$ 之和.

5. 求 $\sum_{k=1}^{10} k(k+3)$ 之和.

6. 求 $\sum_{i=1}^{10} \sum_{j=1}^{5} (2i+3j-2)$ 之和.

7. 已知 $\sum_{x=1}^{3} (ax^2+b) = 20$, $\sum_{x=1}^{3} (ax^2-b) = 8$，求 a、b 之值.

8. 求 $1+3+5+7+\cdots+(2n-1)$ 之和.

9. (1) 試將 $\dfrac{1}{k(k+1)}$ 分成二個分式之差.

   (2) 利用 (1) 之結果求 $\dfrac{1}{1\cdot 2}+\dfrac{1}{2\cdot 3}+\dfrac{1}{3\cdot 4}+\cdots+\dfrac{1}{n(n+1)}$ 之和.

10. 求 $\dfrac{1}{1\cdot 3}+\dfrac{1}{3\cdot 5}+\dfrac{1}{5\cdot 7}+\cdots$ 至第 n 項之和.

11. 求級數 $\dfrac{1}{1\cdot 3}+\dfrac{1}{2\cdot 4}+\dfrac{1}{3\cdot 5}+\cdots+\dfrac{1}{n(n+2)}$ 之和.

12. 設 $a_n=1+2+3+\cdots+n$，試求 $\displaystyle\sum_{k=1}^{n}\dfrac{1}{a_k}$ 之值.

13. 試求 $\displaystyle\sum_{k=1}^{n}k(k+1)(k+2)=1\cdot 2\cdot 3+2\cdot 3\cdot 4+\cdots+n(n+1)(n+2)$ 之和.

14. 令 $a_n=1\cdot 3+2\cdot 4+3\cdot 5+\cdots+n(n+2)$，試求 $a_{10}=$?

15. 設數列 $\{a_n\}$，$a_n=\sqrt{n+1}+\sqrt{n}$，求 $\displaystyle\sum_{k=1}^{n}\dfrac{1}{a_k}$.

8-3 特殊有限級數求和法

一、等差級數

以 a_1 為首項，d 為公差之 n 項等差數列為

$$a_1,\ a_1+d,\ a_1+2d,\ a_1+3d,\ \cdots,\ a_1+(n-1)d$$

它的對應級數稱為 等差級數，也稱為 算術級數，常寫成

$$\sum_{k=1}^{n}[a_1+(k-1)d]=a_1+(a_1+d)+(a_1+2d)+(a_1+3d)+\cdots+[a_1+(n-1)d]$$

我們通常以 S_n 表示等差級數前 n 項的和，亦即

$$S_n=a_1+(a_1+d)+(a_1+2d)+\cdots+[a_1+(n-1)d] \qquad (8\text{-}3\text{-}1)$$

可得

$$S_n = na_1 + [1+2+3+\cdots+(n-1)]d$$

$$= na_1 + (\sum_{k=1}^{n-1} k)d = na_1 + \frac{(n-1)n}{2}d$$

$$= \frac{n}{2}[2a_1+(n-1)d] \qquad \text{(8-3-2)}$$

將 $a_n = a_1 + (n-1)d$ 代入式 (8-3-2)，可得

$$S_n = \frac{n}{2}[a_1+a_n] \qquad \text{(8-3-3)}$$

上述式 (8-3-2) 與式 (8-3-3) 皆是求等差級數前 n 項和的公式.

【例題 1】 求等差級數 $10+7+4+1+(-2)+\cdots$ 的前 20 項的和.

【解】 $a_1=10$, $d=-3$, $n=20$, 代入式 (8-3-2) 中，可得

$$S_{20} = \frac{20}{2}[2(10)+(20-1)(-3)]$$

$$= -370.$$

隨堂練習 9　試求級數 $\sum_{n=1}^{10}(3n+2)$ 之和.

答案：185.

【例題 2】 設一等差數列前 10 項的和為 200，前 30 項的和為 1350，求其前 20 項的和.

【解】 設首項為 a，公差為 d，則

$$S_{10} = \frac{10}{2}[2a+(10-1)d] = \frac{10}{2}[2a+9d] = 200$$

$$S_{30} = \frac{30}{2}[2a+(30-1)d] = \frac{30}{2}[2a+29d] = 1350$$

$$\Rightarrow \begin{cases} 2a+9d=40 & \cdots\cdots\text{①} \\ 2a+29d=90 & \cdots\cdots\text{②} \end{cases}$$

②-① 得，$20d=50$，即 $d=\dfrac{5}{2}$，因而 $a=\dfrac{35}{4}$.

故前 20 項的和為 $S_{20}=\dfrac{20}{2}\left(2\times\dfrac{35}{4}+19\times\dfrac{5}{2}\right)=650$. ◻

二、等比級數

首項是 a，公比是 r 的 n 項等比數列為

$$a,\ ar,\ ar^2,\ \cdots,\ ar^{n-1},\ a\neq 0,\ r\neq 0$$

它的對應級數稱為等比級數，也稱為幾何級數，常寫成

$$\sum_{k=1}^{n} ar^{k-1}=a+ar+ar^2+\cdots+ar^{n-1}$$

若以 S_n 表示等比級數前 n 項的和，則

$$S_n=a+ar+ar^2+\cdots+ar^{n-1}$$

若 $r=1$，則 $\quad S_n=a+a+a+\cdots+a=na$

若 $r\neq 1$，則 $\quad S_n=a+ar+ar^2+\cdots+ar^{n-1}$

$$rS_n=ar+ar^2+ar^3+\cdots+ar^{n-1}+ar^n$$

$$S_n-rS_n=a-ar^n$$

化簡得 $\quad S_n=\dfrac{a(1-r^n)}{1-r}$ \hfill (8-3-4)

式 (8-3-4) 稱為等比級數 n 項和的公式，也是等比數列 n 項和的公式.

【例題 3】 求等比級數 $\displaystyle\sum_{k=1}^{n}\dfrac{1}{2}\left(\dfrac{2}{3}\right)^{k-1}$ 的和.

【解】 首項 $\quad a=\dfrac{1}{2}\left(\dfrac{2}{3}\right)^{1-1}=\dfrac{1}{2}$

第二項 $\quad a_2=\dfrac{1}{2}\left(\dfrac{2}{3}\right)^{2-1}=\dfrac{1}{3}$

公比 $r = \dfrac{1}{3} : \dfrac{1}{2} = \dfrac{2}{3}$

故知 $S_n = \dfrac{\dfrac{1}{2}\left[1-\left(\dfrac{2}{3}\right)^n\right]}{1-\dfrac{2}{3}} = \dfrac{3}{2}\left(1-\dfrac{2^n}{3^n}\right)$

$\qquad = \dfrac{3}{2}\left(1-\left(\dfrac{2}{3}\right)^n\right).$ ∎

【例題 4】 求等比級數 $54+18+6+2+\dfrac{2}{3}+\cdots$ 之前 10 項的和．

【解】 $a=54$, $r=\dfrac{1}{3}$, $n=10$, 代入式 (8-3-4) 中，得

$$S_{10} = \dfrac{54\left[1-\left(\dfrac{1}{3}\right)^{10}\right]}{1-\dfrac{1}{3}} = \dfrac{59048}{729}.$$ ∎

【例題 5】 試求下列級數的前 n 項之和．

$$0.2+0.22+0.222+\cdots+\overbrace{0.222\cdots 2}^{n\ \text{個}}.$$

【解】 原式 $= \dfrac{2}{9}[0.9+0.99+0.999+\cdots+\overbrace{0.999\cdots 9}^{n\ \text{個}}]$

$\qquad = \dfrac{2}{9}\left[\left(1-\dfrac{1}{10}\right)+\left(1-\dfrac{1}{10^2}\right)+\left(1-\dfrac{1}{10^3}\right)+\cdots+\left(1-\dfrac{1}{10^n}\right)\right]$

$\qquad = \dfrac{2}{9}\left[n-\left(\dfrac{1}{10}+\dfrac{1}{10^2}+\cdots+\dfrac{1}{10^n}\right)\right]$

$$=\frac{2}{9}\left[n-\frac{\frac{1}{10}\left(1-\frac{1}{10^n}\right)}{1-\frac{1}{10}}\right]=\frac{2}{9}\left[n-\frac{\frac{1}{10}-\frac{1}{10^{n+1}}}{1-\frac{1}{10}}\right]$$

$$=\frac{2}{9}n-\frac{2}{81}\left(1-\frac{1}{10^n}\right).$$ ∎

隨堂練習 10 試求級數 $\sum_{n=1}^{10}(5\cdot 2^{n+1})$ 之和.

  答案：20460.

隨堂練習 11 試求 $1+2x+3x^2+4x^3+\cdots+nx^{n-1}$ 之和 $(x\neq 1)$.

  答案：$S=\dfrac{1-x^n}{(1-x)^2}-\dfrac{nx^n}{1-x}$.

習題 8-3

1. 求等差級數 $20+11+2+(-7)+(-16)+\cdots$ 至第 24 項的和，並求它的第 24 項.

2. 一等差級數的前 n 項和 $S_n=3n^2+4n$，試求此等差級數的公差與首項及第 16 項.

3. 求出小於 1000 的正整數中，能被 7 整除的有幾個？並求其和.

4. 求級數 $1\dfrac{1}{2}+3\dfrac{1}{4}+5\dfrac{1}{8}+7\dfrac{1}{16}+\cdots$ 至第 n 項的和.

5. 試求下列等比級數之和.

  (1) $\sum\limits_{n=1}^{11}(0.3)^{11}$

  (2) $\sum\limits_{n=3}^{10}\left(-\dfrac{1}{2}\right)^n$

6. 試求級數 $\sum\limits_{k=1}^{5}(3^k+4^k)$ 之和.

7. 求 $6+66+666+6666+\cdots$ 到第 n 項的和.

8. 求級數 $1\dfrac{1}{2}+2\dfrac{1}{4}+3\dfrac{1}{8}+\cdots$ 至第 n 項的和.

9. 若有一等比數列，首項為 7，末項為 448，前首 n 項之和為 $S_n=889$，試求項數 n.

10. 設 $\{a_n\}$ 為一等比數列，且每一項均為實數，若 $S_{10}=2$，$S_{30}=14$，試求 S_{60} 之值.

11. 若有一等比級數，前 n 項之和為 48，前 $2n$ 項之和為 60，試求前 $3n$ 項之和.

附表 1　四位常用對數表

N	0	1	2	3	4	5	6	7	8	9
10	0000	0043	0086	0128	0170	0212	0253	0294	0334	0374
11	0414	0453	0492	0531	0569	0607	0645	0682	0719	0755
12	0792	0828	0864	0899	0934	0969	1004	1038	1072	1106
13	1139	1173	1206	1239	1271	1303	1335	1367	1399	1430
14	1461	1492	1523	1553	1584	1614	1644	1673	1703	1732
15	1761	1790	1818	1847	1875	1903	1931	1959	1987	2014
16	2041	2068	2095	2122	2148	2175	2201	2227	2253	2279
17	2304	2330	2355	2380	2405	2430	2455	2480	2504	2529
18	2553	2577	2601	2625	2648	2672	2695	2718	2742	2765
19	2788	2810	2833	2856	2878	2900	2923	2945	2967	2989
20	3010	3032	3054	3075	3096	3118	3139	3160	3181	3201
21	3222	3243	3263	3284	3304	3324	3345	3365	3385	3404
22	3424	3444	3464	3483	3502	3522	3541	3560	3579	3598
23	3617	3636	3655	3674	3692	3711	3729	3747	3766	3784
24	3802	3820	3838	3856	3874	3892	3909	3927	3945	3962
25	3979	3997	4014	4031	4048	4068	4082	4099	4116	4133
26	4150	4166	4183	4200	4216	4232	4249	4265	4281	4298
27	4314	4330	4346	4362	4378	4393	4409	4425	4440	4456
28	4472	4487	4502	4518	4533	4548	4564	4579	4594	4609
29	4624	4639	4654	4669	4683	4698	4713	4728	4742	4757
30	4771	4786	4800	4814	4829	4843	4857	4871	4886	4900
31	4914	4928	4942	4955	4969	4983	4997	5011	5024	5038
32	5051	5065	5079	5092	5105	5119	5132	5145	5159	5172
33	5185	5198	5211	5224	5237	5250	5263	5276	5289	5302
34	5315	5328	5340	5353	5366	5378	5391	5403	5416	5428
35	5441	5453	5465	5478	5490	5502	5514	5527	5539	5551
36	5563	5575	5587	5599	5611	5623	5635	5647	5658	5670
37	5682	5694	5705	5717	5729	5740	5752	5763	5775	5786
38	5798	5809	5821	5832	5843	5855	5866	5877	5888	5899
39	5911	5922	5933	5944	5955	5966	5977	5988	5999	6010
40	6021	6031	6042	6053	6064	6075	6085	6096	6107	6117
41	6128	6138	6149	6160	6170	6180	6191	6201	6212	6222
42	6232	6243	6253	6263	6274	6284	6294	6304	6314	6325
43	6335	6345	6355	6365	6375	6385	6395	6405	6415	6425
44	6435	6444	6454	6464	6474	6484	6493	6503	6513	6522
45	6532	6542	6551	6561	6571	6580	6590	6599	6609	6618
46	6628	6637	6646	6656	6665	6675	6684	6693	6702	6712
47	6721	6730	6739	6749	6758	6767	6776	6785	6794	6803
48	6812	6821	6830	6839	6848	6857	6866	6875	6884	6893
49	6902	6911	6920	6928	6937	6946	6955	6964	6972	6981
N	0	1	2	3	4	5	6	7	8	9

附表1 四位常用對數表

N	0	1	2	3	4	5	6	7	8	9
50	6990	6998	7007	7016	7024	7033	7042	7050	7059	7067
51	7076	7084	7093	7101	7110	7118	7126	7135	7143	7152
52	7160	7168	7177	7185	7193	7202	7210	7218	7226	7235
53	7243	7251	7259	7267	7275	7284	7292	7300	7308	7316
54	7324	7332	7340	7348	7356	7364	7372	7380	7388	7396
55	7404	7412	7419	7427	7435	7443	7451	7459	7466	7474
56	7482	7490	7497	7505	7513	7520	7528	7536	7543	7551
57	7559	7566	7574	7582	7589	7597	7604	7612	7619	7627
58	7634	7642	7649	7657	7664	7672	7679	7686	7694	7701
59	7709	7716	7723	7731	7738	7745	7752	7760	7767	7774
60	7782	7789	7796	7803	7810	7818	7825	7832	7839	7846
61	7853	7860	7868	7875	7882	7889	7896	7903	7910	7917
62	7924	7931	7938	7945	7952	7959	7966	7973	7980	7987
63	7993	8000	8007	8014	8021	8028	8035	8041	8048	8055
64	8062	8069	8075	8082	8089	8096	8102	8109	8116	8122
65	8129	8136	8142	8149	8156	8162	8169	8176	8182	8189
66	8195	8202	8209	8215	8222	8228	8235	8241	8248	8254
67	8261	8267	8274	8280	8287	8293	8299	8306	8312	8319
68	8325	8331	8338	8344	8351	8357	8363	8370	8376	8382
69	8388	8395	8401	8407	8414	8420	8426	8432	8439	8445
70	8451	8457	8463	8470	8476	8482	8488	8494	8500	8506
71	8513	8519	8525	8531	8537	8543	8549	8555	8561	8567
72	8573	8579	8585	8591	8597	8603	8609	8615	8621	8627
73	8633	8639	8645	8651	8657	8663	8669	8675	8681	8686
74	8692	8698	8704	8710	8716	8722	8727	8733	8739	8745
75	8751	8756	8762	8768	8774	8779	8785	8791	8797	8802
76	8808	8814	8820	8825	8831	8837	8842	8848	8854	8859
77	8865	8871	8876	8882	8887	8893	8899	8904	8910	8915
78	8921	8927	8932	8938	8943	8949	8954	8960	8965	8971
79	8976	8982	8987	8993	8998	9004	9009	9015	9020	9025
80	9031	9036	9042	9047	9053	9058	9063	9069	9074	9079
81	9085	9090	9096	9101	9106	9112	9117	9122	9128	9133
82	9138	9143	9149	9154	9159	9165	9170	9175	9180	9186
83	9191	9196	9201	9206	9212	9217	9222	9227	9232	9238
84	9243	9248	9253	9258	9263	9269	9274	9279	9284	9289
85	9294	9299	9304	9309	9315	9320	9325	9330	9335	9340
86	9345	9350	9355	9360	9365	9370	9375	9380	9385	9390
87	9395	9400	9405	9410	9415	9420	9425	9430	9435	9440
88	9445	9450	9455	9460	9465	9469	9474	9479	9484	9489
89	9494	9499	9504	9509	9513	9518	9523	9528	9533	9538
90	9542	9547	9552	9557	9562	9566	9571	9576	9581	9586
91	9590	9595	9600	9605	9609	9614	9619	9624	9628	9633
92	9638	9643	9647	9652	9657	9661	9666	9671	9675	9680
93	9685	9689	9694	9699	9703	9708	9713	9717	9722	9727
94	9731	9736	9741	9745	9750	9754	9759	9763	9768	9773
95	9777	9782	9786	9791	9795	9800	9805	9809	9814	9818
96	9823	9827	9832	9836	9841	9845	9850	9854	9859	9863
97	9868	9872	9877	9881	9886	9890	9894	9899	9903	9908
98	9912	9917	9921	9926	9930	9934	9939	9943	9948	9952
99	9956	9961	9965	9969	9974	9978	9983	9987	9991	9996
N	0	1	2	3	4	5	6	7	8	9

附表 2　指數函數表

x	e^x	e^{-x}	x	e^x	e^{-x}	x	e^x	e^{-x}	x	e^x	e^{-x}
.00	1.0000	1.00000	.40	1.4918	.67032	.80	2.2255	.44933	3.00	20.086	.04979
.01	1.0101	.99005	.41	1.5068	.66365	.81	2.2479	.44486	3.10	22.198	.04505
.02	1.0202	.98020	.42	1.5220	.65705	.82	2.2705	.44043	3.20	24.533	.04076
.03	1.0305	.97045	.43	1.5373	.65051	.83	2.2933	.43605	3.30	27.113	.03688
.04	1.0408	.96079	.44	1.5527	.64404	.84	2.3164	.43171	3.40	29.964	.03337
.05	1.0513	.95123	.45	1.5683	.63763	.85	2.3396	.42741	3.50	33.115	.03020
.06	1.0618	.94176	.46	1.5841	.63128	.86	2.3632	.42316	3.60	36.598	.02732
.07	1.0725	.93239	.47	1.6000	.62500	.87	2.3869	.41895	3.70	40.447	.02472
.08	1.0833	.92312	.48	1.6161	.61878	.88	2.4109	.41478	3.80	44.701	.02237
.09	1.0942	.91393	.49	1.6323	.61263	.89	2.4351	.41066	3.90	49.402	.02024
.10	1.1052	.90484	.50	1.6487	.60653	.90	2.4596	.40657	4.00	54.598	.01832
.11	1.1163	.89583	.51	1.6653	.60050	.91	2.4843	.40252	4.10	60.340	.01657
.12	1.1275	.88692	.52	1.6820	.59452	.92	2.5093	.39852	4.20	66.686	.01500
.13	1.1388	.87809	.53	1.6989	.58860	.93	2.5345	.39455	4.30	73.700	.01357
.14	1.1503	.86936	.54	1.7160	.58275	.94	2.5600	.39063	4.40	81.451	.01227
.15	1.1618	.86071	.55	1.7333	.57695	.95	2.5857	.38674	4.50	90.017	.01111
.16	1.1735	.85214	.56	1.7507	.57121	.96	2.6117	.38289	4.60	99.484	.01005
.17	1.1853	.84366	.57	1.7683	.56553	.97	2.6379	.37908	4.70	109.95	.00910
.18	1.1972	.83527	.58	1.7860	.55990	.98	2.6645	.37531	4.80	121.51	.00823
.19	1.2092	.82696	.59	1.8040	.55433	.99	2.6912	.37158	4.90	134.29	.00745
.20	1.2214	.81873	.60	1.8221	.54881	1.00	2.7183	.36788	5.00	148.41	.00674
.21	1.2337	.81058	.61	1.8404	.54335	1.10	3.0042	.33287	5.10	164.02	.00610
.22	1.2461	.80252	.62	1.8589	.53794	1.20	3.3201	.30119	5.20	181.27	.00552
.23	1.2586	.79453	.63	1.8776	.53259	1.30	3.6693	.27253	5.30	200.34	.00499
.24	1.2712	.78663	.64	1.8965	.52729	1.40	4.0552	.24660	5.40	221.41	.00452
.25	1.2840	.77880	.65	1.9155	.52205	1.50	4.4817	.22313	5.50	244.69	.00409
.26	1.2969	.77105	.66	1.9348	.51685	1.60	4.9530	.20190	5.60	270.43	.00370
.27	1.3100	.76338	.67	1.9542	.51171	1.70	5.4739	.18268	5.70	298.87	.00335
.28	1.3231	.75578	.68	1.9739	.50662	1.80	6.0496	.16530	5.80	330.30	.00303
.29	1.3364	.74826	.69	1.9937	.50158	1.90	6.6859	.14957	5.90	365.04	.00274
.30	1.3499	.74082	.70	2.0138	.49659	2.00	7.3891	.13534	6.00	403.43	.00248
.31	1.3634	.73345	.71	2.0340	.49164	2.10	8.1662	.12246	6.25	518.01	.00193
.32	1.3771	.72615	.72	2.0544	.48675	2.20	9.0250	.11080	6.50	665.14	.00150
.33	1.3910	.71892	.73	2.0751	.48191	2.30	9.9742	.10026	6.75	854.06	.00117
.34	1.4049	.71177	.74	2.0959	.47711	2.40	11.023	.09072	7.00	1096.6	.00091
.35	1.4191	.70469	.75	2.1170	.47237	2.50	12.182	.08208	7.50	1808.0	.00055
.36	1.4333	.69768	.76	2.1383	.46767	2.60	13.464	.07427	8.00	2981.0	.00034
.37	1.4477	.69073	.77	2.1598	.46301	2.70	14.880	.06721	8.50	4914.8	.00020
.38	1.4623	.68386	.78	2.1815	.45841	2.80	16.445	.06081	9.00	8103.1	.00012
.39	1.4770	.67706	.79	2.2034	.45384	2.90	18.174	.05502	9.50	13360	.00007

附表 3　自然對數表

n	$\ln n$	n	$\ln n$	n	$\ln n$
0.0	—	4.5	1.5041	9.0	2.1972
0.1	−2.3026	4.6	1.5261	9.1	2.2083
0.2	−1.6094	4.7	1.5476	9.2	2.2192
0.3	−1.2040	4.8	1.5686	9.3	2.2300
0.4	−0.9163	4.9	1.5892	9.4	2.2407
0.5	−0.6931	5.0	1.6094	9.5	2.2513
0.6	−0.5108	5.1	1.6292	9.6	2.2618
0.7	−0.3567	5.2	1.6487	9.7	2.2721
0.8	−0.2231	5.3	1.6677	9.8	2.2824
0.9	−0.1054	5.4	1.6864	9.9	2.2925
1.0	0.0000	5.5	1.7047	10	2.3026
1.1	0.0953	5.6	1.7228	11	2.3979
1.2	0.1823	5.7	1.7405	12	2.4849
1.3	0.2624	5.8	1.7579	13	2.5649
1.4	0.3365	5.9	1.7750	14	2.6391
1.5	0.4055	6.0	1.7918	15	2.7081
1.6	0.4700	6.1	1.8083	16	2.7726
1.7	0.5306	6.2	1.8245	17	2.8332
1.8	0.5878	6.3	1.8405	18	2.8904
1.9	0.6419	6.4	1.8563	19	2.9444
2.0	0.6931	6.5	1.8718	20	2.9957
2.1	0.7419	6.6	1.8871	25	3.2189
2.2	0.7885	6.7	1.9021	30	3.4012
2.3	0.8329	6.8	1.9169	35	3.5553
2.4	0.8755	6.9	1.9315	40	3.6889
2.5	0.9163	7.0	1.9459	45	3.8067
2.6	0.9555	7.1	1.9601	50	3.9120
2.7	0.9933	7.2	1.9741	55	4.0073
2.8	1.0296	7.3	1.9879	60	4.0943
2.9	1.0647	7.4	2.0015	65	4.1744
3.0	1.0986	7.5	2.0149	70	4.2485
3.1	1.1314	7.6	2.0281	75	4.3175
3.2	1.1632	7.7	2.0412	80	4.3820
3.3	1.1939	7.8	2.0541	85	4.4427
3.4	1.2238	7.9	2.0669	90	4.4998
3.5	1.2528	8.0	2.0794	95	4.5539
3.6	1.2809	8.1	2.0919	100	4.6052
3.7	1.3083	8.2	2.1041	200	5.2983
3.8	1.3350	8.3	2.1163	300	5.7038
3.9	1.3610	8.4	2.1282	400	5.9915
4.0	1.3863	8.5	2.1401	500	6.2146
4.1	1.4110	8.6	2.1518	600	6.3069
4.2	1.4351	8.7	2.1633	700	6.5511
4.3	1.4586	8.8	2.1748	800	6.6846
4.4	1.4816	8.9	2.1861	900	6.8024

習題答案

第 1 章　集合與數線的基本概念

習題 1-1

1. $0 \in \mathbb{Z}$, $\dfrac{1}{2} \in \mathbb{Q}$, $\sqrt{2} \notin \mathbb{Q}$, $1 \in \mathbb{N}$, $\pi \notin \mathbb{Q}$

2. $B = \{2, 8\}$, $C = \{1, 3, 5, 9\}$, $D = \{5, 8, 9\}$

3. (1) $A = \{1, 2, 3, 4, 5, 6, 7, 8, 9\}$　　(2) $S = \{n, u, m, b, e, r\}$

　　(3) $B = \{-1, 0, 1, 2\}$　　(4) $C = \{3, 6, 9, 12, 15, 18, 21, 24\}$

4. (1) $X = \{3p \mid p = 1, 2, 3\}$　　(2) $A = \{x \mid x = 10^n,\ n\ 為自然數\}$

　　(3) $A = \{x \mid x\ 為整數,\ 且\ x\ 能被\ 2\ 整除\}$　　(4) $Y = \{x \mid |x| < 7,\ x\ 為整數\}$

5. (1) 偽　(2) 真　(3) 偽　(4) 偽　(5) 偽　(6) 偽

6. $A \cap B = \{6p \mid p \in \mathbb{N}\}$

7. $A \cup B = \{x \mid x\ 為實數,\ 0 < x < 2,\ x \neq 1\}$, $A \cap B = \phi$

8. $A \cap B = \left\{ \left(\dfrac{25}{19},\ -\dfrac{29}{19} \right) \right\}$

9. $A - B = \{1, 2\}$, $B - A = \{5, 6\}$, $A' = \{5, 6\}$, $B' = \{1, 2\}$

　　$A' \cap B' = \phi$, $A' \cup B' = \{1, 2, 5, 6\}$

10. (1) $A \cup B = \{1, 2, 3, 4, 6, 8\}$

　　(2) $(A \cup B) \cup C = \{1, 2, 3, 4, 5, 6, 8\}$

　　(3) $A \cup (B \cup C) = \{1, 2, 3, 4, 5, 6, 8\}$

11. (1) $(A \cap B) \cap C = \{4\}$　　(2) $A \cap (B \cap C) = \{4\}$

12. (1) $A' \cap B = \{e\}$　　(2) $A \cup B' = \{a, b, c, d\}$

　　(3) $A' \cap B' = \{c\}$　　(4) $B' - A' = \{a\}$

　　(5) $(A \cap B)' = \{a, c, e\}$　　(6) $(A \cup B)' = \{c\}$

245

13. (1) $A\cap B=\phi$ (2) $A\cap C=\{(0, 0)\}$ (3) $B\cap C=\{(1, 2)\}$

14. $A\cap B=\phi$ 15. 略   16. (1)、(3)、(5)、(6) 為真

17. $A-B=\{x\mid |x|>2\}$, $B-A=\{x\mid -1\leq x\leq 1\}$

18. (1) $\{(a, 1), (a, 3), (b, 1), (b, 3)\}$

　　(2) $\{(1, a), (1, b), (3, a), (3, b)\}$

　　(3) 不相等，但 $n(A\times B)=n(B\times A)$

19. $(a, b)=(0, -6)$ 20. (1) $A\cup B=\{-1, -2, 4\}$ (2) $A-B=\{4\}$

習題 1-2

1. (1) 略 (2) 998001   2. (1) 530000 (2) 809775   3. (1) 略 (2) 50609

4. 略   5. 略   6. $(-1, 2), (1, -2), (7, 2), (-7, -2)$ 共4組   7. 35

8. (1) $1500=2^2\cdot 3\cdot 5^3$ (2) $3600=2^4\cdot 3^2\cdot 5^2$ (3) $3^{12}-7^6=2^5\cdot 67\cdot 193$

　(4) $333333=3^2\cdot 7\cdot 11\cdot 13\cdot 37$

9. (1) 質數 (2) 質數 (3) 質數 (4) 非質數 (5) 非質數 (6) 質數 (7) 非質數

10. $q=286$，$r=95$

11. (1) $(1596, 2527)=133$ (2) $(3431, 2397)=47$

　　(3) $(12240, 6936, 16524)=204$ (4) $[4312, 1008]=77616$

　　(5) $[108, 84, 78]=9828$

12. $a_1=4$, $a_2=0$ 或 $a_1=9$, $a_2=5$ 13. $\{1, 3, 5, 7, 9\}$

14. $m=1$ 或 5   15. a 之值為 1 或 5   16. $p=3, 5, 9, 35$

習題 1-3

1. (1) $\dfrac{23}{99}$ (2) $\dfrac{37}{999}$ (3) $\dfrac{229}{990}$ 2. $a=2$ 或 3   3. $a=10$, $b=\dfrac{9}{2}$

4. $P<Q<T$ 5. $\left\{-\dfrac{1}{2}, \dfrac{1}{2}\right\}$ 6. $x=-\dfrac{5}{2}$ 或 -25 7. 3   8. $\sqrt[10]{6}<\sqrt[6]{3}<\sqrt[15]{16}$

9. (1) 3^7 (2) 0   (3) $2\sqrt{2}-1$ (4) -4 (5) $2-\sqrt{2}$

　(6) $2-\sqrt{2}$ (7) $4+\sqrt{6}$

10. (1) $x > \dfrac{5}{3}$ 或 $x < -\dfrac{1}{3}$ (2) $-2 \leq x \leq \dfrac{10}{3}$

11. 略 12. $a=7$ 13. $a=-\dfrac{3}{4}$, $b=\dfrac{3}{2}$ 14. $-7 \leq x \leq 1$ 或 $3 \leq x \leq 11$

15. $\dfrac{mb+na}{m+n}$ 16. $a=1$, $b=8$ 17. $-4 \leq 3b-2a \leq 26$

18. $x=\dfrac{2}{3}$, $y=\dfrac{1}{2}$

習題 1-4

1. (1) $-\dfrac{3}{5}$ 或 2 (2) -1 (重根) (3) 5 或 -7 (4) $\dfrac{1}{4}$ 或 $\dfrac{2}{5}$ (5) $-\dfrac{4}{9}$ 或 1

2. (1) $x=-\dfrac{1}{2}\pm\dfrac{\sqrt{3}\,i}{2}$ (2) $x=5$ 或 $x=\dfrac{2}{3}$ (3) $x=\dfrac{1}{2}$ 或 $x=-\dfrac{2}{3}$

   (4) $x=\dfrac{3\pm\sqrt{47}\,i}{4}$ (5) $x=\dfrac{1}{7}$ 或 $x=-\dfrac{2}{3}$ (6) $x=\dfrac{1\pm\sqrt{3}\,i}{4}$

3. (1) $x=-\dfrac{1}{2}$ 或 $x=\dfrac{1}{3}$ (2) $x=\dfrac{-3+\sqrt{41}}{4}$ 或 $x=\dfrac{-3-\sqrt{41}}{4}$

   (3) $x=\dfrac{-1+\sqrt{3}\,i}{2}$ 或 $x=\dfrac{-1-\sqrt{3}\,i}{2}$

   (4) $x=\dfrac{-5+\sqrt{59}\,i}{6}$ 或 $x=\dfrac{-5-\sqrt{59}\,i}{6}$

   (5) $x=\dfrac{3}{2}$ 或 $x=-5$

4. $x=-i$ 或 $x=-1$

5. (1) 二根為相異實數 (2) 二根為共軛複數 (3) 二根為相異實數

6. $k=\pm 2\sqrt{6}$ 7. $x=-1+\sqrt{5}$ 或 $x=1-\sqrt{3}$

8. (1) $k < \dfrac{9}{4}$，$k \neq 0$ 有相異二實根　(2) $k = \dfrac{9}{4}$ 有相等二實根

(3) $k > \dfrac{9}{4}$ 有二共軛虛根　(4) $k \leq \dfrac{9}{4}$，$k \neq 0$ 有二實根

9. (1) -8　(2) 6　(3) 52　(4) $-\dfrac{4}{3}$　(5) $\dfrac{26}{3}$

10. (1) $x^2 + 5x - 24 = 0$　(2) $6x^2 + x - 2 = 0$　　11. 11

(2) 原方程式有相等的實根，$k = -\dfrac{1}{24}$

(3) 原方程式有相異的虛根，$k < -\dfrac{1}{24}$

13. $k = 6$　　14. $z = -1 + 2i$ 或 $z = -3 + i$　　15. $x = -1 - \sqrt{3}$ 或 $x = 3 + 3\sqrt{3}$

16. 略　　17. $p = 4$，$q = 3$

第 2 章　多項式

習題 2-1

1. 是 x 與 y 的多項式　　2. 是 y 的多項式　　3. 不是 x 的多項式

4. 是 x 的多項式　　5. 不是 x 的多項式　　6. 不是 x 的多項式

7. 不是 x 的多項式　　8. 是 x 與 y 的多項式　　9. 不是 x 與 y 的多項式

10. 不是 x 與 y 的多項式　　11. 三次多項式　　12. 五次多項式

13. 三次多項式　　14. 四次多項式　　15. 四次多項式　　16. 四次多項式

17. 依 x 的降冪排列為 $x^4 - 7x^3 + 8x^2 + 5x - 15$

18. 依 y 的降冪排列為 $6xy^4 - 3xy^3 + 2xy^2 - xy + 1$

習題 2-2

1. $-10x^3 + 3x^2 + 3x + 5$，$-4x^3 + 13x^2 + x - 7$

2. $21x^7 - 11x^6 - 41x^5 + 21x^4 - 3x^3 + 15x^2$

3. (1) 商式 $= 8x^2 - 23$，餘式 $= 19x^2 + 69x - 90$　(2) 商式 $= 2x^2 - 1$，餘式 $= 0$

4. (1) 商式為 $5x^2+14x+47$，餘式為 140

(2) 商式為 $2x^3-8x^2+32x-123$，餘式為 488

(3) 商式為 $x^3-\dfrac{1}{2}x^2+\dfrac{1}{4}x+\dfrac{19}{8}$，餘式為 $-\dfrac{51}{8}$

(4) 商式為 $x^3+\dfrac{1}{2}x^2+\dfrac{1}{4}x+\dfrac{21}{8}$，餘式為 $-\dfrac{11}{8}$

習題 2-3

1. (1) 10 (2) -2 (3) 0 **2.** $a=-22$ **3.** 略   **4.** $k=-4$

5. $a=-46$ **6.** $p=-1$, $q=1$

習題 2-4

1. (1) $(x+2)(2x-1)(3x+1)$ (2) $(x+1)(2x+1)(x^2+4)$

2. 2 為兩重根   **3.** $x^3+x^2-7x-3=0$ **4.** $2-\sqrt{2}$、1 與 2

5. (1) $(x-3)(x+3)(x+2)=0$

(2) $x=\dfrac{2}{3}$ 或 $x=\pm\dfrac{\sqrt{7}}{2}$

(3) -3、$\dfrac{5}{3}$、$2\pm\sqrt{3}$

(4) $\dfrac{-5-\sqrt{13}}{2}$、$\dfrac{-5+\sqrt{13}}{2}$、$\dfrac{-5-\sqrt{3}\,i}{2}$ 及 $\dfrac{-5+\sqrt{3}\,i}{2}$

第 3 章　分式運算

習題 3-1

1. 最高公因式為 $x-2$，最低公倍式為 $(x-2)(x+2)(x^2+2x+4)$

2. 最高公因式為 x^2-1，最低公倍式為 $(x^2-1)(x^2+1)(x+2)$

3. 最高公因式為 $(x-1)$，最低公倍式為 $(x-1)(x^2+2x+2)(x^2+x+3)$

4. 最高公因式為 $(x+1)$，最低公倍式為 $(x+1)(x^2+2)(x^2+x+2)$

5. 最高公因式為 $(x-2)$，最低公倍式為 $(x-2)(x+1)(3x-1)$

6. 最高公因式為 $(x+1)$，最低公倍式為 $(x+1)(x^2-x+1)(x^3+2x-1)$

習題 3-2

1. $1 - \dfrac{2}{x^2+2}$ 2. $\dfrac{3x-5}{x^2-3x+2}$ 3. $(x-1) + \dfrac{7}{x+3}$

4. $\dfrac{x^2+5x+10}{x^3+2x^2+3x+6}$ 5. $\dfrac{2x-1}{x^2+1}$ 6. $1 + \dfrac{-6x^2-33x+27}{x^3+5x^2+14x-23}$

7. $\dfrac{x^2-1}{2x^3-2x}$, $\dfrac{2x^2}{2x^3-2x}$ 8. $\dfrac{4(x-1)}{2(x^2-1)}$, $\dfrac{3(x+1)}{2(x^2-1)}$

9. $\dfrac{x-c}{(x-a)(x-b)(x-c)}$, $\dfrac{x-a}{(x-a)(x-b)(x-c)}$, $\dfrac{x-b}{(x-a)(x-b)(x-c)}$

10. $\dfrac{(1-a)(x+a)}{(x-1)(x^2-a^2)}$, $\dfrac{(1+a)(x-a)}{(x-1)(x^2-a^2)}$

11. $\dfrac{3x-y-5}{x^2-y^2}$ 12. $\dfrac{2(10-x)}{(x-4)(x-7)}$ 13. 4 14. $3 + \dfrac{x^2+5x-2}{x^3-x}$

15. $\dfrac{2x^3+4x^2-3x+1}{x(x-1)(x+1)}$ 16. $\dfrac{x^2-3x+2}{x^2+3x+2}$ 17. $\dfrac{x^2+2x-15}{x^4+5x^3+19x^2+30x+36}$

18. $\dfrac{x+2}{(x^2-2x+4)(x-3)}$ 19. $\dfrac{3x^3-2x^2+x-2}{x^2+7x+10}$ 20. x

第 4 章 直線方程式

習題 4-1

1. 第四象限 2. 第二象限 3. 第三象限 4. 第一象限

5. 第三象限 6. $\overline{OP_1} = \sqrt{10}$ 7. $\overline{OP_2} = \sqrt{34}$ 8. $\overline{OP_3} = 5$

9. $d = 2\sqrt{5}$ 10. $d = 2\sqrt{61}$ 11. $2\sqrt{41}$ 12. 略 13. $P(1, 2)$

14. 等腰三角形 15. 10 16. $\left(\dfrac{1}{2}, \dfrac{5\sqrt{3}}{2}\right)$ 17. $y = 12$ 或 -12

18. (1) $\overline{AB}$ 的中點坐標為 $(2, 5)$, $\overline{BC}$ 的中點坐標為 $(1, 1)$, $\overline{AC}$ 的中點坐標為 $(3, 2)$

(2) $\overline{BQ} = \sqrt{13}$, $\overline{AP} = \sqrt{34}$, $\overline{CR} = 7$

14. 等腰三角形　**15.** 10　**16.** $\left(\dfrac{1}{2}, \dfrac{5\sqrt{3}}{2}\right)$　**17.** $y=12$ 或 -12

18. (1) $\overline{AB}$ 的中點坐標為 $(2, 5)$，$\overline{BC}$ 的中點坐標為 $(1, 1)$，$\overline{AC}$ 的中點坐標為 $(3, 2)$
(2) $\overline{BQ}=\sqrt{13}$，$\overline{AP}=\sqrt{34}$，$\overline{CR}=7$

19. $\left(\dfrac{13}{14}, 0\right)$　**20.** $\left(\dfrac{x_1+x_2+x_3}{3}, \dfrac{y_1+y_2+y_3}{3}\right)$　**21.** $(3, 0)$

習題 4-2

1. (1) $y=14$　(2) $x=-\dfrac{1}{3}$　**2.** $k=\dfrac{9}{8}$　**3.** $k=29$

4. $m_1=\dfrac{3}{7}$，$m_2=\dfrac{5}{3}$，$m_3=-\dfrac{1}{2}$　**5.** (1) 是　(2) 否

6. $x=6$，$y=3$　**7.** $k=2$　**8.** $3x+2y-1=0$　**9.** $x-4y-19=0$

10. $x-2y+5=0$　**11.** (1) $x=1$，$y=-2$　(2) $x=\dfrac{1}{2}$，$y=3$

12. 略　**13.** $\dfrac{49}{6}$　**14.** 圖形過 I、IV、III 象限

15. $\dfrac{x}{-1}+\dfrac{y}{2}=1$ 或 $\dfrac{x}{-2}+\dfrac{y}{3}=1$

16. $\dfrac{x}{2}+\dfrac{y}{4}=1$ 或 $\dfrac{x}{-4}+\dfrac{y}{-2}=1$　**17.** $\dfrac{6}{5}$

18. (1) $P(1, -1)$　(2) $x+y=0$　**19.** $\dfrac{x}{3}+\dfrac{y}{-2}=1$ 或 $\dfrac{x}{-2}+\dfrac{y}{3}=1$

20. 若 $P\neq Q$，$\dfrac{x}{4}+\dfrac{y}{4}=1$ 或 $\dfrac{x}{-2}+\dfrac{y}{2}=1$；若 $P=Q$，$3x-y=0$

第 5 章 函數與函數的圖形

習題 5-1

1. (1) 不是函數　(2) 是函數，值域為 {15, 20, 25}　(3) 不是函數
   (4) 是函數，值域為 {10, 15, 20, 25}

2. (1) 與 (3) 為函數圖形，(2) 與 (4) 不為函數圖形

3. $f(1)=2$, $f(3)=\sqrt{2}+6$, $f(10)=23$ 4. $D_f=\{x\,|\,x\in\mathbb{R}\}$

5. $D_f=\{x\,|\,x\in\mathbb{R},\ x\neq\pm 2\}$ 6. $D_f=\left\{x\,\middle|\,x\in\mathbb{R},\ x>\dfrac{3}{2}\right\}$

7. $D_f=\{x\,|\,x\in\mathbb{R},\ x\neq 2,\ x\neq 3\}$ 8. $D_f=\{x\,|\,x\in\mathbb{R},\ 0\leq x\leq 1\}$

9. $D_f=\left\{x\,\middle|\,x>\dfrac{5}{3}\right\}$ 10. $D_f=\{x\,|\,x\neq 1,\ x>2\}$

11. $f\left(\dfrac{1}{2}\right)=\dfrac{5}{2}$, $f\left(\dfrac{3}{2}\right)=\dfrac{5}{2}$ 12. $f(x)=5x-7$ 13. $f(x)=3x^2+x+1$

14. $f(-3)=1$, $f(-2)=2$, $f(0)=-2$, $f(3)=16$

15. 略　　16. $a=\dfrac{3}{2}$, $b=\dfrac{1}{2}$, $c=1$　　17. (1) $g(1)=-5$　(2) $g(-1)=-31$

18. -7

習題 5-2

1. $(f+g)(x)=x^2-1+\sqrt{2x-1}$, $x\in\left[\dfrac{1}{2},\ \infty\right)$

   $(f-g)(x)=x^2-1-\sqrt{2x-1}$, $x\in\left[\dfrac{1}{2},\ \infty\right)$

   $(f\cdot g)(x)=(x^2-1)\sqrt{2x-1}$, $x\in\left[\dfrac{1}{2},\ \infty\right)$

   $\left(\dfrac{f}{g}\right)(x)=\dfrac{x^2-1}{\sqrt{2x-1}}$, $x\in\left(\dfrac{1}{2},\ \infty\right)$

2. $(f+g)(x) = \dfrac{x-3}{2} + \sqrt{x}$, $\forall x \in [0, \infty)$

$(f-g)(x) = \dfrac{x-3}{2} - \sqrt{x}$, $\forall x \in [0, \infty)$

$(f \cdot g)(x) = \dfrac{x-3}{2} \cdot \sqrt{x}$, $\forall x \in [0, \infty)$

$\left(\dfrac{f}{g}\right)(x) = \dfrac{x-3}{2\sqrt{x}}$, $\forall x \in (0, \infty)$

3. (1) $\dfrac{28}{5}$ (2) 4   (3) $\dfrac{1}{9}$

4. $g \circ f \neq f \circ g$

5. $(f \circ g)(2) = 1$, $(f \circ g)(4) = 2$, $(g \circ f)(1) = 3$, $(g \circ f)(3) = 4$

6. (1) $(f \circ g)(x) = \sqrt{7x^2+5}$, $(g \circ f)(x) = \sqrt{7x^2+29}$

(2) $(f \circ g)(x) = \dfrac{18x^4+24x^2+11}{9x^4+12x^2+4}$, $(g \circ f)(x) = \dfrac{1}{27x^4+36x^2+14}$

7. 略   8. $f(x) = \left(\dfrac{1}{x}\right)^{10}$, $g(x) = x+1$ 9. $f(x) = \sqrt{x}$, $g(x) = \sqrt{x^2+2}$

10. $f(x) = \sqrt{x}$, $g(x) = x^2+x-1$ 11. $g(g(x)) = x$

12. $(f+g)(x) = \begin{cases} 1-x, & x \leq 1 \\ 2x-1, & 1 < x < 2 \\ 2x-2, & x \geq 2 \end{cases}$, $D_{f+g} = R$

13. $(f-g)(x) = \begin{cases} 1-x, & x \leq 1 \\ 2x-1, & 1 < x < 2 \\ 2x, & x \geq 2 \end{cases}$, $D_{f-g} = R$

14. $(f \cdot g)(x) = \begin{cases} 0, & x < 2 \\ -2x+1, & x \geq 2 \end{cases}$, $D_{f \cdot g} = R$

15. (1) $f(0.2) = 0$ (2) $f(2.5) = 2$ (3) $f(3) = 3$ 16. 略

習題 5-3

1. 偶函數　2. 奇函數　3. 奇函數　4. 偶函數　5. 奇函數
6. 偶函數　7. 偶函數　8. 略　9. 略　10. 略　11. 略
12. 略　13. 略　14. 略　15. 略　16. 略　17. 略　18. 略
19. 略　20. 略

第 6 章　不等式及其應用

習題 6-1

1. $x^3 > x^2 - x + 1$　2. $(x+5)(x+7) < (x+6)^2$
3. $(2a+1)(a-3) < (a-6)(2a+7)+45$　4. 略　5. 略　6. 略　7. 略
8. 略　9. 略　10. 略　11. 略　12. 略　13. $\sqrt{6}$　14. 10
15. 略　16. 略　17. 略

習題 6-2

1. $x > \dfrac{16}{5}$　2. $x > -\dfrac{15}{7}$　3. $x < -\dfrac{30}{13}$　4. $x < -3$ 或 $x > 2$
5. $x \geq -\dfrac{95}{6}$　6. $x > \dfrac{70}{9}$　7. $-4 \leq x \leq -1$ 或 $3 \leq x \leq 6$
8. $-7 \leq x \leq -1$ 或 $3 \leq x \leq 9$　9. $x < -2$ 或 $0 < x < 4$ 或 $x > 6$
10. $x = 7$ 或 -8　11. $x \leq \dfrac{3}{11}$ 或 $x \geq \dfrac{5}{3}$　12. 無解　13. $1 < x < 3$
14. $-\dfrac{8}{15} < x \leq 2$　15. $x > 5$　16. $-\dfrac{5}{2} < x < 1$

習題 6-3

1. $\{x \mid x \in \mathbb{R}\}$　2. 無解　3. $\left\{x \mid -\dfrac{1}{8} \leq x \leq \dfrac{3}{2}\right\}$
4. $\{x \mid x \in \mathbb{R}, x \neq -2\}$　5. 無解　6. $x = \dfrac{2}{3}$　7. $\{x \mid x \in \mathbb{R}\}$

8. $\left\{x \mid x \in \mathbb{R}, x \neq \dfrac{\sqrt{3}}{3}\right\}$　　9. $x < -1$ 或 $x > 4$

10. $-4 \leq x \leq -2$ 或 $0 \leq x \leq 2$　　11. $-4 < x < -1$ 或 $1 < x < 4$

12. $x \leq -3$ 或 $x = -1$ 或 $x \geq 3$　　13. $x < -1$ 或 $-1 < x < 1$ 或 $x > 3$

14. $1 < x < 3$　　15. $2 < x < \dfrac{3+\sqrt{17}}{2}$　　16. $0 \leq x \leq 4.26$　　17. $-3 \leq a \leq 1$

18. (a) $k > \dfrac{3}{2}$ 或 $k < 1$ 且 $k \neq -3$ 時，二根為相異的實數.

　　(b) $k = 1$ 或 $k = \dfrac{3}{2}$ 時，二根為相等的實數.

　　(c) $1 < k < \dfrac{3}{2}$ 時，二根為共軛複數.

習題 6-4

1. 反側　　2. 略　　3. 略　　4. 略　　5. 略　　6. 略　　7. 略　　8. 略
9. 略　　10. 略　　11. 略　　12. 略　　13. 略　　14. 略　　15. 略

習題 6-5

1. $\dfrac{35}{3}$　　2. 最大值 28，最小值 0　　3. 最大值 1，最小值 -9

4. (1) 最大值 7，最小值 3　(2) 最大值 14，最小值 2

5. A：10 噸，B：30 噸，900 萬元　　6. 各 400 克，128 元

7. 甲種 30 公斤，乙種 5 公斤

8. (1) $x^2 + y^2$ 有最大值 34，$x^2 + y^2$ 有最小值 $\dfrac{5}{2}$

　　(2) $(x-1)^2 + (y-4)^2$ 的最大值為 10，$(x-1)^2 + (y-4)^2$ 的最小值為 $\dfrac{4}{25}$

　　(3) $\dfrac{x}{y}$ 的最大值為 2，最小值為 $-\dfrac{1}{2}$

9. (1) $y - 2x$ 的最小值為 -2，最大值為 2

　　(2) xy 的最大值為 $\dfrac{1}{4}$，最小值為 $-\dfrac{1}{4}$

10. (1) x^2+y^2 的最大值為 36，最小值為 2

    (2) $\dfrac{y+2}{2x+1}$ 的最大值為 8，最小值為 $\dfrac{2}{9}$

11. 共有 10 種調度法；A 型貨車 5 輛，B 型貨車 2 輛
12. 870 元　　13. 甲種 171 戶，乙種 186 戶
14. A 丸服用 3 粒，B 丸服用 2 粒

第 7 章　指數與對數及其運算

習題 7-1

1. 250　　2. $\dfrac{8}{9}$　　3. 0.09　　4. 2^7　　5. 2^{24}　　6. $\dfrac{3}{2a}$　　7. b

8. $a^{4/3}-4a^{2/3}+3-6a^{-1/3}$　　9. 2　　10. $\pi^{-2\sqrt{3}}$　　11. a^4-b^{-4}

12. a^5　　13. $\dfrac{a^6}{b^4}$　　14. $\dfrac{a^{1/2}}{b^3}$　　15. 9　　16. 1　　17. 10

18. ab^3　　19. $\dfrac{109}{4}$　　20. 52　　21. a^4　　22. a^{-2}　　23. 5

24. $a^{-6}-b^{-6}$　　25. 1　　26. 0　　27. a^3-a^{-3}　　28. $a^{5/3}$　　29. $\sqrt[24]{a^{23}}$

30. (1) $\sqrt[4]{a^3}$　(2) $\dfrac{a^2}{25b^6}$　　31. $\dfrac{b^3\cdot\sqrt{b}}{a^2}$　　32. $\sqrt{a}-\sqrt{b}$　　33. 23

34. (1) $3a^{-1}b^{3/2}$　(2) $x^{2/3}y^{1/3}$　(3) a^7　　35. $\dfrac{1}{24}$　　36. $\dfrac{21}{5}$

37. (1) 4.8×10^4　(2) 1×10^9　(3) 5×10^2　(4) 2.396×10^9　　38. 可得

習題 7-2

1. (1) $\sqrt{5}$　(2) $\dfrac{\sqrt{5}}{5}$　(3) $5\sqrt{5}$　(4) $\dfrac{\sqrt{5}}{25}$　　2. $x=0$ 或 $x=2$　　3. $x=-1$

4. $x=3$　　5. $x=-1$ 或 $x=2$　　6. $x=2$　　7. $x=-2$　　8. $x=0$

9. $x=2$ 或 $x=1$　　10. $x=3$　　11. (1) $x\leq\dfrac{2}{3}$　(2) $x>6$　(3) $-1<x<1$

12. $f(g(2))=512$，$g(f(2))=81$　　13. (1) $\sqrt{5}$　(2) 7　(3) 18

14. (1) $\sqrt[4]{25} < \sqrt{6} < \sqrt[3]{15}$ (2) $a < b$ **15.** $x = \dfrac{6}{5}$

16. $x = \dfrac{1}{2}$ 或 $x = -\dfrac{3}{2}$

習題 7-3

1. 6 **2.** 8 **3.** $\dfrac{1}{5}$ **4.** $x = \dfrac{1}{81}$ **5.** $x = 12$ **6.** $x = 2\sqrt{2}$ **7.** $x = \dfrac{5}{2}$

8. $x \fallingdotseq 7.154$ **9.** $x = \log_2 \dfrac{6}{11}$ **10.** $x = \dfrac{1}{125}$ **11.** $x = \dfrac{1}{25}$

12. $x = \dfrac{34}{9}$ **13.** $x = \dfrac{1}{512}$

14. $\log_{10} 40 = 1.6020$，$\log_{10} \sqrt{5} = 0.3495$，$\log_2 \sqrt{5} = 1.1611$

15. 1 **16.** 2 **17.** 3 **18.** 2 **19.** $\dfrac{1}{2}$

20. (1) $\log_{10} \dfrac{128}{5} > \log_{10} 20 > \log_{10} \dfrac{25}{4} > \log_{10} \dfrac{1}{4}$ (2) $6^{\sqrt{8}} < 8^{\sqrt{6}}$

21. 略 **22.** $x = 7$ **23.** $x = \sqrt{2}$ 或 $x = \dfrac{1}{8}$

24. $x = -3$ 或 $x = 2$ **25.** $x = 10^{-2}$ 或 $x = 10^3$ **26.** 略

習題 7-4

1. (1) 首數為 4，尾數為 $\log 5.16 \fallingdotseq 0.7126$.

(2) 首數為 -3，尾數為 $\log 4.57 \fallingdotseq 0.6599$.

(3) 首數為 1，尾數為 $\log 4.31 \fallingdotseq 0.6345$.

2. (1) 首數為 0，尾數為 0.5740.

(2) 首數為 4，尾數為 0.5740.

(3) 首數為 -5，尾數為 0.5740.

3. (1) 首數為 -3，尾數為 0.4286.

(2) 首數為 -6，尾數為 0.4286.

(3) 首數為 5，尾數為 0.5714.

4. (1) $x=3.036$　(2) $x=71.56$　(3) $x=0.2197$　　5. 16 位數

6. (1) 11 位數　(2) $n=14$

7. x 為 101 位數　　8. $m=47$，a 之整數部分為 5　　9. $x=0.00555$

10. 最小自然數 n 為 228　　11. 第 21 位　　12. $V=2.806$ 立方公尺

13. $n=7$　　14. 44.70　　15. 22518.75　　16. 2.0591

17. 2.9842　　18. -0.84437　　19. 1539.7

習題 7-5

1. $f(1)=0$，$f(2)=0.6309$，$f(3)=1$，$f\left(\dfrac{1}{2}\right)=-0.6309$，$f\left(\dfrac{1}{3}\right)=-1$　　2. 略

3. $f(g(x))=x$，$g(f(x))=x$　　4. 略　　5. 略　　6. 略　　7. 略　　8. 略

9. 略　　10. 略　　11. 略　　12. $D_f=\{x\,|\,x<1\}$　　13. $D_f=\{x\,|-2<x<2\}$

14. $D_f=\{x\,|\,x>1\}$　　15. $f(x)$ 之定義域為 $\{x\,|\,x>10^{10}\}$

16. $f(g(x))=x$，$g(f(x))=x$

第 8 章　數列與級數

習題 8-1

1. (1) $a_1=2$，$a_2=0$，$a_3=2$，$a_4=0$，$a_5=2$

   (2) $a_1=\sqrt{2}$，$a_2=\sqrt{3}$，$a_3=2$，$a_4=\sqrt{5}$，$a_5=\sqrt{6}$

   (3) $a_1=\dfrac{1}{3}$，$a_2=\dfrac{4}{5}$，$a_3=1$，$a_4=\dfrac{10}{9}$，$a_5=\dfrac{13}{11}$

2. (1) $a_2=-6$，$a_3=12$，$a_4=24$　(2) $a_2=4$，$a_3=8$，$a_4=14$

3. $a_2=\dfrac{3}{10}$，$a_3=\dfrac{3}{46}$，$a_4=\dfrac{3}{190}$

4. (1) $a_n=(-1)^n\cdot n^2$　(2) $a_n=(-1)^n\cdot 2^n$　(3) $a_n=\sqrt{2n-1}$　(4) $a_n=5n-4$

5. $m=5$，$n=11$　　6. $a_4=14$，$a_{11}=35$，$a_n=3n+2$

7. (1) 是，$r=-\dfrac{1}{2}$　(2) 是，$r=3$　(3) 是，$r=\dfrac{1}{7}$　(4) 非

8. $m=2\sqrt{2}$, $n=4\sqrt{2}$ 或 $m=-2\sqrt{2}$, $n=-4\sqrt{2}$

9. 當 $r=2$ 時, $a_6=24$；當 $r=-2$ 時, $a_6=-24$ 10. 略

11. $a_n=2^{(2n-1)}\times 5$, $n\in\mathbb{N}$

12. $a_n=(-1)^{n+1}\dfrac{n}{3n-1}$, $n\in\mathbb{N}$ 13. $a_n=(-1)^n\dfrac{2^n}{4n-1}$

14. $a_n=3+(-1)^n$ 15. $a_n=\dfrac{2n+2}{n}$ $(n\geq 2)$, $a_{40}=\dfrac{41}{20}$ 16. $r=3$

17. $\{4,\ 8,\ 16\}$ 或 $\{16,\ 8,\ 4\}$ 18. -13.5

19. $\dfrac{-27}{2}$ 20. 三數為 2, 4, 8   21. $\dfrac{ma-nb}{m-n}$

習題 8-2

1. (1) $a_n=n(2n-1)$ (2) $\sum\limits_{n=1}^{100}a_n=\sum\limits_{n=1}^{100}n(2n-1)$ (3) 671650 2. $\dfrac{n(n+1)(n+5)}{3}$

3. 510 4. 6075 5. 550 6. 900 7. $a=1$, $b=2$ 8. n^2

9. (1) $\dfrac{1}{k}-\dfrac{1}{k+1}$ (2) $\dfrac{n}{n+1}$ 10. $\dfrac{n}{2n+1}$ 11. $\dfrac{n(3n+5)}{4(n+1)(n+2)}$

12. $2\left(1-\dfrac{1}{n+1}\right)$ 13. $\dfrac{1}{4}n(n+1)(n+2)(n+3)$ 14. 495 15. $\sqrt{n+1}-1$

習題 8-3

1. $S_{24}=-2004$, $a_{24}=-187$ 2. 首項 $a=7$, 公差 $d=6$, $a_{16}=97$

3. 142 個, $S_{142}=71071$ 4. $n^2+1-\dfrac{1}{2^n}$ 5. (1) $\dfrac{3}{7}$ (2) -0.083

6. 1727 7. $S=\dfrac{20}{27}(10^n-1)-\dfrac{2}{3}n$ 8. $\dfrac{1}{2}n(n+1)+1-\dfrac{1}{2^n}$

9. $n=7$ 10. 126 11. 63

索 引

x 的 n 次冪；x 的 n 次方　x of n-th power　62
x 軸；橫軸　x-axis　96
y 軸；縱軸　y-axis　96, 134

二 劃

二次函數　quadratic function　123, 132

三 劃

子集合　subset　4

四 劃

不定元　indeterminate　62
不等式　inequality　142
互斥　exclusive　8
內分點　inner division point　102
公倍數　common multiple　25
分子　numerator　30, 85
分母　denominator　30, 85
分式　fraction　85
分析法　analytical method　146
分數　fractional number　30
分離係數法　method of detached coefficients　65
升冪排列　arrangement in ascending power　63
比較法　comparative method　143
水平線　horizontal line　96

五 劃

主平方根　principal square root　44
加法交換律　commutative law of addition　14
加法結合律　associative law of addition　14

半徑　radius　118
半閉區間　half closed interval　41
半開區間　half open interval　41
可行解　feasible solution　168
可行解區域　feasible region　168
外分點　external division point　102
平方根函數　square root function　123, 137
平行四邊形　parallelogram　103, 107, 108
平移　translation　136, 139
目標函數　objective function　169
同解不等式　equivalent inequality　149

六 劃

交集　intersection set　6, 7
共軛複數　complex conjugate　161
共軛複數根　complex conjugate root　52
合成函數　composite function　127
合成數　composite number　18
同類項　similar terms; like term　62
因式　divisor　84
因式分解　factorization　84
因式定理　factor theorem　74, 75
因數　factor　84
多元多項式　multivariate polynomial　62
多項式　polynomial　62
多項式函數　polynomial function　122
年利率　annual rate of interest　49
有限集合　finite set　3
有理函數　rational function　123
有理數　rational number　30

261

次數　frequency　62
自然指數函數　natural exponential function　193
自然對數　natural logarithm　209
自變數　independent variable　118

七　劃

坐標　coordinate　96
坐標平面　coordinate plane　96
坐標軸　coordinate axis　96
狄摩根定律　De Morgan's Laws　10
底　bottom　62

八　劃

兩點式　two-point form　111
函數　function　118
奇函數　odd function　134
奇數　odd number　16
定義域　domain of definition　119
底數　base number　182
拋物線　parabola　132
直角三角形　right triangle　109
直角坐標系　rectangular Cartesian coordinates　96
直線　straight line　96
直線方程式　equation of line　111
空集合　null set　3

九　劃

垂直線　perpendicular line　106
恆等函數　identity function　122
指數　exponent　62, 182
指數式　exponential　182
指數函數　exponential function　192
指數律　exponential law　200
相等　equality　3
科學記號　scientific notation　190
約分　reduction of a fraction　31, 87

重根　repeated root　76
限制條件　constraints　169

十　劃

降冪排列　arrangement in descending power　63, 67
乘法交換律　commutative law of multiplication　14
乘法結合律　associative law of multiplication　14, 62
倍式　multiple　84
倍數　multiple　16, 84
值　value　119, 121
值域　range of values　119
原點　origin　134
差集　difference set　8
根數　radical　35
真因數　Proper factor　16, 18
真數　antilogarithm　198
除法定理　division theorem　67, 72

十一　劃

假分式　improper fraction　86
偶函數　even function　134, 135
區間　interval　41
商式　quotient　67
常數函數　constant function　122
常數項　constant term　63
斜率　slope　104
斜截式　slope-intercept form　112
通分　reduction to common denominator　87
閉區間　closed interval　41
條件不等式　conditional inequality　143

十二　劃

單元多項式　unit in polynomial　62

單項式　monomial　62
換底公式　formula of changing bases　201
最大公因數　greatest common divisor　22
最大值　maximum value　132
最小公倍數　least common multiple　25
最小值　minimum value　132
最低公倍式　lowest common multiple　84
最佳解　optimal solution　169
最高公因式　highest common factor　84
最簡分式　fraction in lowest term　86, 87
無限區間　unbounded intervals　41
無限集合　infinite set　3, 131
無理根　irrational root　52
無理數　irrational number　34, 39
等腰三角形　isosceles triangle　99
絕對不等式　absolute inequality　143
絕對值　absolute value　43
虛數　imaginary number　51
象限　quadrant　96
距離　distance　97
開區間　open interval　41
集合　set　2
項　term　62

十三　劃

解　solution　142
零多項式　zero polynomial　63
零次多項式　polynomial of degree zero　63
零函數　zero function　122

十四　劃

像　image　127
實值函數　real-valued function　122
實數系　real number system　38
對稱性　symmetry　134
對稱點　point of symmetry　134
對數　logarithm　198

對數函數　logarithmic function　211
對應域　codomain　119
截距　intercept　112
截距式　intercept form　113
算術基本定理　fundamental theorem of arithmetic　20
綜合法　synthetic method　145
綜合除法　synthetic division　75, 87
遞移律　transitive law　143

十五　劃

數線　number line　38
標準分解 [式]　standard factorization　20
線性函數　linear function　123
線性組合　linear combination　16
複數　complex number　51
質因數　prime factor　19
質數　prime number　18
餘式　remainder　67
餘式定理　remainder theorem　73, 75
餘集 [合]　complementary set　9
餘數　remainder　14, 23

十六　劃

整式　integral expression　86
整數　integer; integral number　13, 30
橫坐標　abscissa　96
橫軸　horizontal axis　96
積集合　product set　10

十七　劃

應變數　dependent variable　118
縱坐標　ordinate　96
縱軸　vertical axis　96
繁分式　complex fraction　86
聯集　union of sets　6

輾轉相除法　Euclidean algorithm　23
點斜式　point-slope form　110

十九　劃

鏡射　reflection; reflexion　196

MEMO

MEMO